JN272521

東アジア研究所講座

KEIO INSTITUTE OF EAST ASIAN STUDIES

KIEAS

アジアの「核」と私たち

フクシマを見つめながら

高橋伸夫 編

慶應義塾大学東アジア研究所

まえがき

アジアの「核」と私たち——フクシマを見つめながら

歴史にある種の裂け目が生じたとき、われわれはそれに名前を付ける必要がある。それは、同時代の人々がその断絶を記憶し、また後の人々が振り返って何度もその意味を問い直し、われわれはどこから来たかと自問するためである。フクシマ、すなわち二〇一一年三月一一日に大津波の衝撃を受けて生じた福島第一原発の危機は、たしかにそのような裂け目と呼ぶに値するであろう。この危機の始まりとともに、原発が安全であるという信念は幻想の領域に属することが明らかとなった。それればかりではない。日本が安全であるという思い込みも、脆く崩れ去った。日本に存在する原発は、福井県の大飯原発三、四号機だけが安全性に関する議論を封印して強引に稼働を再開したものの（二〇一三年九月に定期検査のため運転停止）、残るすべてが稼働停止に追い込まれた。電力会社への不信のみならず政府にも不信感を抱いた人々は、被曝を恐れて個人的に線量計を買い求めた。彼らはこの大事故がなければ、耳にすることもなかったはずのシーベルトやベクレルなどという言葉とともに生活し始めた。そして、数十年もの間、大衆的な抗議運動などほとんど見られなかった「静かな」社会が、大規模な反原発デモに見舞われるようになった。

では、フクシマはいかなるものとして記憶されるべきであろうか。それはもちろん、自然災害と技術災害が複合された巨大災害であるのだが、私が思うに、それは技術的な過信、想像力の貧困、そして巨大な科学技術と人間をつなぐ仕組みの不適切さをも象徴しているのである。

この事故の根底には、山本義隆氏がいうように、理論的な核物理学とそれを応用する原子核工業に関わる技術との間の落差が潜んでいるであろう（山本義隆『福島の原発事故をめぐって――いくつか学び考えたこと』みすず書房、二〇一一年）。人々は、このギャップはすでに埋められた、埋められつつある、あるいは将来的に埋められるはずであると思い込んでいた。奇妙なことに、ヒロシマ・ナガサキで原子力固有の破壊力を経験したはずの日本人が、原発から出る放射性廃棄物と使用済み核燃料の処理ができないにもかかわらず、かくも無邪気な技術上の楽観主義に身を委ねてしまったのだった。

人間の想像力の貧困という点については、いくらか説明が必要である。原発事故を扱ったいくつもの文学作品や映画のリストを一瞥すれば、事故はすでに人々の想像力の射程内にあったといいうる。だが、そのような作品からわれわれが引き出したものが主として「気晴らし」や「楽しみ」であったとすれば、やはりわれわれは想像力の働かせ方を誤っていたのであろう。一方、東京電力の事故調査報告書は、事故がひとえに「従前の想定をはるかに超える規模の」大きな津波によるものであったと結論づけた。だが、実際には、彼らは八六九年の貞観地震や政府の地震調査研究推進本部の見解などをもとに、福島第一原発に押し寄せる津波の高さが一〇メートルを超えることがありうると試算していた。東電は後に「試算は試算であり、想定ではない」（『日本経済新聞』二〇一一年八月二四日）と述べ、試算を観念の遊戯にすぎないと片付けていたことを自ら明らかにした。こうして、彼らは原子力の制御を偶然性の手に委ねてしまったのだった。原子力を扱う人々は、制御できていると思われることが、実は偶然性に助けられているにすぎないこと、またこの偶然性は出し抜けに人間を襲うことを認識しなければならなかったのである。

偶然による不意打ちを食らった際に、自然に対して人間が全能でありうるという幻想、そして人間の恐るべき無能が明らかとなった。許容しうる年間積算被曝量をめぐる混乱、杜撰な除染作業、溢れ出す汚染水、はてはネズミ二匹で停止する使用済み核燃料プールの冷却機能など――世界で最も高度な技術を誇っていたはずの国において、このような態勢で原子力が取り出されていたとは、滑稽ではないか。

統御することなど本来無理な「神の領域」に関与する際に、人間がより謙虚であれば、この事故は起こらなかっただろうと主張したいのではない。原発のような巨大な科学技術は、さまざまな制度や組織を媒介として人間と結びついている。ここで問題となっているのは、科学技術と向き合う際の倫理であるとともに、そのような制度や組織から生まれ、また同時にそれらを方向づけている利益にほかならない。巨大な科学技術が巨大な利益と分かちがたく結びついている――そして、それゆえに国家権力を抱き込みやすい――ことは、この国において電力会社と一般に「原子力ムラ」と呼ばれる政治家・官僚・科学者・技術者（さらにはマスコミ）との癒着、そして原子力の推進機関と規制機関とが同じ役所の中で長期にわたって共存してきた仕組みをみれば明らかとなる。巨大な利益は原子力の技術に関するさまざまな懐疑を後景へと追いやり、あらゆる慎重な留保を一蹴し、そのような危険はとるに足らぬと自らを欺く。その結果でもあり原因でもあるのだが、この制度と組織はますます巨大化し、傲慢となり、特定の地域や人々に犠牲を強いる（この点については、高橋哲哉『犠牲のシステム――福島・沖縄』集英社新書、二〇一二年を参照されたい）。原発から出る放射性廃棄物や使用済み核燃料が、辺鄙な村へと運ばれ、その村の住民を受け入れ賛成派と反対派に鋭く引き裂いてしまうという構図は、日本だけのものではない。
その意味で、原発を廃止するにせよ、存続させるにせよ、あるいはしばらく存続させながら廃止を目論むにせよ、長期的な人間の安全を利益として巨大科学技術と人間とをつなぐ制度や組織を再設計しなければならない。それはおそらく、現行の国際原子力機関（ＩＡＥＡ）や核拡散防止条約（ＮＰＴ）の仕組みに手を加えれば済むものではないであろう。そのような再設計は、巨大な既得権益の解体と利益の優先順位の組み替えを伴うものであるがゆえに、政治的な闘争を経ることになるであろう。ただ一基の原発が、一国の領域にとどまらない広大な地域を途方もなく長期にわたって荒廃させる力をもつからには、この政治は特定の国民にのみ関わるものではありえない。エティエンヌ・タッサンが指摘するように（渡名喜庸哲訳「フクシマは今――エコロジー的危機の政治哲学のための一二の注記」、東洋大学国際哲学研究センター編『国際哲学研究別冊一　ポスト福島の哲学』二〇一三年三月）、闘争の舞台は紛れもなく世界的な舞台なのである。

本書は慶應義塾大学東アジア研究所が二〇一二年五月から七月にかけて行った公開講座「アジアにおける『核』と私たち――フクシマを見つめながら」の講演原稿をすべて収録したものである。講演者には、アジアの諸地域を対象とする地域研究者および核物理学の研究者が集められた。この講座が「核」とフクシマを、すなわち核兵器と原子力を結びつけて論じようとしたのは、軍事用の核爆弾であれ、民生用の原子力発電であれ、原子力は原子力であるとの考え方に基づいている。フクシマは、まさにこの点をわれわれに再認識させたのであった。一方で核軍縮の必要性について論じながら、他方で核の「平和利用」は大いに推進してかまわないと主張できるだろうか。また、一方で原発の事故から生じうる恐るべき荒廃の可能性について論じながら、他方で核兵器の保有と拡散に目をつぶっていられるだろうか。フクシマは原子力の脅威が、いとも簡単に「平和利用」の領域を飛び越えることを、きわめて劇的な形で人々に知らしめたのであった。

この講座を企画するに至ったもうひとつの理由は、アジアという領域で、原子力の利用が――軍事用であれ、民生用であれ――広がりつつあることを確認しうるからである。核戦争の危機は、冷戦の終結をもって終わったわけではない。原子力関連施設が軍事的な攻撃対象となる、あるいは核弾頭を搭載したミサイルが実際に発射されることを含む複数の恐るべきシナリオは、この地域にとって、依然としてある程度の現実味を帯びている。また、フクシマの危機にもかかわらず、原発はこの地域で急速に増設されようとしている。ロシアの例にみるように、核軍縮が原子力関連産業の発展を促したり、中東諸国のように、石油に依存し続けることへの不安が原発建設に向かわせたりするなど、アジア諸国が原子力に向かう動機はさまざまである。だが、いかなる形であれ、原子力がわれわれの運命を左右する可能性は大きくなりつつある。このような状況を確認し、起こりうる（そして起きてしまった）カタストロフを念頭に置きながら、いかなる行動の準則を形作ればよいのか、その観念的な基盤の構築に資することがこの講座の目的であった。

ここに収められた論考は、原発を廃止すべきだと考える人々にとってはなまぬるく、また原発を存続させようと目論む人々にとっては厄介者だと映るかもしれない。フクシマ後に「核」を前にしたわれわれの選択肢は、もちろん多様でありうる。だが、ジャン＝ピエール・デュピュイのいうように（桑田光平・本田貴久訳『ありえないことが現実になるとき――賢明な破局論にむけて』筑摩書房、二〇一二年)、起こりうるカタストロフの先に自らを投影し、その地点から現在を生きる倫理を再構築すべき時が来ているのである。

この序文を含めて、各論考の執筆者たちの見解はあくまで個人的なものであり、慶應義塾大学東アジア研究所の公式見解ではないことをお断りしておく。

最後に、本講座の開催に関わる煩瑣な連絡や調整などを根気よく行ってくださった東アジア研究所の小沢あけみさん、そして面倒な編集業務を担当してくださった慶應義塾大学出版会の綿貫ちえみさんに深く感謝申し上げたい。

二〇一四年一月

慶應義塾大学東アジア研究所
所長　高橋伸夫

目次

日本における核の「平和利用」論の展開

布川　弘

はじめに――「フクシマ」から学ぶもの

東京電力福島第一原子力発電所の事故は、私たちに様々な問題を投げかけた。そのインパクトは、巨大地震や津波の被害が及ぼした衝撃と重なって、「三・一一」以前と以後に私たちの認識のあり方を画してしまうような、そうした強度をもっていると思っている。

しかし、その強度の受け止め方は一時的であり、かつ様々であって、大筋としては、長くて三ヵ月程度の時間幅の中で、できるだけ多くの経常利益を得ようとする確固とした企業の行動原理に従って、原子力発電を企業活動の基盤とする「三・一一」以前の状態への復帰を求める動きが主流となった。そして、それが国民的な合意になりつつある。事故当初は、生活のあり方の見直しを呼号するような崇高な理念が叫ばれることもあったが、大雑把な言い方をすれば、短期的収益第一主義と猛暑への恐怖が、いとも簡単に原子力発電の再稼働に道を拓いた(1)。

そもそも巨大災害に対する日本人の向き合い方は、以前からそのようなものであったのかもしれない。首都を襲った巨大地震の経験は東京一極集中に対する歯止めにはならなかったし、人々はそうした危機の到来を横目で見ながら、アメリカニズムや後期資本主義発展へ邁進したが(2)、長期的な災害の可能性を見通して、それに応じて生活のリズムや社会のシステムを変えようとはしてこなかった。

今回、「三・一一」の経験のなかで、国家というものが第一義的に国民の生命を守る存在であるという見方は、少なくとも日本では成立しないことがより明白になった(3)。これとても、アジア太平洋戦争の終結過程における日本の国家諸機構の対応を見るまでもなく、天災か人災かを問わず、カタストロフに遭遇した際、日本という国家は国民保護を第一義的な課題とはしてこなかったので、今に始まったことではない。第一義的な課題としてこなかったというよりは、第一義的な課題とすることはできなかったと言ったほうが正確かもしれない。「三・一一」に即して言えば、国家は短期的収益主義に限りなく寄り添い、「三・一一」以前の状態への復帰を推進することは最早明白である。

だが、筆者は、「三・一一」が提起した問題は、今までのカタストロフへの対応では解決しない、言わば文明史的な課題を含んでいると考えている少数派の一人である。ここで筆者が文明史的な課題というのは、低線量内部被曝の問題である。放射性物質が飲料水や食料を通じて人体に取り込まれる場合がある。それは、原子爆弾の投下によって外部から身体に高い線量の放射線を浴びる場合とは異なり、取り込まれる放射線量は低い。しかし、一度体内に取り込まれると、外部から浴びる場合と比較して深刻な影響を及ぼすことが明らかになった。それを発見したのが、カナダのアブラム・ペトカウ博士であったので、「ペトカウ効果」と呼ばれている(4)。

ヒロシマ・ナガサキ以来、日本では、低線量内部被曝の問題は、医師の肥田舜太郎など一部の例外を除き(5)、ほとんど取り上げる人がいなかった。近年、内部被曝問題にも関わって、原爆投下直後に降ったいわゆる「黒い雨」による被曝が問題とされるようになり、その分布状況が必ずしも爆心地からの同心円上の距離では表すことができないといった貴重な研究成果が発表されるようになってきた(6)。

一方、一九八六年に発生したチェルノブイリ原発事故の詳細な研究成果が発表・公開されるようになり(7)、その深刻な影響が明らかになってきた。この研究成果は、英語圏のみならず、旧ソ連圏の研究成果を含めて五、〇〇〇を超える論文を下敷きにしており、極めて広い範囲の研究者を糾合している。その結果、たとえば、国際原子力機関（ＩＡＥＡ）はチェルノブイリ原発事故による死者数を約四、〇〇〇人程度と見積もっているが、この研究成果によれば、死者は一〇〇万人近くに及ぶ。また、体内に取り込まれた放射性物質は、従来知られていなかった心臓疾患などの疾病、妊娠・出産・胎児への影響、子どもの脳の機能低下など、無視できない様々な悪影響を引き起こすことが明らかにされている。

とりわけ、筆者が文明史的な問題だと把握した理由に関わるが、この研究成果によれば、低線量内部被曝は人体にのみ影響を及ぼすのではなく、例えば、放射能汚染地域から蜜蜂が見られなくなるなど、生態系に深刻な影響を及ぼすのである。つまり、動植物全体、生命体全体に影響を及ぼすのである。もちろん、日本政府が好んで使用した言葉を借用すれば、「直ちに影響が出る」わけではない。しかし、かつて、地球上の生命体全体を死滅に追い込むような危機があったであろうか。

「フクシマ」は、文明と環境の調和という大きな課題をより明確に提起したのであり、生態学的な観点によりシフトした立場から、最悪でも生命体をどのように守っていくのかという深刻な課題を私たちにつきつけたのである。言い換えるならば、生命体を死滅させるような、放射性物質という「元に戻すことのできない廃棄物」(8)の生産をどのように理解し、それにどのように対応するのかという問題を私たちにつきつけたのである。

本報告では、文明史的な課題として低線量内部被曝の問題に着目し、それが無視されてきた政治的・社会的文脈を歴史的に跡づけてみたい。

1　放射能汚染への関心の低さと核武装の可能性

(1)　被爆／被曝という感覚

日本は「唯一の被爆国」を自称してきた。その場合の「被爆」とは、核兵器が爆発したことによって、広島・長崎の多くの市民が強い放射線を浴びたことを意味する。一九五四年三月一日、ビキニ環礁で行われたアメリカの水爆実験で、第五福竜丸が「死の灰」を浴び、久保山愛吉が亡くなった。それも「被爆」である。この二つの出来事が、原水爆禁止反対運動を巻き起こす契機となったことは間違いなく、「核アレルギー」などとも称されるような「被爆」に対する強い拒絶反応が日本人の中にあったことは、誰しもが認めるところであろう。

ただし、注意しなければならないことは、その場合の「被爆」が、核兵器の爆発によるものであるという点である。即ち、日本の敗戦、あるいは冷戦の激化といった軍事的・政治的な文脈で多くの国民に受け止められているという点である。

それとは別に、「被曝」という言葉がある。それは、核兵器の爆発による「被爆」ではなく、レントゲン撮影の際にX線を浴びること、宇宙から来た放射線を浴びること、あるいは、原子力発電所での作業中に放射線を浴びることなどを指している。こちらに対する日本国民の反応はどうであろうか。

例えば、一九九九年九月三〇日、茨城県東海村のJCO社で、核燃料加工の手順を誤ったために核分裂反応が起こり、作業員が被曝して亡くなるという事故が発生した(9)。それから少し遡ると、一九九五年二月には、福井県敦賀市にある高速増殖炉「もんじゅ」でナトリウム漏れの事故が起こり、一九九七年三月には、核燃料サイクル開発機構（当時は動燃）の東海村再処理工場で火災事故があり、JCOの事故はそれらに続いて発生している。事故当初は広い国民的な議論があったが、一年ほど経つと事故は忘れ去られたかのような状況になった。

JCOの事故の際、一つの容器に集中させられた高濃度のウラン235溶液が核分裂反応を起こして臨界に達した時、「青い閃光」を発した。その光を見た作業員が強い放射線に被曝し、放射線急性障害で命を落とした。市民科学者の高木仁三郎は、この「青い閃光」に強い衝撃を受け、広島で被爆した峠三吉の「八月六日」という詩を思い出した。詩の中で峠三吉は、「あの閃光が忘れえようか」という言葉を用いており、高木は、広島で多数の市民の命を奪った閃光と、JCOの事故で発生した閃光を同じものとして把握したのである。高木の認識は、「被爆」と「被曝」の間に境目を設けていない。

「被爆」に対して敏感である一方で、「被曝」に対しては鈍感な日本国民。その原因は、「被爆」と「被曝」の間に境目を設けていることにあるように思う。つまり、核兵器という一瞬で凄まじい破壊をもたらすものと結びつけて「被爆」を考える時、それは強い恐怖につながっている。しかし、核兵器と関わりがないと判断されたとき、「被曝」に対しては鈍感になりうるのである。

「三・一一」後、原発の再稼働を手始めに、それ以前の状態に復帰しようとする動きが強くなる中で、「被曝」の影響を低く見ようとする動きが目立つようになっている。最も「被曝」の影響が軽いものであることを切実に願っているのは、おそらく被災地の避難住民であろうと思われるが、従来からあった「被曝」への鈍感さにつけ込んで、彼らの間に「被曝」の過小評価が宣伝されつつある。さすがに、大きな原発事故であったために、セシウム137などの放射性物質の大量の広範囲な飛散は否定しようもないが、食物から摂取するカリウムのほうが放射性物質としては問題であるというような奇妙な意見が、「原子村」に帰属する研究者の間から異口同音に発せられるようになっている。放射性物質の危険性は否定できないので、それと原発との関係を薄める戦略に切り替えたようである。

(2)「被爆」・核兵器に対する感覚の変化——日本の核武装論

従来は、「被爆」には鈍感であったが、「被爆」には敏感であった。しかしここに来て、「被爆」にも鈍感になりつつあるようである。要するに、核兵器に対する拒絶反応が、極度に小さくなっているのである。それは、特に二〇代の青年層の間で、核兵器は廃絶できないという意見とともに、核兵器を容認する意見が多くなっていることに、顕著に現れている。(10) 広島・長崎とそれ以外の地域を問わず、二〇代の青年層にとって、核兵器のない世界は「現実的」ではないのである。ここでは、日本をめぐる核戦略の大筋の展開を確認しながら、現在の世論の動向と関わって、日本の核武装がどの段階にあるのかを見据えていきたい。

冷戦下、日本はアメリカの反共戦略の重要な拠点として位置づけられ、当然のことながら、核戦略の最前線になった。一九五〇年六月、朝鮮戦争が勃発し、八月に韓国軍が釜山近くまで追いつめられると、アメリカは朝鮮半島に核兵器を配備した。そして、一九五一年に「中国人民志願軍」が参戦して北朝鮮の反攻が激しくなると、国連軍総司令官であったダグラス・マッカーサーは、中華人民共和国に対する核攻撃の必要性を主張するようになった。マッカーサーはトルーマン大統領によって更迭されたが、朝鮮戦争の勃発はアジアにおける冷戦の構図を規定し、その中に、アメリカの核戦略が重要な位置を占めることになった。

サンフランシスコ平和条約が締結され、日本が独立を回復した後も、沖縄はアメリカの占領下にあり、核戦略の最前線を担った。例えば、一九五八年八月、金門島を中国が砲撃した際、アメリカ空軍司令部は、中国軍が沖合の島々に侵攻した場合、核兵器の使用を許可してほしい旨を大統領に求めたが、その際、嘉手納基地にＭｋ６とＭｋ36という核爆弾が配備されていたことがわかっている(11)。これは明らかに中国の台湾侵攻を抑止するために配備されていた。

周知のように、日本が独立を回復し、一九五四年三月にビキニ水爆実験で第五福竜丸が被爆し、核兵器廃絶の世論が大きな高まりを見せ、翌一九五五年八月には、広島で原水爆禁止世界大会が開かれた。こうした反核運動は日本政府を動かし、一九五七年二月五日の衆議院本会議で岸信介首相は、アメリカが日本に核爆弾を持ち込むことには同意できないと答弁し、そして、一九六七年一二月一一日の衆議院予算委員会において、佐藤栄作首相は、「核兵器を持たず、作らず、持ち込ませず」という非核三原則を明示したのである。政府は核兵器の保有は自衛権の範囲に含まれるとしてはいたが、当面は非核三原則を維持するという表向きの姿勢をとり続けようとした。

沖縄返還にあたっても、政府は「核抜き・本土並み」の原則を明言していた。非核三原則を堅持する以上、それは当然のことであった。しかし、一九六四年に中国が核実験に成功した後、一九六五年一月、佐藤首相はマクナマラ国防長官との会談において、中国と戦争になった際には、「アメリカが直ちに核による報復を行うことを期待」するとして、核の先制使用を求め、さらに、「洋上のものならば直ちに発動」できるであろうと、事実上日本近海への核の持ち込みを黙認した。そして、一九六九年一一月一九日のニクソン大統領と佐藤首相の会談において、佐藤首相は、極めて重大な緊急事態が生じた際、事前協議を経て、核兵器の沖縄への再持ち込みと沖縄を通過させる権利を、アメリカに認めたのである。[12] 同文書では、嘉手納・那覇・辺野古などの基地を、「沖縄に現存する核兵器貯蔵地」としている。[13]

日本政府も核兵器の保有に関して、アメリカの「核の傘」を前提としながらも、独自の政策を確立してきた。一九六九年、外務省は『わが国の外交政策大綱』を発表したが、その中で、当面核兵器は保有しないという方針を掲げながら、核兵器製造の経済的・技術的ポテンシャルを保持し、「これに対する掣肘を受けないように配慮する」としている。[14] 沖縄返還交渉の最中、中国の核保有に対抗しながら、前述した佐藤・ニクソン密約のように、日本政府はアメリカの核兵器に強い期待を寄せていた。この『わが国の外交政策大綱』で注目すべき点は、そうした期待を表明しながらも、独自の核兵器保有への道を残そうとし、それを維持しようとしている点である。

そして、もう一つ注目すべき点は、「核兵器製造の経済的・技術的ポテンシャル」を保持するとしている点である。ここで言う「経済的・技術的ポテンシャル」とは何を指しているのであろうか。核兵器製造にとって最も重要なことは、ウラン235、プルトニウム239といった純度の高い核分裂物質を確保することである。そうした核分裂物質は、原子力発電を進め、核燃料の再処理が実現されることによって最も安定的に確保されるのである。したがって、ここで言う「経済的・技術的ポテンシャル」とはほかでもない、原子力発電を指すことは間違いない。日本政府の核兵器製造能力維持政策は、必然的に原子力発電の促進を要求しているのである。

(3) 日本政府の核抑止論

外務省『わが国の外交政策大綱』の中で「これに対する掣肘を受けないように配慮する」[15]という文言がある。日本の「核武装」を警戒し、それを掣肘しようとするのはアメリカにほかならない。アメリカは自国を中心とした既存の核兵器保有国の権利を保持しつつ、他国が核兵器を保有することに歯止めをかけるため、核拡散防止条約（ＮＰＴ）を提案し、一九六八年に米・英・ソが調印して、日本も一九七〇年に署名している。しかし、国会の承認は一九七七年にまでずれこんだ。日本の政治勢力の中に、中国を抑止するための核武装に強くこだわる主張があったためである[16]。

一九七四年にインドが核実験に成功すると、アメリカは核拡散を強く警戒するようになり、日本の核燃料再処理に対しても圧力をかけはじめた[17]。しかし、ＮＰＴに加盟すれば核を平和利用する権利が保障されるので[18]、ＮＰＴ体制の中で、核分裂物質を執念深く備蓄していく方向性を選択し、核武装の基盤を固めていこうとした。これに対して日本政府は、基本的にはアメリカの主導権の下に整備されてきた核不拡散体制に協調的な姿勢を示しながらも、原子力の民事利用に対しては極めて精力的に取組む姿勢を頑強に保持し、(19)「日米再処理戦争」と言われるような外交摩擦を引き起こしたのである。外交摩擦の当事者は政府・外務省であったが、彼等には核武装の潜在力を不断に高めたいという思惑があった。(20)

前述したように、潜在的「核武装」論と「核の傘」論はセットになっており、双方が同時に強められているという現象が見られる。一九九九年六月二日の衆議院外務委員会で、北朝鮮に対する抑止力についての質問が出された際、政府委員は、「米国はあらゆる手段を使って日本を防衛するということを言って」おり、「何を使うかということは特定して」いないが、「日本に対する攻撃に対して抑止力は維持される」という見解を述べている。(21)また、同年一一月一九日の同委員会でアメリカによる先制不使用政策の可能性について質問が出された際、河野洋平外相は、「アメリカが、自分は先制攻撃はしないということによって、その安全を保障することができるかどうか」と疑問を表明している。こうした政府の答弁を見る限り、日本政府は先制使用も含めてアメリカによる核攻撃が、日本の安全保障にとって必要だと考えている。さらに、二〇〇三年八月に日米韓三ヵ国局長級会議において、薮中外務省アジア大洋州局長はケリー米国務次官補に、北朝鮮に対して核不使用の確約をしないように要請している。つまり、アメリカの核攻撃に期待しているのである。少なくとも日本は核兵器を抑止力と見なしており、当面は核兵器廃絶への意志を持っていない。

一九九八年六月、ブラジル、エジプト、アイルランド、メキシコ、ニュージーランド、スロベニア、南アフリカ、スウェーデンの八ヵ国の外相が、「核兵器のない世界へ——新しいアジェンダの必要性」と題する声明を発表し、核兵器保有国と核兵器能力国に対して、保有核兵器および核兵器能力を迅速、最終的かつ完全に廃棄するように明確に誓約することを求めた[22]。彼らは、自らを「新アジェンダ連合」と呼んだ。日本はこの新アジェンダ連合の決議に対して棄権を続けている[23]。そこには、この決議に強い反発を示したアメリカに対する配慮があるが、前述の政府・外務省の姿勢に明らかなように、アメリカの「核の傘」に対する強い期待が背景にあるからである。日本政府の外交姿勢は、被爆国として核兵器廃絶を求めることからはほど遠いと言わざるを得ない。こうした姿勢は、北朝鮮をはじめとする国々の核兵器の保有への衝動を、促進こそすれ抑えるものではない。後述するプルトニウムの蓄積という問題と併せて、日本政府は核拡散を助長する大きな役割を果たしているのである。

2　「平和利用」論の展開

(1)　軍事利用と「平和利用」の境目

現在、核兵器そのものへの拒絶反応が薄れてきつつあるが、依然として核兵器の廃絶を願う世論は強い。一方、核兵器廃絶を願いながらも、原子力エネルギーを肯定的に受け止める意見も目立つ。その際、「平和利用」という把握の仕方が、そうした肯定的な受け止め方を支える認識を形づくっているように思う。

原子力発電に利用される原子炉は、当初核爆弾を製造するために開発された。具体的には、シカゴ大学に作られたパイル1という原子炉が、一九四二年一二月に世界で初めて核分裂反応の臨界に達し、その技術をもとにプルトニウムが生産され、長崎に原子爆弾として投下された。原子力発電はあくまでもその副産物であり、戦後にアイデアを実用化しようとする努力が始まったのである。

しかし、その実用化への歩みは早かった。一九四五年九月一八日、バーミンガム・ロータリークラブにおいて、原爆開発に重要な役割を果たしたマーク・オリファント教授は[24]、「一〇年以内に発電所が、原子力＝核エネルギーによって動くようになるであろうことを確信している」という衝撃的な演説を行った[25]。そして、そのオリファント教授が中心となって、原子力＝核エネルギーの"the peaceful and constructive use"として、一九四七年にイギリスで原子力発電所を作る実験が始まったと報じられ、その記事の表題が、"Atoms for Peace"となっている[26]。もちろん、原子力発電所が実用化の段階に入るまでにはしばらく時間がかかったのであるが、原爆投下から間もなく、「平和利用（the peaceful use）」に対する期待が高まっていたことは注目される。

原子爆弾の開発が進められている時期から、「原子力＝核エネルギー」の解放が膨大な威力をもつということは認識されており、開発後の管理の仕方について、様々な議論があった。原爆投下後、遠くない時期にソ連がその開発に成功するであろうことは誰もが予想できたことなので、原子爆弾の国際管理は大きな議題となった。一九四五年一二月二六日には、アメリカ・イギリス・ソ連三ヵ国の外相会議がモスクワで開催され、原子力エネルギーについて、四点にわたる合意が成立した。ここで、注目したいのは、その合意の一つが、「原子力エネルギーを平和利用のために使用することを保証すること」であったことである[27]。冷戦が深刻化する中で、核兵器をめぐる米ソの対立は激しくなるが、「平和利用」の推進については合意が維持され、ソ連の国連代表であり、多くのことに反対したので「ミスター・ニエット」と呼ばれたグロムイコも、その合意には積極的に賛同し、それを維持しようとしている[28]。冷戦構造は、原子力の「平和利用」に関する合意を前提として成立しており、それに異を唱える議論は見られなかったといっても過言ではない。「原子力＝核エネルギー」に対する人々の捉え方は、"Like fire it may be a good servant and but a bad master"というものであり、プロメテウスから火をもらったようなものと、極めて肯定的にしか理解していなかったのである。[29]こうした認識は、現在も根強く残っている。

通説的には、一九五三年一二月八日に国連総会でアメリカのアイゼンハワー大統領が行った演説によって、"Atoms for Peace"という考え方が定着し、日本ではそれを受けて、中曽根康弘らが中心になって、一九五四年三月に原子力予算が国会を通過、翌一九五五年一二月に原子力基本法が成立し、原子力発電に向けて大きな一歩が踏み出された。

田中利幸の研究によれば[30]、広島においては、核兵器廃絶を求める世論と、原子力の「平和利用」を求める世論とが、矛盾なく共存してきた。一九五四年一月、ビキニ水爆実験問題が起きる二ヵ月前から、アメリカによる広島に対する「原子力平和利用」宣伝工作が始まり、「最初に原子力の破壊をこうむった広島こそ原子力の平和的恩恵を受ける資格がある」と言われ、広島市に原子力発電炉の建設を求める声すら出始めた。[31]そして、一九五六年五月二七日から六月一七日まで三週間、広島で「原子力平和利用博覧会」が開かれた。[32]これは、広島県、広島市、広島大学、アメリカ文化センター、中国新聞の共同開催で、広島平和記念資料館が会場となり、原子炉模型が展示され、アイソトープの医学的な貢献など、「平和利用」をバラ色に描くものであった。広島会場の入場者数は一〇万九、五〇〇人に上り、世論は「平和利用」推進一色で塗りつぶされた感があった。

その後、一九五八年四月一日から五〇日間、広島市みずから「広島復興大博覧会」を開催し、原子力科学館が設置され、広島平和記念資料館を会場に、「原子力平和利用博覧会」と同じものが展示された。[33] そこでは、原爆の被害を物語る展示と、「平和利用」を称揚する展示が並列された。そして、この復興博覧会を訪れた見学者は、九一万七、〇〇〇人に上ったのである。

確かに、こうしたキャンペーンが果たした役割は極めて大きかったと考えられる。しかしながら、原爆投下直後から、原子力＝核エネルギーを二〇世紀の先端科学技術ととらえ、その可能性に期待する声が強かったのであり、広島においても例外ではなかった。「軍事利用」にさえ転用されなければ、是とされたのである。

その後、一九七九年のスリーマイル島原発事故、そして、一九八六年のチェルノブイリ原発事故が発生するなかで、世界的な規模で原子力開発に歯止めがかかった。しかし、日本ではそうした深刻な事故を尻目に、原子力発電所の建設が着実に進められたのである。

(2) 高速増殖炉とプルトニウム

日本の原子力発電に対する強いこだわりは、高速増殖炉「もんじゅ」の計画を推進しようとする姿勢にはっきりと現れている。高速増殖炉は燃料として使用した以上のプルトニウムを回収できる「夢のエネルギー」であると言われる。だが、プルトニウムという物質は大変管理が難しい物質である。高速増殖炉「もんじゅ」の燃料として使用されるプルトニウムは、原子力発電所の使用済み核燃料を再処理することによって得られる。そのため青森県下北半島の六ヶ所村などに核燃料再処理施設が建設されているが、それらが期待どおり稼働しない事情があるため、イギリスやフランスに再処理を依頼し、船で運んでいる。

六ヶ所村の核燃料再処理工場は、使用済み核燃料を溶かした硝酸溶液やウラン、プルトニウム、核分裂生成物が流れる配管の総延長が約一、三〇〇㎞に及んでおり、機械と配管の接合部分などの点検箇所が一万ヵ所にのぼる。[34] 六ヶ所村の再処理工場では、二〇〇六年三月末から、使用済み核燃料を用いた実際の再処理試験（アクティブ試験）が始まったが、同年の五月と六月に分析作業員が内部被曝するトラブルが発生した。

再処理施設におけるトラブルは、日本が再処理を依存しているイギリスで既に試されずみである。アイリッシュ海に面したイギリスのセラフィールドの再処理工場では、一九五七年の火災事故で海水の放射能汚染が深刻になり、付近の土壌中のプルトニウムやアメリシウムの濃度がチェルノブイリ原発周辺の立ち入り禁止区域の一〇〇倍も高く、付近に住む子どもたちの白血病発生率が全国平均の一〇倍に達した。[35] そして、現在でもその汚染の影響が深刻に残っている。つまり、事故によって海底や土壌にプルトニウムが蓄積されたが、半減期はプルトニウム２３９が二万四千年、プルトニウム２４２は三七万六千年である。環境問題の深刻化で人類が生存できるかどうかという不確かな未来をはるかに超えて、プルトニウムは有害な存在として土壌や海底に存在し続ける。六ヶ所村においてこうした危険性がないとは言えない。それに作業員の被曝事故の危険性が絶えずつきまとうのである。

さらに、高速増殖炉の場合、冷却剤としてナトリウムを使うという点で、大きな技術上の問題を孕んでいる。ナトリウムは水と反応して爆発しやすいという特性をもっており、ナトリウムが漏れた場合、爆発事故につながりやすい。爆発事故が起これば、炉心にある放射性物質が京阪神地方まで汚染していく。チェルノブイリの恐怖が私たちの眼前で展開されるのである。

一九九五年の「もんじゅ」の事故の原因は、ナトリウムの温度を計測する温度計のさや管部分の初歩的な設計ミスにあったと言われている[36]。その際、さや管が段付構造で配管に取付けられており、付け根部分が丸みを帯びておらず、段がついたような形になっていた。そこに応力がかかり、くり返しの振動が起こって、最終的に折れてしまった。この付け根部分の技術的な工夫がなされていないことを、R（アール）を取っていないというそうである。これは工作の世界ではありえないことで、町工場においても常識化していることであると言われる。この温度計のさや管部分は石川島播磨重工が設計を請け負ったが、製作はある町工場に発注した。その際、その町工場の労働者が設計図を見て、Rを取らなくても良いのかとうかがいをたてたが、設計した側は、原子力は普通と違うのだからいいと回答している。ここには製造業の上層部分で、工業技術の基本的な常識が喪失しつつあることを物語っているのではなかろうか。大学で仕事をしている立場から見れば、高等教育のあり方についてふと疑問を覚えてしまうが、極めて重大な危機がここに潜んでいると言わざるをえない。とりわけ、前述したように、六ヶ所村の再処理工場の配管の総延長が約一、三〇〇㎞であることを考えあわせると、技術的常識の喪失は致命的な問題につながっていると言わざるをえない。

(3) 核爆弾との関係

一九七〇年代末までにイギリスとアメリカで原子力発電事業が停滞に陥り、そうした停滞傾向が、一九八〇年代末までに世界中に広がることとなった[37]。しかし、日本では毎年原子力発電所が建設され、その数を着実に増やしていった。さらに、政府は二〇〇五年度からの六年間で二〇基（年平均三・三基）という空前の大増設ラッシュを計画した。その理由は、二酸化炭素の排出規制を満たすためであり、前述した地球温暖化問題を錦の御旗にしている。[38]

原発が着実に増えていけば、使用済み核燃料も増えていく。そして、日本は再処理の難しさをよく理解せず、自前の核エネルギー、すなわち「プルトニウム燃料サイクル」の確立をめざしたがために、[39] 再処理で取り出されたプルトニウムが高速増殖炉の稼働を実現できない中で、膨大に蓄積されていく。二〇〇四年現在、再処理によって取り出されたプルトニウムの在庫量が約四〇トン、使用済み核燃料に入ったままのプルトニウムが約一一〇トンで、合計約一五〇トンに達する。[40] 北朝鮮のプルトニウムの推定保有量は、二〇〇六年六月現在で、約五〇kg（〇・〇五トン）である。[41]

日本が保有する再処理で取り出されたプルトニウム約四〇トンは、粗製の核爆弾であれば、五、〇〇〇発製造可能である。[42] 現在世界には三万発以上の核弾頭があると言われているが、一位のアメリカが約一万発、二位のロシアが約八、〇〇〇発、三位の中国が約四〇〇発である。[43] したがって、再処理で取り出されたプルトニウムの保有量だけでも、日本は世界三位の核保有国になる潜在的な力を既に備えているのである。もちろん、プルトニウムを保有しているだけでは、飛ばせる爆弾は製造できないが、日本は既に人工衛星の打ち上げ技術をもっており、大陸間弾道弾（ＩＣＢＭ）の製造は可能である。さすがに、高速増殖炉だけでは膨大なプルトニウムを保有する理由が弱いので、再処理で取り出されたプルトニウムを使った混合燃料（ＭＯＸ燃料）を原子力発電に使用することによって、プルトニウムを減らしていこうという動きを示した。これがいわゆるプルサーマルであるが、[44] プルトニウムを原子炉で燃焼させることは、ウランを燃焼させることに比べ、危険性が格段に高くなる。

さて、いずれにせよこのような膨大なプルトニウムを日本が保有しているという事実は、中国や北朝鮮、あるいは核兵器を保有していない国々にとってどのように映るであろうか。「平和利用」のためであるという日本的な正当化が果たして通用するのであろうか。NGOの国際会議では、諸外国の活動家から「日本が核武装する可能性はどのくらいあるのか」と頻繁に疑問が出されるそうである。[45] 日本は世界的には既に潜在的な核保有国とみなされているのである。そうした意味で、日本の「平和利用」というスタンスは、核拡散に大きく貢献していると言える。もう少し拡げて考えるならば、日本などにそのような核分裂物質の大量の保有を許しているNPTとIAEAの体制そのものが、実際には核拡散に大きく貢献しているという皮肉な構図が見えてくるのである。

(4) 高速増殖炉の社会的受け皿

このように様々な、そして深刻な危機を伴うプルトニウム保有政策であるが、その中心に据えられている高速増殖炉の稼働に向けた動きには、社会的な受け皿がしっかり存在している。日本原子力開発機構の高速増殖炉「もんじゅ」が立地する福井県敦賀市の地元では、近年になってさらに高速増殖炉の実用化を求める動きが活発になっている。二〇〇八年一一月八日、福井県のエネルギー研究開発拠点化推進会議が敦賀市で開催され、高速増殖炉「もんじゅ」を中心にした国際開発拠点を敦賀市内に設けることを決定した。[46] 日本原子力開発機構によれば、拠点内には「FBR（高速増殖炉）プラント技術センター」を置き、二〇一二年度までに二四人を増員して七〇人体制で研究にあたることになっていた。また、冷却剤に使用しているナトリウムを可視化して管理しやすくするために、「プラント実環境研究施設」を二〇一二年度まで設置し、日仏米の共同研究で高速増殖炉の新燃料を開発する研究施設を二〇一五年度までに整備する予定である。さらに、敦賀市街地にはレーザー技術や「もんじゅ」のデータ解析などの三つの研究施設からなる「プラント技術産業共同開発センター」を二〇一二年度までに建設する。事業主体である日本原子力開発機構の岡崎俊雄理事長は、「将来の実証炉、実用炉に向け、敦賀が国際的な一大拠点になるよう努力したい」と、高速増殖炉の開発に向けて積極的な談話を発表し、福井県の西川一誠知事は、「計画が始まって足掛け五年、目に見える形で成果が出ないと県民の理解が得られない」と述べ、計画の前進に向け決意を新たにした。

この計画の規模を見ると、「プラント実環境研究施設」が二、〇〇〇㎡、「プラント技術産業共同開発センター」が三、〇〇〇㎡と広大な面積を占め、人員の増員にしても、昨今の様々な研究施設を縮小し合理化していく傾向と比較すれば、「大盤振る舞い」と言わざるを得ない。二〇一〇年、もんじゅの再稼働が遅れたあおりで、エネルギー拠点化計画の翌年度予算が五億円削減され、「三・一一」を経て大幅な修正を迫られているが、現在でも福井県はエネルギー開発拠点化計画に力を入れている。

地元の福井県が高速増殖炉開発にこれほど積極的な姿勢を示しているのには、明確な理由があった。二〇〇八年一二月八日、福井県議会の厚生常任委員会（小泉剛康委員長）において、二〇〇九年二月の運転再開を目指す高速増殖炉「もんじゅ」を、北陸新幹線整備のカードとして使うように求める意見が出た(47)。山岸猛夫委員（自民党県政会）は、「県議会では二〇〇三年、新幹線問題に進展がない場合、必要な原子力行政を進めないとの決議をしている。金沢—敦賀間の一括認可は譲れない。国に対して強い決意を表明することが大事だ」と主張した。高速増殖炉「もんじゅ」を人質にとって、新幹線の整備を国に迫るというのは、福井県議会の既定方針だったのである。また、同委員会では、山本文雄委員（自民党県政会）が、「もんじゅにアクセスするための高速交通体系も必要だ」と述べ、新幹線整備を「もんじゅ」によって正当化している。

前述したように、高速増殖炉計画に固執しているのは日本のみとなっている中で、それが放棄されない理由の一つが、ここにはっきり見えていた。地元では、高速増殖炉という極めて危険度の高い施設が、地方利益誘導の取引材料にされてしまっている。つまり、福井県は新幹線の敷設認可を最優先事項として位置づけ、その実現のためには手段を選ばないという明確な姿勢をもっており、高速増殖炉推進計画はその姿勢によりかかりながら進められてきたのである。新幹線が「ホンネ」で高速増殖炉が「タテマエ」と言ってもよいかもしれないが、要するに福井県議会にとっては、どちらも「どうでもよい」のである。票になれば何でもよいという意識が、はっきり姿を現している。また、そこには生活の足しになれば「どうでもよい」という多くの受益者の姿がぶらさがっている。ここに、被爆国日本の社会の現実が、見事に現れている。二〇〇七年末、当時の政府・与党は北陸新幹線の整備について「二〇〇七年度に結論を得る」と合意したが、財源のめどが立たず、結論を二〇〇八年度に持ち越した。自民党整備新幹線建設促進プロジェクトチームの町村信孝前官房長官は、二〇〇八年一一月末に、財源のめどが立たなくても政治決着で着工を検討する方針を示している。地元自治体のみならず、中央の政治も社会の現実に規定されていた。さらに、二〇一〇年、もんじゅの稼働再開に異議を唱えていた福井県知事が、新幹線着工を条件に、再開を承認した。そして、二〇一二年、政府は金沢―敦賀間の認可着工を決定したのである。

こうした利益誘導は、いわゆるグローバル資本主義の発展によって、加速化していった。特にマネタリストが政策決定を主導するようになり、「民間活力」なるものが尊ばれ、市場原理にすべてを委ねるような方向が強まると、逆に国策として揺るぎない保証を得てきた原子力開発の分野に、関係自治体はより強く依存せざるを得なくなったのではなかろうか。また、ヘッジファンドに典型的に見られるように、大量の株式を急速かつ一気に動かすような運動が市場を支配するようになると、企業は短期の経常利益増加と資金の回収に追われることになり、目先の利益が最優先されるような傾向が支配的になっていった。小泉政権の政策に典型的に見られるように、日本はグローバル資本主義の先頭を走っていたのである。原子力開発における安全性の問題は、経常利益にとってはマイナスの要因と受け止められ、ますます考慮外に置かれるようになっていった。

さて、それでは高速増殖炉の計画はどうなっていたのであろうか。二〇〇八年一二月一六日、高速増殖炉「もんじゅ」に新燃料が搬入された[48]。「もんじゅ」はウランとプルトニウムの混合酸化物燃料（MOX）を使うが、この年の八月に運転再開を四ヵ月延期したため、燃料が劣化して再起動できなくなったのである。この新燃料搬入は、一九九五年のナトリウム漏れ事故以来三度目のことで、運転再開が三回延期されてきたことがわかる。そして、日本原子力開発機構は二〇〇九年二月の運転再開をめざして準備していたが、一月八日に運転再開を断念し、一二月以降に大幅延期する方針を明らかにした[49]。運転再開を断念した理由は、原子炉や付帯設備の安全性を調べるためのプラント確認試験を実施している際に、二〇〇八年九月に屋外排気ダクトに二つの腐食穴と多数のサビがみつかり、その点検作業のために確認試験が中断してしまい、ダクトの補修工事の認可や実施に時間がかかることがわかったためである[50]。一九九五年の事故以降、高速増殖炉の運転再開が試みられてはいたが、一〇年以上も運転再開のめどが立たない状態が続いており、二〇一二年段階でも最稼働は未定である。

おわりに

低線量内部被曝の問題は、生態学的な視野から考えたときに、生命体そのものを危機に陥れる可能性があり、人類が営々と築いてきた文明の終わりを予言するものである。しかし、一方でグローバル資本主義が世界を覆いつつあり、日本はその先頭を走ってきた。すぐに利益を生まないものは価値のないものと見なされ、人間関係が商品交換の関係にすりかわっていく。原発再稼働を求める声は、前述した原発を抱える自治体の対応を含めて、短期間で経常利益を上げなければならないという、グローバル資本主義の要請によって促されたものである。そして、国民の多くがグローバル資本主義に身を委ね、いわば、「一億総資本家」の社会が現出しつつある。それは、子どもが消費者として自我を確立し、学びの意味を商品交換として理解し、学びから逃避している状況に典型的に現れている。(51)

そうしたなかで、少なくとも日本において、生活スタイルそのものを根本的に見直すべきだ、あるいは短期的な利益を優先するような考え方を見直すべきだというような意見は、少数意見に留まっている。日本が推進するグローバル資本主義が、その十全な展開の上にどのような論理的帰結をきたすのか、その見極めが重要であろう。

本章では、低線量内部被曝の問題に注目してきたが、この問題に関して、「中立」という立場はあり得ないと考えている。被曝の原因を徹底的に除去するか、それとも無視するか、どちらかの立場しかあり得ない。無視する側が、「科学的な根拠」を持ち出して、「中立」を装うことはナンセンスであるし、それは欺瞞である。科学とは、社会的、文化的、そして政治的な枠組みの中で形成されるものである。

最後に指摘しておきたいことは、原子力発電所が稼働すること自体で内部被曝の可能性が高まるということである。必ずしも事故があるから被曝するのではない。放射性廃棄物の処理、あるいは海水による原子炉の冷却など、様々な放射能漏れの可能性がつきまとっているのであり、原発周辺地域では住民の健康状態への影響など、様々な指摘が発表されるようになっている。

同時に私たちが忘れてならないことは、アメリカやロシアが大量に保有する核爆弾の存在である。核爆弾は爆発することによって深刻な放射能汚染が起こることは言うまでもないが、大量の核爆弾を保有すること自体、低線量被曝の要因となるのである。第一、開発から時間がたって、核分裂物質を保護している金属は劣化しないのであろうか。爆弾の管理にあたっている人々の健康状態はどうなのであろうか。核戦争が起こっていないから安全なのではなく、核兵器の保有自体が放射能汚染を伴うと考えるべきではないだろうか。そのように考えると、信じがたい数の核兵器の保有によって、既に私たちは文明史的な岐路に立たされているのである。「三・一一」が私たちに教えてくれたのは、そのようなことであると筆者は思う。

(1) むろん、首相官邸前における原発再稼働反対の行動など、ソーシャル・ネットワークを媒介とした社会的な抗議行動の画期的な意義を否定するものではない。

(2) 日本におけるアメリカニズムの受容については、吉見俊哉『親米と反米』(岩波書店(岩波新書)、二〇〇七年）を参照。

（3）福井晴敏『小説・震災後』小学館、二〇一二年。

（4）Ralph Graeub, *The Petkau Effect: The Devastating Effect of Nuclear Radiation on Human Health and the Environment*, Revised Edition, Four Walls Eight Windows, New York, 1994. 邦訳は、ラルフ・グロイブ／アーネスト・スターングラス著、肥田舜太郎・竹野内真理訳『人間と環境への低レベル放射能の脅威』（あけび書房、二〇一一年）。

（5）肥田舜太郎・鎌仲ひとみ『内部被爆の脅威——原爆から劣化ウラン弾まで』筑摩書房（ちくま新書）、二〇〇五年。

（6）大瀧慈（研究代表者）『原爆被害者の後障害に関する社会医学的研究』（科学研究費助成事業・研究成果報告書、基盤研究（A）、二〇〇九—二〇一一年）。

（7）Alexey V. Yablokov, Vassily B. Nesterenko, Alexey V. Nesterenko, and Janette D. Sherman-Nevinger as consulting ed., *Chernobyl: Consequence of the Catastrophe for People and the Environment*, Annals of the New York Academy of Sciences, Volume 1181, Blackwell Publishing, Boston, 2009.

（8）ラルフ・グロイブ／アーネスト・スターングラス、前掲書、四三頁。

（9）このＪＣＯの事故に関する記述は、特に断りがない限り、高木仁三郎『原発事故はなぜくりかえすのか』（岩波書店（岩波新書）、二〇〇〇年）、二—一二頁による。

（10）二〇一〇年八月に行われたＮＨＫ広島放送局の広島・長崎市民を対象とした世論調査の結果などを参照。

（11）〈http://www.fas.org/blog/ssp/2008/05/nukes-in-the-taiwan-crisis.php〉.

（12）「一九六九年一一月二一日発表のニクソン米合衆国大統領と佐藤日本国総理大臣による共同声明に関する合意議事録」。東京大学東洋文化研究所の田中明彦研究室のデータベースを参照〈http://www.ioc.u-tokyo.ac.jp/~worldjpn/documents/texts/JPUS/19691119.O2J.html〉。

(13) 同前。
(14) 鈴木真奈美『核大国化する日本——平和利用と核武装論』平凡社、二〇〇六年、一九二頁。
(15) 一九五五年に日本と原子力協定を結んだ際、アメリカは日本が天然ウランや濃縮ウランなどの提供を受けた場合、その副産物であるプルトニウムを返還するように求めたのである。日本が最初の原子炉をイギリスのコールダーホール型のものに決定したのは、そうしたアメリカの掣肘を嫌ったことが、一つの大きな理由であった。詳しくは、有馬哲夫『原発と原爆』(文藝春秋(文春新書)、二〇一二年)を参照。
(16) 鈴木、前掲書、一九二頁。
(17) 一九七四年にジミー・カーターが大統領選挙に立候補した際、核不拡散を徹底するため、核保有国以外の国が核兵器の原料となるプルトニウムを入手したり、再処理することを一切禁止するという公約を掲げ(有馬、前掲書、一九五—一九六頁)、対立候補のフォードも同様な対応を見せ、カーターが選挙で勝利した。
(18) 鈴木、前掲書、一四一頁。
(19) 吉岡斉『原子力の社会史——その日本的展開』朝日新聞出版(朝日選書)、一九九九年、一六六頁。
(20) 同前、一六八頁。
(21) 川崎哲『核拡散——軍縮の風は起こせるか』岩波書店、二〇〇三年、一八七—一八九頁。以下、アメリカの核抑止力に対する期待についての記述は、特に断らない限り、この文献による。
(22) 同前、一三一頁。
(23) 同前、一八三頁。
(24) Sir Marcus Laurence Elwin Oliphant. MAUD委員会の重要メンバーで、ウラン濃縮の可能性を見いだし、原子爆弾開発の契機を作った。
(25) 'Atomic Power "Within Ten Years"', The Sydney Morning Herald, Tuesday 18 September 1945.
(26) 'ATOMS FOR PEACE', The Sydney Morning Herald, Wednesday 21 May 1947.

(27) 椎名麻紗枝『原爆犯罪——被爆者はなぜ放置されたか』大月書店、一九八五年、一〇六頁。
(28) 'The Advocate Fair and Impartial, END OF ATOMIC ENERGY COMMISSION', Advocate, Tuesday 2 August 1949.
(29) 'ATOMIC ENERGY', Geraldton Guardian and Express, Saturday 9 February 1946.
(30) 田中利幸「『原子力平和利用』と広島——宣伝工作のターゲットにされた被爆者たち」『世界』八五〇号、二〇一一年八月、二四九—二六〇頁。
(31) 同前、二五一頁。
(32) 同前、二五三—二五七頁。
(33) 同前、二五七—二五九頁。
(34) 小林圭二・西尾漠編著『プルトニウム発電の恐怖——プルサーマルの危険なウソ』創史社、二〇〇六年、一六五—一六六頁。
(35) 鈴木真奈美『核大国化する日本——平和利用と核武装論』平凡社、二〇〇六年、二〇二—二〇八頁。
(36) 以下「もんじゅ」の事故原因に関する説明は、特に断りがない限り、高木仁三郎『原発事故はなぜくりかえすのか』一一二—一一三頁に拠る。
(37) 吉岡、前掲書、二八〇頁。
(38) 同前、二八三頁。
(39) 鈴木、前掲書、一九八頁。
(40) 同前、二一九頁。
(41) 同前。
(42) 同前、三四頁。
(43) 大庭、前掲書、三七頁。

（44）小林圭二「プルサーマルは何が問題か」小林圭二・西尾漠編著『プルトニウム発電の恐怖――プルサーマルの危険なウソ』創史社、二〇〇六年。
（45）川崎、前掲書、一八六頁。
（46）『毎日新聞』二〇〇八年一一月九日付。以下、国際開発拠点に関する記述は、特に断らない限り、この記事に拠る。
（47）『毎日新聞』二〇〇八年一二月九日付。北陸新幹線に関する記述は、特に断らない限り、この記事に拠る。
（48）『毎日新聞』二〇〇八年一二月一七日付。
（49）『毎日新聞』二〇〇九年一月八日付。
（50）『産経新聞』（二〇〇九年一月九日付）によれば、ダクトの改修工事は二〇〇九年五月までかかる見通しとのことである。
（51）内田樹『下流志向』講談社（講談社文庫）、二〇〇九年。

参考文献

Alexey V. Yablokov, Vassily B. Nesterenko, Alexey V. Nesterenko, and Janette D. Sherman-Nevinger as consulting ed., *Chernobyl: Consequence of the Catastrophe for People and the Environment*, Annals of the New York Academy of Sciences, Volume 1181, Blackwell Publishing, Boston, 2009.

肥田舜太郎・鎌仲ひとみ『内部被爆の脅威――原爆から劣化ウラン弾まで』筑摩書房（ちくま新書）、二〇〇五年。

布川弘「核拡散と日本」吉村慎太郎・飯塚央子編『核拡散問題とアジア』国際書院、二〇〇九年、一五―三九頁。

同「広島における『平和理念』の形成と『平和利用』の是認」加藤哲郎・井川充雄編『原子力と冷戦――日本とアジアの原発導入』花伝社、二〇一三年。

高木仁三郎『原発事故はなぜくりかえすのか』岩波書店（岩波新書）、二〇〇〇年。

宇吹暁「被爆体験と平和運動」中村政則他編『戦後日本　占領と戦後改革4　戦後民主主義』岩波書店、二〇〇五年。

川崎哲『核拡散――軍縮の風は起こせるか』岩波書店、二〇〇三年。

田中利幸「『原子力平和利用』と広島――宣伝工作のターゲットにされた被爆者たち」『世界』八五〇号、二〇一一年八月。

鈴木真奈美『核大国化する日本――平和利用と核武装論』平凡社、二〇〇六年。

椎名麻紗枝『原爆犯罪――被爆者はなぜ放置されたか』大月書店、一九八五年。

笹本征男『米軍占領下の原爆調査――原爆加害国になった日本』新幹社、一九九五年。

韓国から見たフクシマと「核」
――震災報道と原発への再認識――

福井　譲

はじめに

二〇一一年三月一一日に発生した東日本大震災とそれに続く福島第一原子力発電所の事故は、原子力発電のみならず核エネルギーの扱い方そのものを全世界規模で再考させる契機となった。ヨーロッパでは脱原発への転換を迎え、また日本国内においても震災以降運転を休止していた各原発の再稼働をめぐり、今なお賛否双方の立場からさまざまな議論が繰り広げられている。そして電力消費量の増加する季節を迎えるたびに、省エネが以前にも増して模索されるようになった。計画停電を初めとする供給電力の制約や途絶は、われわれに対して高度に電力依存した現代社会の限界を突き付けるとともに、単に原子力発電所の危険性というレベルにとどまらず、核エネルギーに代わる新たな資源を模索させる転換点となった。

しかしながら、これらがいまだ暗中模索の段階であることは否めない。何より「フクシマ」が今なお不透明なままである以上、事態の解決に至る道すら描きされていないという厳然たる事実がわれわれの目前に横たわっている。そして韓国もまた例外ではない。そこで本章では三・一一以降、「フクシマ」が韓国内においてどのように受け止められ、どのような論争や問題点を引き起こしたのかを取り上げてみたい。

1 「フクシマ」はどのように伝えられたか

三月一一日の午後、日本で大地震が発生したという一報は、極めて早く伝えられていた。例えば韓国のニュース専門チャンネルYTNの場合、地震発生直後の一四時五六分には既に「日本の東北部、M七・九の強震発生」と題してニュース速報を放送している（図1）[1]。ここでは大規模な地震が東北地方を中心に発生したことに加え、約六mの津波が午後三時過ぎに沿岸地域へ到来するという警報が発令されていること、この地震により東京でもかなりの揺れが感じられたということが短く伝えられている。

なおこの第一報が流された一一日一四時五六分以降、一八日深夜までの一週間にYTNによって伝えられたニュース件数は以下

図1　YTNによる第一報「日本東北部、M7.9強震発生」

図２　『朝鮮日報』2011年３月12日朝刊第１面「日本、最悪の日」

の通りである。まず一一日には一一〇件であったものが翌一二日には一七一件、その後順次一三日一三四件、一四日一八九件、一五日一二八件、一六日一〇四件、一七日八七件、一八日七三件と続いている(2)。もちろん同一の題目を持ちながらも、新たな情報の追加によって改めて報道される場合があるため、同一見出しのニュースが複数個存在していることには留意せねばならない。しかしその点を差し引くとしても、一一日には九時間足らずの間に他の日に匹敵するほどの件数で頻繁にニュースが伝えられていたこと、地震発生直後の五日間は集中して多数の報道が見られたこと、五日目以降になると、ニュース件数も減少へと転じていったことなどをここから読み取ることはできる。

これに対して新聞の場合、例えば『朝鮮日報』では地震発生のニュースを同日夕刻より随時インターネットにて伝えている（その後記事の整理が行われ、現在はすべて一二日午前三時の掲載とされている）。韓国では一般紙の夕刊や号外は発行されていないため、地震に関するニュースが紙面に現れたのは翌日の朝刊であった。三月一二日付『朝鮮日報』（全国版）は図２のように、第一面に「日本、最悪の日」との大見出しとともに、ページの半分に及ぶ写真を掲載している。全三二面のうち全面広告を除く記事面は二二面、その半分にあたる一一面が東日本大震災関連にあてられていた。この日の他の新聞もほぼ同様であり、いずれも第一面に被災地の写真を大きく載せるとともに、

「日本列島　驚愕・恐怖・混沌・悲嘆」（『東亜日報』）、「八・八強震、一〇mの津波、日本を飲み込んだ」（『ハンギョレ新聞』）という見出しで地震とその被害を伝えている。

ここで先のYTNのように、震災発生後の一週間における『朝鮮日報』の紙面状況を確認しておこう。韓国では日曜日が新聞休刊日であるため、一三日にはいずれの新聞も発行されていない。翌一四日以降の新聞を「全頁数」「全面広告を除いた記事頁数」「震災関係の記事を載せた頁数」の順に記すと、一四日は三六頁・二四頁・一二頁（記事頁に対する震災記事の占める割合は二分の一）、一五日三六頁・二六頁・一〇頁、一六日三六頁・二五頁・一〇頁、一七日三六頁・二四頁・八頁、そして一八日は四〇頁・二五頁・八頁となっている。これらを全記事との比率で見ると、一四日は二分の一であったものが一五・一六日には約四分の一、一七・一八日は約三分の一と、次第に震災関係の記事の占める割合が低下していったことが分かる。しかも一六日までの場合、震災関連記事を収録したページは他の記事を載せておらず、いわば震災関連記事に特化された構成であったものが、一七日以降になると、震災以外の記事も掲載するようになり始めた。実際に第一面だけを見ても、一四日から一六日までは震災関連記事だけで占められていたものが、一七日以降には他の一般ニュースも現れるようになっている。このことから、震災発生直後の数日間では、震災に関して集中的に伝えられていたことが分かる。

これらの報道内容を見ると、当初の段階より日本国内で報道されていた情報がほぼそのまま韓国に伝えられていたことが窺える。第一報の時点から地震の発生した地域が東北地方であること、地震発生時には首都圏でも広く被害が生じていたこと、そして地震発生後数十分をしてからは大規模な津波が東北地方沿岸を中心に広範な被害をもたらしたことなどが、日本滞在の記者や特派員を通じて随時伝えられていた。

もちろん、これら韓国のマスメディアが直接被災地に入り取材を行うのは震災発生の後、数日を経てからのことである。(3)このように当初より比較的詳細な情報がほぼリアルタイムの形で伝えられたのは、東京においても比較的規模の大きい被害が生じていたことと決して無縁ではないだろう。韓国メディアの大半は東京に日本支局を置き、その関係者もその周辺地域に居住している。首都圏で直接罹災し震災報道に接することで、そこから得られた情報を適宜韓国に送ることが可能となった。日本側マスメディアの映像資料を利用することで、初期の時点から具体的で詳細な情報を伝えることが可能となった。適宜発表されていた官公庁のプレスリリースなどについても、その内容のみならずそれらに対し指摘されていた問題点なども、若干の時間差は見られつつ、ほぼそのまま伝えられていたのである。

しかしだからこそ、韓国に伝えられた情報にも若干の錯綜や混乱が見られたことも確かである。地名を混同するほか、地震の規模を当初はM七・九とされていたものがその後M八・四やM八・八へと修正されている。(4)もちろんこれは韓国側メディアのミスだけでなく、日本国内においても情報の混乱が見られたり、情報の確定までに時間を要したりしていたためである。

ところで震災発生の翌日、『中央日報』『ソウル新聞』の二紙は図3・4のような第一面の朝刊を発行している。両紙が「日本沈没」という見出しを付けたのは、何より地震以上に津波による被害が甚大であったことを強調する目的であったのだろう。『ソウル新聞』は小松左京による同名の小説（一九七三年刊）と映画（一九七三年版および二〇〇六年版）を引き合いに、それが現実のものとなったことを指摘しつつ、自然災害の恐怖を改めて喚起するものであった。(5)特に二〇〇六年版の映画は韓国でも有名な日本人男性アイドルが出演しているということで既に知名度を持っており、また二〇〇九年には韓国においても津波を

図３　『中央日報』2011年３月12日朝刊第１面

図４　『ソウル新聞』2011年３月12日朝刊第１面

取り上げた映画が大ヒットを収めていた。このような背景から、あくまで映画のタイトルから連想して付けたとされるこの見出しはしかし、既に発行当日のうちに韓国内より批判を招くこととなった。多くの犠牲者を生み出したこの震災に日本が敏感になっているにもかかわらず、それを刺激しかねない題目は相応しくないというのがその理由であった[6]。なおかかる批判に対し『中央日報』紙は同年一二月二七日になって謝罪文を掲載し、データベース上での記事・レイアウトを修正したことを明らかにしている[7]。

最後に、原発に関する情報がいつから注目を集めていたのかについて確認しておこう。東日本大震災を伝える報道が立て続けに入ってくる中で、原発に関する情報も比較的早い段階から伝えられていた。前記のように震災発生の一〇数分後から情報が入り始めると、その中には被災地域に複数の原発が立地しており、地震の影響により故障・停止していることが伝えられていた。ＹＴＮニュースの中には、故障であったものがその後一旦復旧したと誤まって伝えられた事例もあったようである。ともあれ、一二日未明頃より、故障であるどころか福島第一・第二と女川いずれも津波による深刻な損傷を受けており、最悪の場合には放射能漏れの可能性もありうることが伝えられるようになった(8)。これらの報道内容を一瞥すると、先の地震に関するニュース同様、日本での報道に比べ若干の制約はありつつも、いずれもほぼ共時的に伝えられていたことが分かる。特に類似したタイトルや同一の特派員・記者による多数の記事が連続している点からすれば、韓国内のマスメディアが日本国内の報道に張り付いており、新たな情報が入り次第順次伝えていった逼迫した様子を窺い知ることができる。

朝鮮日報

"日원전사고, 최악 7단계 중 5~6단계 왔다"

격납용기 손상 이어 폐연료봉 노출·폭발
1·2·3·4호기 모두 연료봉 못 식혀 비상

도쿄까지 방사선 검출

일본 증시 10.5% 폭락

図５　『朝鮮日報』2011年３月15日第１面「日本の原発事故、最悪７段階中５～６段階に来た」

そして一二日午後に福島第一原発で水素爆発が発生すると、震災関係の報道において放射能関連のニュースが比重を増していくこととなる(9)。例えば『朝鮮日報』三月一六日付朝刊では、福島第一原発の状況がＩＡＥＡによる等級においてどのレベルに至っているのか、福島第一原発より流出する放射性物質がどの方向へと拡散しうるのかなどについて詳細に述べている。同紙を含め震災以降の韓国の新聞では、被災地の被害状況や原発などに関して図５のようにカラー図解を用いた解説記事が増加している。それだけ韓国内から見て、東日本大震災による被害とともに原発事故や放射能拡散についても、関心と注意が高まっていたのである。

2 「フクシマ」はどのように捉えられるようになったか

以上のような日本国内の様子がマスメディアを通じて頻繁に伝えられるようになると、韓国内ではさまざまな反応が現れることとなった。これらの反応をまとめると、おおよそ、(1)人的・物的支援、(2)放射能汚染の恐怖、(3)竹島問題への反発、の三点にまとめることができる。以下、個々に見ていこう。

(1) 官民による援助

韓国による被災地援助の反応は、震災報道の開始にほぼ並行する形で、極めて早く表明された。李明《イミョン》博《バク》大統領（当時）は震災発生直後の一一日夕刻、青瓦台危機管理センターにおいて緊急対策会議を開き、韓国政府は隣国として今後の災害復旧および救助に対する支援に最善を尽くす旨を表明した。そして今後必要となる対策の準備と合わせ、今回の震災が韓国に及ぼす被害などに関し、続けて情報収集に徹するよう関係官庁に指示している(10)。

これに基づき直ちに決定されたのが、緊急救助隊および救助犬の派遣である。外交通商部は当初、四〇名からなる「中央一一九救助団」（一一九は日本の「一一九番」に当たる番号）の派遣を決定し、その準備に取り掛かった。その後政府の指示により規模が増強され、外交通商部の関係者四名を含む救助隊員七六名と医療チーム四〇名、および二頭の救助犬を伴った計一二〇名の救助隊が構成されている。特に救助隊員は、各地の消防署に勤務する優秀な消防官と救急隊員より選抜されていた。[11] このように選抜された救助隊は、韓国空軍の輸送機により山形空港から仙台を経て被災地入りしている。[12]

なおこの救助隊は約一〇日間の救助活動に従事したのち、同月二三日に活動を終えて帰国している。当初の期待よりも早めの帰国になったことについて韓国政府は、日本側の要請任務を終えたことのほか、放射能汚染に対する懸念を理由の一つとして掲げていた。[13] ただし救助隊派遣による援助は短期にて終了したものの、韓国政府は引き続き復旧活動・人道支援の継続を表明している。[14] もちろん韓国側の人的支援はこれだけに限られるものではなく、複数の宗教関係団体やNGOなどの民間・非政府組織によるものが続けて行われている。[15]

また被災地では地震・津波による被害とそれによる長期間の避難生活のため、特に飲料水を含めた水道に多大な制約を被ることとなった。かかる状況に対し、韓国から大量のミネラルウォーターが送り届けられたことは読者の記憶にも新しいであろう。OBビールによる一・八ℓ入り一六万八〇〇〇本をはじめ、[16] 同年四月初旬までに約五八〇トンの水のほかインスタント食品や菓子類、毛布、手袋などの多量の救援物資が送られている。[17]

これら人的・物的支援のほか、広範にわたって進められた援助活動は募金であった。震災発生の翌週あたりから、とりわけマスメディアを通じて被災地支援の募金が唱えられた。ニュース番組やCM、新聞紙上では頻繁に被災地援助・復興のための募金が呼びかけられた。またソウルや釜山など都市部において、多くの街頭募金が行われていた。これらの募金は呼びかけ主たるマスメディアのほか、大韓赤十字社（一九四九年設立）や社会福祉共同募金会（一九九七年設立）などの公共の慈善事業団体を通じて、日本側へ送られている。

これ以外にも積極的に募金活動を行ったのが、いわゆる「韓流スター」である。裵勇俊《ペヨンジュン》や柳時元《リュシウォン》など日本でも著名な在韓俳優のほか現在日本で活躍している張根碩《チャングンソク》、KARAなどの芸能人が震災直後に所属事務所を通じて哀悼の意を表すとともに、復興支援のため二〜一〇億ウォンの寄付を申し出ている[18]。

なお筆者の勤務先も、震災発生の翌週より募金活動に取り組んでいた。学内担当者と関係教員の協議を経て、大学内の数箇所に募金箱を設置し、ボランティア活動に関心を持つ学生有志によって寄付の呼びかけが行われたのである。残念ながら筆者はその活動に直接携わったわけではないためその後の顛末に関しては熟知していないが、後日耳にしたことによれば、その成果は当初日本国内の姉妹校に直接送金する予定であったという。ところが手続き上の問題から直接送金が難しくなったため、最終的に大韓赤十字社に送られたとのことであった。

ともあれ、このようにして韓国内で集められた募金総額は、震災後一ヵ月の間で約五八八億五〇〇〇万ウォンに達した。『東亜日報』によるとこの金額は、二〇一〇年一月のハイチ地震の際に集められた約二〇六億ウォンの三倍に迫る規模であり、海外向けの援助募金としては史上最高額であったという[19]。

なお宗教団体による活動として特筆すべき点は、慰霊祭の実施であった。例えば韓国仏教の最大宗派である曹溪宗は二〇一一年六月、日本の曹洞宗と合同で震災犠牲者の慰霊祭を挙行することを発表した[20]。そして翌七月八日、仙台市若林区の林香院において日韓双方の僧侶約一〇〇名のほか関係者約二〇〇名の参席のもと「曹洞宗・韓国曹溪宗合同　東日本大震災物故者慰霊法要」を執り行っている[21]。

以上のように震災の結果、隣国として被災者を援助しようとする人道的な捉え方が韓国内にて登場、拡散したことは確かである。ただし時の経過により福島第一原発の被害が克明になると、同時に日本に対する一種の「恐怖心」が広がっていったのも確かである。それが次項に見る「核汚染の恐怖」である。

(2) 放射能汚染の恐怖

福島第一原発での爆発が起きて以来、福島県のほか関東近県・首都圏への放射性物質の拡散が俄然注目を浴びるようになる。大気および海水を通じて拡散する放射能はこれらの地域において高い数値を示すようになり、放射能の汚染が確実に東京にまで及んでいることなどが連日伝えられていた。[22] その結果、あたかも日本国内全域が放射能で汚染されつつあるという認識が現れてくる。これは何より放射能漏れが進行していく過程において、日本政府が韓国も含めた近隣諸国に十分な説明をしてこなかったことに対する不信感に由来している。そして日本国内においても連日、日本政府および東京電力に対し、日本のマスメディアもしくは世論からはその姿勢と対応を問いただす多くの批判がなされていた。それらに関するニュースも韓国に伝えられることで、日本政府・東京電力は隠蔽体質を持つものと見なされるようになったのである。

放射能という見えないものに対する恐怖が、一般の人々に必要以上の不安と疑心暗鬼を与えたことは否めない。実際、震災発生の翌日以降には「日本は危ない」という警戒心も相まって日本在住者の帰国ラッシュを引き起こすこととなる。[23] こうした「日本からの入国者」の増加に対し、一七日より仁川・金浦の両空港、一八日からは金海空港のほか、釜山港の釜山国際旅客ターミナルにおいても放射能探知機による放射能汚染検査が実施された（翌週からは済州空港、光陽港・東海港でも実施）。[24] なおこの検査は表向きは強制ではなく任意の検査とされていたものの、筆者がこの期間に空港（金海空港）を利用した際には、日本便の搭乗客は必ずこの探知機を通るようにされていた。

ともあれ、このような状況から日本への渡航者が急減したのは言うまでもない。図6は、二〇一〇年一月から二〇一二年六月までの間に日本を訪れた外国人および韓国人の動向を現したものである。

この影響がとりわけ如実に現れたのは旅行業であった。韓国の旅行業界において、日本旅行関係は高いシェアを有している。しかし東日本大震災および福島第一原発事故の発生翌日以降、日本行きのキャンセルは急増していった。特に空路・海路いずれにおいても日本への旅行客が多い釜山ではその影響は深刻であり、例年の同時期に比べて五〇〜七〇％ほどの減少という状態であった[25]。渡航先を見ても、震災直後三日では東京は一〇〇％のキャンセル、本来ならば福島第一原発の影響はほとんど見られないと思われる大阪や福岡であっても九〇％ほどの中止が見られたという[26]。

こうした営業不振を打開すべく、旅行会社は二〇一一年の夏までに、さまざまな特別割引を売り出している。例えば釜山〜福岡間で高速船を運航する未来高速は、福岡が放射能汚染とは全くの無縁であることを強調した上で、往復運賃の七〇％割引を実施している[27]。中にはクルーズ船を利用して鳥取まで向かう旅行に九、九〇〇ウォン（当時のレートで約七一〇円）という破格の値段が付けられた商品までも登場していた[28]。

またビジネスにおいても、同様の問題が生じている。例えば二〇一一年の上半期に日本で開催の予定であった輸出相談会や商品展示会といった各種イベントに、それまで参加を表明していた韓国系企業は軒並みその参加を取り消している。また日本側企業との経済交流・提携を目的とした各種貿易使節団の訪日が

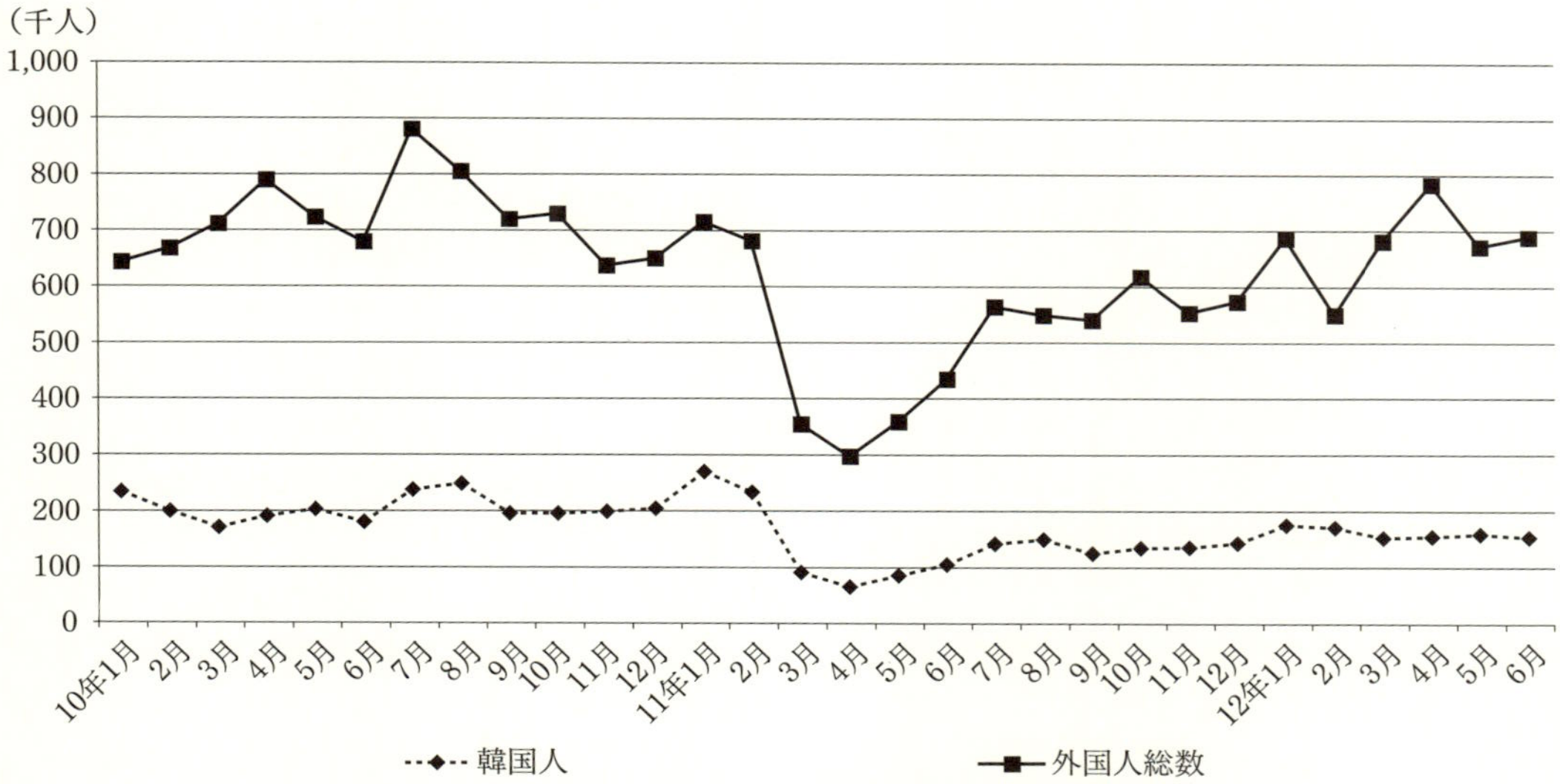

図６　日本を訪れた外国人（2010 年 1 月〜 12 年 6 月）

出所：日本政府観光局（JNTO）編「訪日外客の動向」〈http://www.jnto.go.jp/jpn/reference/tourism_data/visitor_trends/pdf/2012_tourists.pdf〉のうち「国籍 / 月別訪日外客数」より作成。

注記：2012 年 5・6 月は推計値。また「外国人総数」には「韓国人」も含まれる。

キャンセルされたり、あるいは日韓双方の企業によって開催される予定であった投資誘致説明会、商品展示相談会などが軒並み取消、延期されたりといった処置に陥っている。連日続くこうした韓国企業の「撤退」に、参入企業の減少と需要の存続という観点からむしろビジネスの好機とする指摘も存在した(29)。しかし依然として解決の糸を見出せない現状を目の当たりにし、及び腰となった企業が多く見受けられたこともまた確かであろう。

(3) 「竹島問題」への反発

「隣国として被災地を助ける」という姿勢と「日本は放射能で危ない」という意識が並行しつつも、先述のように復旧支援のための募金や活動は順調であった。ところが三月末になり、それらの活動を一気に鈍らせる出来事が生じた。文部科学省は三月二七日、二〇一二年度より使用される高等学校教科書の検定結果を発表した。そのうち「地理A・B」「政治・経済」「現代社会」で用いられる教科書の大半が領土問題として竹島を収録し、一部の教科書では竹島を日本固有の領土として述べていることが明らかとなったのである(30)。

もともと対日感情において最も敏感な主題であるだけに、このニュースは直ちに韓国内に激しい反発を呼び起こすこととなった。もちろんこれまでにもこうした「妄言」が現れるたびに、韓国内ではそれに対する批判と謝罪・訂正要求が繰り広げられてきた。ただし今回の場合は、それまでとはやや異なる感情を多くの韓国人に与えることとなった。すなわち、震災発生直後より隣国として被災した日本を人的・物的双方の分野で支援してきたにもかかわらず、何ゆえこの時期に敢えて再び「妄言」を繰り返すのかという、いわば「日本に裏切られた」というものである[31]。

事実これを境にして、韓国内では日本支援のトーンが一挙に低下する。そのうち最も大きな変化が現れたのは、募金の扱い方であった。例えばソウルの衿井区は、三月の一ヵ月間に合計一二〇〇万ウォンの救済募金を区職員より集めていた。ところが先の問題が浮上したため同区では職員の意向をアンケートで調査、その結果に基づき上記の募金のうち二〇％を日本へ送金、残り八〇％分を竹島を守る運動に寄付することとしたのである[32]。また忠清北道の槐山郡では、三月二五日より行っていた募金を中断し、その時点で集まっていた四五〇万ウォンの全額を募金者へ返却する措置をとっている[33]。

もちろん、この三月末日を境に全ての支援活動が停止したわけではない。先の槐山郡での事例を伝える新聞記事では、この竹島問題の波紋に対してどのように応ずべきか、その募金や支援物資の扱いに苦慮する他の郡の事例も合わせて紹介されている。先に紹介したミネラルウォーターの寄付も大半は震災発生直後に策定された計画のものであり、四月以降に援助・送金されたものであっても、既に三月末以前の段階で決定しているものも数多く存在している。しかしいずれにせよこの教科書検定＝竹島問題によって韓国内の世論が冷め、それまでは積極的であった一般市民レベルでの支援・募金活動も次第に収束していくこととなったのである[34]。

3 「フクシマ」がどのような影響を与えたのか

(1) 震災前後の外国人入国者数の動向

さて、前出の図6をもう一度見てみよう。二〇一一年三月一一日を境に、外国人総数（二月六七万九、三九八名→三月三五万二、六六六名→四月二九万五、八二六名）・韓国人（二月二三万一、六四〇名→三月八万九、一一五名→四月六万三、七九〇名）いずれにおいても、前月比で約四〇〜八〇％の減少であったことが分かる。このグラフが対象とする期間（一〇年一月〜一二年六月）までにおいて、前月に対する減少率が最も大きかったのは二〇一一年三月分の外国人総数五一・九％、韓国人三八・五％であった。ここで興味深いのは、この三月に急激な渡航者の減少に直面しながらも、統計全体で底打ちとなるのはその翌月であったという点である。これはつまり日本への渡航を抑制させる要因は地震による被害、あるいはそれに対する恐怖心・警戒心というものだけでない。それ以上に長期化している問題、つまり放射能汚染・拡散によるものであると捉えることができよう。

このグラフは、もう一つの興味深い点を示唆してくれる。それは外国人総数においては同年の秋頃でほぼ前年と同じ水準へと持ち直しているのに対し、韓国人は二〇一一年二月以前の最低水準にさえ十分には回復していないという点である。両グラフの動きは、少なくとも二〇一一年五月頃まではほぼ同じように対応している。ところが六月以降になると外国人総数は次第に上昇し、二〇一二年一月には一時的にせよ震災直前の水準に至っている。ところがこれに対し韓国人の方は、二〇一一年夏に若干持ち直した後は、ほぼ横ばいのレベルに留まっている。その後の再度の円高傾向の強まりも相まって、二〇一二年六月の時点においてもなお東日本大震災以前の水準には戻っていない。

しかし東日本大震災とそれに続く福島第一原発の問題は、韓国において単に対日関係や対日感情という次元においてのみ影響を及ぼしたのではない。同時に、次第に自国内の問題とも関連づけて捉えられるようになった。何よりそれは韓国内の原発に対する関心の増加である（図7参照）。

図7　環境保護団体「エネルギー正義行動」

出所：HP〈http://energyjustice.kr/zbxe/〉1999年より、反核・反原発を中心とした環境保護運動。韓国外の情報にも詳しい。

(2)　韓国の原子力発電所と原子力産業

二〇〇九年一二月韓国はヨルダンに対する研究用原子炉輸出の「最優先協商対象者」として選定された[35]。韓国はこれまで、一九五九年にアメリカの支援のもと原子力エネルギーの実用化に着手して以来、主に国内のエネルギー確保の手段としてその開発に力を注いできた[36]。一九七八年に国内初の原発を完成させた後は、原子炉の国産化に尽力するようになる。韓国では七〇年代以降の著しい経済成長を支えるものとして、安定的な電力源の確保が必須条件として捉えられてきた。それは険しい山々と豊富な河川を持つ朝鮮半島北部とは異なり、四大河川と称される大きな川を持ちつつも十分な水力発電能力に恵まれてこなかった韓国側の地理的制約と決して無関係ではない。

ともあれ商業用原子炉の実用化に成功した韓国は、まず国内経済の発展を支える基盤として八〇年代以降、原子力発電所を増設していく。表1は現在建設中および建設準備中のものも含めた、韓国内に存在する原子力発電所の一覧である。本稿執筆時点（二〇一二年八月）で運転中の二三基のうち新月城一号機と新古里二号機が最も新しく、同年七月になり運転を開始したものである。これらはもともと、アメリカとの共同開発によって一九九五年に建設された加圧型軽水炉である。その後斗山重工業によって量産化された「韓国標準型加圧軽水炉」は九八年八月運転開始の蔚珍三号機を皮切りに、現在では既に半数近い一一基を占めるまでに至った。今後は二〇一三年一月に完成予定の新月城二号機を区切りとして、発展型の標準型改良軽水炉へと切り替えられることとなっている。これらは既に新古里、新蔚珍にて四基が建設中であり、早ければ二〇一三年九月には新古里三号機として運転開始の予定である。実際これに呼応する形で、二〇一〇年に策定された電力供給基本計画では今後さらに原子力発電に比重を移すことが打ち出されている（表2）。

このように原子炉の国産化へと至った韓国は、国内原子力産業の拡充を図るとともに、二〇〇〇年代以降になると、これまで一部の国々に限定されてきた原子炉の世界市場へ本格的参入に乗り出した。OECD加盟国の一つとして名実ともに経済大国化を目指す韓国は、原子力産業を国内基幹産業の一つとして位置づけている。先のヨルダンへの研究用原子炉の輸出は、その重要な一歩なのである[37]。

しかし、かかる「原子力ルネッサンス」の道を進む韓国において、同時に原発の安全性を問う動きが現れているのも確かである。古来より地震の多い日本はその経験と知識を多く持ち、原子力発電所も含めて

表1　韓国の原子力発電所一覧

原発名	原子炉名	出力（万 kW）	炉型	原子炉建設	運転開始	所在地
蔚珍《ウルジン》	1号	95.0	加圧軽水炉	フラマトム（仏）	1988年9月	慶尚北道蔚珍郡北面富邱里
	2号	95.0			1989年9月	
	3号	100.0	韓国標準型加圧軽水炉	斗山《ドゥサン》重工業	1998年8月	
	4号	100.0			1999年12月	
	5号	100.0			2004年7月	
	6号	100.0			2005年4月	
新蔚珍《シンウルジン》	1号	140.0	韓国標準型改良加圧軽水炉	斗山重工業	2016年6月	慶尚北道蔚珍郡北面徳川里・古木里
	2号	140.0			2017年6月	
	3号	140.0		（建設準備中）	2020年6月	
	4号	140.0			2021年6月	
月城《ウォルソン》	1号	67.9	カナダ型加圧重水炉（CANDU炉）	カナダ原子力公社（AECL）	1983年4月	慶尚北道慶州市陽南面羅児里
	2号	70.0			1997年7月	
	3号	70.0			1998年7月	
	4号	70.0			1999年10月	
新月城《シンウォルソン》	1号	100.0	韓国標準型加圧軽水炉	斗山重工業	2012年7月	慶尚北道慶州市陽北面奉吉里
	2号	100.0			2013年1月	
	3号	中・低順位放射性廃棄物処分場に変更（韓国放射性管理物管理公団）			2014年6月	
	4号					
古里《コリ》	1号*	58.7	加圧軽水炉	ウェスティングハウス（米）	1978年4月	釜山広域市機張郡長安邑古里・孝岩里
	2号	65.0			1983年7月	
	3号	95.0			1985年9月	
	4号	95.0			1986年4月	
新古里《シンコリ》	1号	100.0	韓国標準型加圧軽水炉	斗山重工業	2011年2月	蔚山広域市蔚州郡西生面新岩里
	2号	100.0			2012年7月	
	3号	140.0	韓国標準型改良加圧軽水炉		2013年9月	
	4号	140.0			2014年9月	
	5号	140.0		（建設準備中）	2018年12月	
	6号	140.0			2019年12月	
霊光《ヨングァン》	1号	95.0	加圧軽水炉	ウェスティングハウス（米）	1986年8月	全羅南道霊光郡弘農邑桂馬里
	2号	95.0			1987年6月	
	3号	100.0	韓国標準型加圧軽水炉	韓国重工業・CE（米）	1995年3月	
	4号	100.0			1996年1月	
	5号	100.0	韓国標準型加圧軽水炉	斗山重工業	2002年5月	
	6号	100.0			2002年12月	

出所：韓国水力原子力 HP〈http://www.khnp.co.kr/、韓国語〉より筆者作成。
注記：「原子炉建設」の企業名は建設当時のもの。

表２　第５次電力受給基本計画による電源別発電量の計画（単位：GWh）

年度	原子力	石炭	液化天然ガス	油類	揚水	新再生	合計
2010年	144,856	193,476	100,690	14,693	2,084	5,949	461,747
	31.4%	41.9%	21.8%	3.2%	0.5%	1.3%	100%
2015年	201,089	220,886	89,891	6,795	2,551	20,009	541,221
	37.2%	40.8%	16.6%	1.3%	0.5%	3.7%	100%
2020年	259,378	217,454	62,081	3,039	6,256	40,648	588,856
	44.0%	36.9%	10.5%	0.5%	1.1%	6.9%	100%
2024年	295,399	188,411	59,201	2,912	8,202	54,467	608,591
	48.5%	31.0%	9.7%	0.5%	1.3%	8.9%	100%

出所：강은주 지음 “체루노빌 후쿠시마 한국” Archive, 2012 년〔カン・ウンジュ『チェルノブイリ・フクシマ・韓国』アーカイブ、2012年〕、216頁より。原典は지식경제부 “제５차 전력수급기본계획” 2010 년〔知識経済部『第５次電力受給基本計画』2010年〕。

多くの建築物や施設に耐震構造を施しながらも、前例のない大地震の発生により想像を絶する被害に直面した。もし類似した規模の地震が日本海側や韓国内で生じていたら、韓国はどのような結果を迎えているのだろうか。これを機会に全原発の警報システムを点検するとともに、複合的な災害防止策を構築すべきではないかという懸念が呈されることとなった(38)。原発は経済成長に必要とされても、一回の事故により取り返しのつかない事態を招くこと、そのための対策を平時より構築しておくべきことを、「フクシマ」により改めて認識することとなったのである。

福島第一原発事故発生の翌週、李明博大統領は最も日本に近接し、耐久年数の近づいた原子炉を持つ古里原発に李周浩《イジュホ》・教育科学技術部長官を派遣するとともに、国内の全原発に対する安全点検実施を指示した(39)。今回の措置について政府は、全ての原発は安全に設計されており耐震性に問題はないこと、これまでのところ韓国内で放射性物質は観測されていないこと、今回の指示は安全性を再確認することで、あくまで国民の不安を解くものであること、などを表明している。

ところがこうした懸念に拍車をかける出来事が、偶然にも「フクシマ」以降立て続けに生じてしまう。

(3) 事故の発生――ソウル蘆原区での放射能検出事件と古里原発問題

ソウル市蘆原区月渓洞は、ソウル市の中心部より北東へ約一〇km、緩やかな丘陵に広がる郊外の住宅密集地域である。その一角で二〇一一年一一月、突如として放射能が検出される事態が生じた。アパート前のマンホール付近で一時間当たり最大三、〇〇〇ナノシーベルトの放射能が検出された、というのである。消防署より通報を受けた国家放射線非常診療センターの係員による検査においても、一、六〇〇ナノシーベルトが検出されている。[40] この数値は、ソウル市内での平均値の約二〇倍に当たるとされる。[41]「フクシマ」の発生からわずか八ヵ月しか経ていないこともあり、当然のことながらこの出来事は付近の住民をはじめ韓国全体を震撼させることとなった。現場よりほど近いところに存在する放射線医学研究所や、付近一帯の舗装時に再利用されたアスファルト廃材などがその原因（中には日本より飛来したという噂も存在した）として挙げられるものの、いずれも確定的な証拠を得るまでには至らず、最終的には付近一帯を再舗装するという形で一応の決着を見るに至った。[42]

興味深いのはこの過程において、政府は放射能の安全性について十分な対策や説明を行っていないという認識が、少なからず社会において共有され始めたという点である。[43] 今回の発端は、携帯用測定器を持参していた「チャイルドセイブ」（「放射能から子どもを守る集まり」）の元会員によるものであった。「フクシマ」以降、放射能測定が既に一般化してしまった日本とは異なり、当時の韓国では個人が自発的に放射能を測定するという行為は考えられないものであった。しかし結果としてソウルの街中で放射能が現れることで、放射能汚染と同時にその測定に対しても社会の注意と関心を喚起することとなったのである。

この「事件」の翌月、今度は古里原発をめぐってさまざまな不祥事が表面化した。釜山の北方約二五㎞、日本海に面して建つ古里原発は、一九七八年に運転開始した韓国最古の原発である（写真1）。出力が小さいことから、現在は北接する形で新古里原発が建設中である。二〇一二年八月時点で一〇〇万kWを二基運転中のほか一四〇万kWを二基建設中、さらに二基を建設する予定である（表1参照）。

さて、ここでまず明らかになったのは、同発電所の部品調達業者が同所員と共謀して中古部品を新品と称して同発電所に納品していたことである。もともとこれは、前年四月に行われた同所内の工事入札と同業者との関係を捜査していた検察側が、その過程で突き止めたものであった。しかし捜査が進むにつれ、同所の使用済み部品を所外に横流ししていた疑惑も明らかになり、発電所と関連企業の癒着が一挙に取り沙汰されることとなった。

その捜査がまだ終えていない中、次は発電所内の事故隠蔽が明らかとなってしまう。翌二〇一二年二月、一号機内で停電が発生し、約一二分の間にわたって非常発電機までが作動しなくなる「ステーションブラックアウト」状態となっていたのである。しかも本来ならば、こうした非常事態の発生時に発電所長は管理監督者たる韓国水力原子力（韓水原）の社長や各地の原子力本部（各発電所の所属する地域組織）および同一発電所内の管理職など、関係幹部に直ちに報告しなければならないところ、古里では所長自らが事故発生の当日中に報告しない旨を部下に指示していた。最終的に翌月、韓水原より原子力安全委員会には事後報告されることで、この事実が明らかとなったのである。

実はそれ以前、二〇一一年一二月に稼働中の同発電所三号機が突如停止する事故が発生していた。その後の調査で原因はタービン発電機と変圧器を結ぶケーブルの損傷にあった点が特定

写真１　機張郡長安邑月内里の集落と古里原発。写真に見えるのは１・２号機（筆者撮影）

写真２　古里原発に通じる道中、「頻繁な故障、頻繁な隠蔽、これ以上信じられない。古里１号機、即刻閉鎖しろ―日光（イルグァン）里住民自治委員会」。類似の垂れ幕は付近一帯に多数掲げられている（筆者撮影）

されるのだが、先の中古部品納入業者による落札が一号機の類似した機器であっただけに、同発電所の管理体質に一気に批判が集中することとなった。

同原発の原子炉はいずれも、当初は三〇年の寿命として建設されたものであった。しかしその後年々増加する電力消費量に対応するため、当面は延命措置をとりつつ継続使用されることが決まっていた矢先に、今回の「事故」が発生した。これを契機に韓国内では、脱原発を訴える環境団体は以前にも増して活発となり、また実際に古里原発周辺においても地元住民や環境団体により、老朽化した古里原発の即刻廃止と新古里原発の建設中止を求め、活発な運動を繰り広げている（写真2）。

(4) 「フクシマ」と核兵器

最後に、核兵器認識に対する「フクシマ」の影響と言えるものをいくつか見ておこう。福島第一原発の事故が発生してしばらく後、韓国内の一部のマスメディアでは核兵器貯蔵の疑惑を伝える報道が現れた[44]。福島第一原発に核兵器が隠されているとの噂が中国に現れており、事実誤認を是正するため日本政府関係者が北京を訪問、同国関係者に説明を行ったというものである。韓国紙特派員の報道では、核兵器を開発・保有していないことはもちろん、あらゆる核兵器廃絶を求め続けている姿勢に何ら変化はないという日本側の主張が紹介されている。この噂は韓国内で生じたものではないとはいえ、震災直後の出来事としては興味深いものである。すなわち歴史認識や領土をめぐり多数の緊張関係を持っている日本に対し、核兵器を保有しうるという意識を韓国や中国の人々が潜在的に持っているという点である。たとえ日本人には非現実的であるとしても、隣国の彼らは異なった視点を抱いているということに、私たちはもう少し注意を払うべきであろう(45)。

さて二〇一二年に入ると、韓国で大統領選挙が本格化し始めた。与党ハンナラ党（当時、同年二月にセヌリ党へと改称）の元代表であり、当初は与党の有力候補の一人として注目されていた鄭夢準《チョンモンジュン》は東日本大震災から約一年を経た同年三月二五日、原子力発電に対する再認識を促す見解を表明した(46)。翌日より開催される第二回ソウル核安全保障サミットに先立ち、彼は「フクシマ」を事例に掲げ、核による被害は核兵器に限定されるものではないこと、いかなる対策を講じても原発に完全な安全性は保証されないこと、これに関する全国民的な検討の必要性などを指摘したのである。長らく大韓サッカー協会会長・FIFA副会長の職を務め二〇〇二年ワールドカップ日韓共同開催を成功させたほか、過去にも大統領選挙出馬を取り沙汰された彼の発言は、韓国内外に影響力を持つことは確かである。今回も自身の出馬表明が注目されていた時期だけに、韓国内では大きく取り上げられることとなった。

ところがそれから二ヵ月ほど後、彼は突如として韓国の核保有を唱えることとなる。北朝鮮の離脱表明（二〇〇九年四月）以来実質的に有名無実化した六カ国協議と、それに基づく朝鮮半島非核化政策を失敗と断じた上で、彼はアメリカに依存する従来の核戦略から一歩踏み出し、少なくとも韓国が核兵器保有能力を持つべきとの見解を表したのである。(47) 大統領選挙への出馬を表明（四月二九日）した直後であり、大統領就任後には北朝鮮の核兵器無力化まで言及していただけに、彼の発言は改めて注目を集めることとなった。彼のかかる姿勢は、その直前の四月に改定された北朝鮮憲法の前文に核保有国が明記されたことを意識してのものであった。(48) 周知のように翌月に彼は大統領選挙から身を引くこととなるため、この核兵器保有論争は一旦は沈静化することとなるが、その後の北朝鮮による核実験再開や南北関係の対立深化により、決して看過できない問題であることには違いない。

おわりに――韓国にとって「フクシマ」とは何か

韓国から見た「日本」のイメージの一つに、「地震が多い国」がある。実際にこちらで留学関係の業務に携わっていると、日本に行きたいが地震が多いので心配との相談を求めてくる留学希望者も少なくはない。確かに韓国でも地震は発生するものの、数年に一度小規模の有感地震が朝鮮半島南部で見られる程度であり、日本ほど地震が身近な存在であるとは言い難い。それゆえ今回の東日本大震災により、「地震大国日本」という強烈な印象を改めて多くの韓国人に与えたことは間違いない。

しかし同時に、日本の持つ「規則を守る国」「安全な国」というイメージが変容を余儀なくされたことも確かであろう。福島第一発電所にて甚大な被害が発生した際や原子炉の冷却に用いられた汚染水を海洋投棄する際、韓国に情報提供をしなかったことは、必ずしも日本は緊急時に情報を公開・共有しようとは

表3　2011年における韓国内の原発事故

日付	場所	原子炉の状態	事故の内容
1月20日	霊光 5号機	稼働中	蒸気発生器の低水位による原子炉自動停止
1月25日	新古里 1号機	試運転中	ゼロ出力炉物理試験中、核沸騰離脱率－低信号による原子炉停止
2月4日	霊光 5号機	稼働中	原子炉冷却材ポンプ停止に伴う核沸騰離脱－低信号による原子炉自動停止
2月18日	新古里 1号機	試運転中	試運転中の蒸気発生器低水位による原子炉停止
4月12日	古里 1号機	稼働中	古里1号機4.16kV非安全母線引入遮断機焼損によるタービン・発電機および原子炉自動停止、A系列電源切断失敗による非常ディーゼル発電機-Aによる電源供給
4月19日	古里 3号機	稼働中	古里3号機計画予定整備の際、人的ミスによる地絡で古里3・4号機の安全母線低電圧および非常ディーゼル発電機の起動
6月21日	古里 2号機	稼働中	原子炉冷却材ポンプの停止による原子炉の自動停止
6月28日	月城 1号機	稼働中	出力の上昇中、再熱器の機能不全点検のため原子炉を手動停止
10月11日	蔚珍 6号機	稼働中	原子炉冷却材ポンプの停止による原子炉の自動停止
12月13日	蔚珍 1号機	稼働中	復水器真空低下によるタービン発電機および原子炉の自動停止
12月14日	古里 3号機	稼働中	発電機中性点の過電圧計電器作動によるタービンおよび原子炉の自動停止
12月15日	月城 4号機	稼働中	計画予防整備期間の際、加圧器蒸気排出バルブの配管連結部（溶接箇所）より漏出発生

出所：カン・ウンジュ、前出、206頁より一部修正して作成。

しないという印象を広く韓国社会に与える結果となった。また放射能汚染の拡散に際して近隣諸国に十分な説明を行わず、また援助や募金を韓国より受けながら直後の教科書検定において竹島領有を再度主張することは、日本に対する不信感をより一層助長させる結果ともなった。突如として発生した災害より、相互の認識はまた新たな局面を迎えたのではないだろうか。

ただしそれは、韓国内においてもまた同様である。前述したように、韓国内の原発や放射能について一般市民レベルにおいて関心を集めていることが、何より「フクシマ」の最大の影響と言えるだろう。表3は二〇一一年の一年間に韓国内で生じた原発事故の一覧である。稼働中の原発でこれだけの事故が発生していること以上に、かかる情報の公開と共有が韓国社会で強く求められていることに、われわれは注目すべきであろう。

「フクシマ」から一年後の二〇一二年三月一一日、原発のない社会を目指そうと韓国内の市民団体・環境団体がソウル市内で一堂に会した。(49)原発推進策をとり続ける韓国政府に対し、彼らは脱原発を求めていくことをその集会で改めて主張している。(50)その翌月末には環境政党「緑の党（녹색당）」が脱原発を掲げ、初めての国政選挙に挑戦している。韓国もまた「原発依存」と「脱原発」のせめぎあいの中で、進むべき道を模索し始めたのである。

（1）「[속보] 일본 도호쿠 지방 강진…규모 七・九」YTN、二〇一一년 三월 一一일 一四：五六〔「[速報] 日本東北地方地震　マグニチュード七・九」YTN、二〇一一年三月一一日一四：五六〈http://search.ytn.co.kr/ytn/view.php?s_mcd=0104&key=201103111456175279&q=%C0%CF%BA%BB+%B5%B5%C8%A3%C4%ED+%C1%F6%B9%E6+%B0%AD%C1%F8%A1%A6%B1%D4%B8%F0+7.9〉〕。

（2）YTNのHP〈http://www.ytn.co.kr/〉より。なお、同サイトに掲載のニュースは、放送時におけるアナウンサーや記者の発言がそのまま記事化されており、映像放映時点での様子を窺い知ることができる。

（3）韓国放送公社（KBS）東京支局が、被災地に取材班を送り込んだのは翌一二日のことである。ただし韓国内で最初に放送された取材リポートは一三日午後、東京より飛び立ったヘリによる上空取材のものであった。김대홍『일본의 눈물』올림、二〇一二년、三一・三五―三八・一〇九―一一四쪽〔金大弘『日本の涙』オルリム、二〇一二年、三一・三五―三八・一〇九―一一四頁〕。

（4）「[일본 대지진] 지진규모 七・九→八・四→八・八로 계속 높여」『조선일보』二〇一一년 三월 一二일〔「[日本大地震] 地震の規模七・九→八・四→八・八に続けて上がる」『朝鮮日報』二〇一一年三月一二日〕。

（5）「영화「일본 침몰」현실화되나」『서울신문』二〇一一년 三월 一二일〔「映画「日本沈没」現実化するのか」『ソウル新聞』二〇一一年三月一二日〕。

（6）「중앙일보、서울신문「일본침몰」이라니」『미디어 오늘』二〇一一년 三월 一二일〔「中央日報、ソウル新聞「日本沈没」とのこと」『メディアの今日』二〇一一年三月一二日〕。

（7）「일본에 아픔 준 동일본 대지진一면…다시 만들었습니다」『중앙일보』二〇一一년 一二월 二七일〔「日本に痛みを与えた東日本大地震第一面…再び作りました」『中央日報』二〇一一年一二月二七日〕。

（8）「동북부二九개 원자력 발전소 초비상!」YTN、二〇一一년 三월 一二일 〇四：五一〔「東北部二九個の原子力発電所、超非常!」YTN、二〇一一年三月一二日〇四：五一〈http://search.ytn.co.kr/ytn/view.php?s_mcd=0104&key=201103120451084917&q=%B5%BF%BA%CF%BA%CE+29%B0%B3+%BF%F8%C0%DA%B7%C

2+%B9%DF%C0%FC%BC%D2+%C3%CA%BA%F1%BB%F3〉）。

（9）福島の原発で放射能漏れの可能性があることをＹＴＮが最初に報道したのは、三月一一日二二時二〇分付のニュースである（この時点では、福島第一もしくは福島第二のいずれかまでは言及していない）。

（10）「李대통령「日피해복구、구조지원 최선」」『동아일보』二〇一一년 三월 一一일（「李大統領「日本の被害復旧・救助支援最善」」『東亜日報』二〇一一年三月一一日）。

（11）「경기도、일본 대지진 一一九구조대 四三명 파견」『케이에스피뉴스』二〇一一년 三월 一三일（「京畿道、日本大地震に一一九救助隊四三名派遣」『ケイ・エス・ピー・ニュース』二〇一一年三月一三日〈http://blog.naver.com/kspnews?Redirect=Log&logNo=130104693170〉）。

（12）「구조대 일본 출발…본격 자원」『ＫＢＳ 월드』二〇一一년 三월 一四월（「救助隊、日本に出発…本格支援」『ＫＢＳワールド』二〇一一年三月一四日）。

（13）救助隊員は帰国後、国立中央医療院にて健康診断と放射線検査を受診している。「일본 지진 구조대、임무를 마치고 귀국」（영상）、연합뉴스、二〇一一년 三월 二四일（「日本地震の救助隊、任務を終えて帰国」（映像）、聯合ニュース、二〇一一年三月二四日〈http://news.naver.com/main/read.nhn?mode=LSD&mid=sec&sid1=102&oid=001&aid=0004974899〉）。

（14）「「일본 도호쿠 대지진／피해 현장」한국 구조대、二三일 귀국」『한국일보』二〇一一년 三월 二二일（「「日本東北大地震／被害の現場」韓国の救助隊、二三日帰国」『韓国日報』二〇一一年三月二二日）。

（15）例えば以下の記事は、大韓イエス教長老会などキリスト教関係団体によって構成された災害救護チームが被災地を訪れ、どのような援助が求められているのかについて説明をしている。「「생필품 부족 대부분 해소 방사능 측정기 가장 필요」예장통합 구호팀 재난 현장 방문」『국민일보』二〇一一년 三월 三〇일（「「生活必需品の不足はほとんど解消、放射能測定器が最も必要」大韓イエス教長老会統合救助チーム、災難現場訪問」『国民日報』二〇一一年三月三〇日）。また、キム・デフン前掲書、二七五―二八〇頁も参照。

(16)「OB맥주、일본 지진 피해 이재민에게 생수三〇〇톤 지원」『데일리 뉴스 엔 뷰』二〇一一년 三월 二三일〔「OBビール、日本の地震被害罹災民にミネラルウォーター三〇〇トン支援」『デイリー・ニュース・アンド・ビュー』二〇一一年三月二三日〕。実は過去にも類似の例はあり、阪神淡路大震災の際には韓進グループが済州島産のミネラルウォーター一八〇トンを被災地に寄付している（「일본 지진 피해지역 한진그룹 생수 지원」『한겨레신문』一九九五년 一월 二二일〔「日本の地震被害地域、韓進グループ、ミネラルウォーター支援」『ハンギョレ新聞』一九九五年一月二二日〕）。

(17) 詳細は以下参照。「韓国政府からの支援物資の受け入れ（二〇一一年四月四日付）」外務省HP〈http://www.mofa.go.jp/mofaj/press/release/23/4/0404_03.html〉。

(18)「한류스타들 일본 지진피해 성금 二〇억 육박」『동아일보』二〇一一년 三월 一五일〔「韓流スター、日本の地震被害支援金二〇億ウォン肉薄」『東亜日報』二〇一一年三月一五日〕。

(19)「[힘내요！일본」日 돕기 한달새 五八八억… 해외지원 역대 최고액 모금」『동아일보』二〇一一년 四월 一九일〔「[がんばれ！日本」日本援助、一月の間に五八八億ウォン…海外支援歴代最高額の募金」『東亜日報』二〇一一年四月一九日〕。

(20)「조계종、日지진 희생자 위령 천도재」『동아일보』二〇一一년 六월 一五일〔「曹渓宗、日本の地震犠牲者の慰霊祭」『東亜日報』二〇一一年六月一五日〕。

(21)「한일 불교계、日 대지진 합동 천도재」『연합뉴스』二〇一一년 七월 一一일〔「韓日仏教界、日本大地震の合同慰霊祭」聯合ニュース、二〇一一年七月一一日〈http://news.naver.com/main/read.nhn?mode=LSD&mid=sec&sid1=103&oid=001&aid=0005156383〉〕、および宮城県曹洞宗青年会HP〈http://www.miya-sousei.com/~miya-sousei/shinsai4.html〉掲載の「宮城県曹洞宗青年会災害支援活動報告」より。

(22) 例えば、「도쿄 방사물 물질 七二배 증가」YTN、二〇一一년 三월 二二일 一八：〇九〔「東京の放射物物質七二倍増加」YTN、二〇一一年三月二二日一八：〇九〈http://search.ytn.co.kr/ytn/view.php?s_mcd=0104&k

ey=201103221809539987&q=%B5%B5%C4%EC+%B9%E6%BB%E7%B9%B0+%B9%B0%C1%FA+72%B9%E8+%C1%F5%B0%A1〉）。

（23）例えば、「일본지진 피해 확산…교민 귀국행렬」YTN、二〇一一년 三월 一六일 一四：〇九〈「日本の地震被害拡散…在留韓国人、帰国の行列」YTN、二〇一一年三月一六日一四：〇九〈http://search.ytn.co.kr/ytn/view.php?s_mcd=0103&key=201103161409406360&q=%C0%CF%BA%BB%C1%F6%C1%F8+%C7%C7%C7%D8+%C8%AE%BB%EA%A1%A6%B1%B3%B9%CE+%B1%CD%B1%B9%C7%E0%B7%C4〉）。

（24）「입국자 방사능 오염 검사」YTN、二〇一一년 三월 一七일 一〇：五八〈「入国者の放射能汚染検査」YTN、二〇一一年三月一七日一〇：五八〈http://search.ytn.co.kr/ytn/view.php?s_mcd=0103&key=201103171058370956&q=%C0%D4%B1%B9%C0%DA+%B9%E6%BB%E7%B4%C9+%BF%C0%BF%B0+%B0%CB%BB%E7〉）、「계속되는 한국행… 방사능 검사 강화」YTN、二〇一一년 三월 二一일 〇九：四二〈「続く韓国行き…放射能検査強化」YTN、二〇一一年三月二一日〇九：四二〈http://search.ytn.co.kr/ytn/view.php?s_mcd=0103&key=201103210942170557&q=%B0%E8%BC%D3%B5%C7%B4%C2+%C7%D1%B1%B9%C7%E0%A1%A6+%B9%E6%BB%E7%B4%C9+%B0%CB%BB%E7+%B0%AD%C8%AD〉）。

（25）「부산 여행、관광업계、일본 대지진에 직격탄」『파이낸셜 뉴스』二〇一一년 三월 一四일 一一：一八〈「釜山旅行、観光業界、日本の大地震に直撃弾」『ファイナンシャル・ニュース』二〇一一年三月一四日一一：一八〈http://www.fnnews.com/view?ra=Sent1201m_View&corp=fnnews&arcid=0000922250869&cDateYear=2011&cDateMonth=03&cDateDay=14〉）。

（26）「[일본대지진] 부산 여행사—호텔에 밀어닥친 쓰나미」『머니투데이』二〇一一년 三월 一五일 一七：二二〈「[日本大地震] 釜山の旅行社—ホテルに押し寄せた津波」『マネートゥデイ』二〇一一年三月一五日一七：二二〈http://www.mt.co.kr/view/mtview.php?type=1&no=2011031517220517054&outlink=1〉）。

（27）「후쿠오카 행 七〇% 할인」『부산일보』二〇一一년 四월 二二일〈「福岡行き七〇％割引」『釜山日報』二〇

一一年四月二二日)。
(28)「일본여행 급감、九九〇〇원짜리 상품 등장」『부산일보』二〇一一년 四월 一一일(「日本旅行急減、九九〇〇ウォンの賞品登場」『釜山日報』二〇一一年四月一一日)。
(29)「방사능 공포에… 한국기업、日비즈니스 줄줄이 취소」『한국경제』二〇一一년 三월 三〇일(「放射能の恐怖に…韓国企業、日本でのビジネスに続々取り消し」『韓国経済』二〇一一年三月三〇日)。
(30)二七日に高等学校教科書の検定結果が公表されたのち、三〇日には中学校教科書の検定結果が明らかにされている。後者では地理と公民において全一二種の教科書が検定対象となり、そのいずれにおいても竹島問題が収録されている。韓国側では当初、二七日の高校教科書に対して批判が提起されたものの、三〇日以降は中学校教科書も批判の対象となったため、本論では特にこの両者を区別することはしない。
(31)「정부「지진과 별개」일본 독도 교과서 강경대응 방침」『한겨레신문』二〇一一년 三월 二九일(「政府「地震と別物」日本の竹島教科書、強硬対応方針」『ハンギョレ新聞』二〇一一年三月二九日)。
(32)「금정구「日지진 성금、독도 지킴이 지원」」『동아일보』二〇一一년 四월 六일(「衿川区「日本地震の募金、竹島守りに支援」」『東亜日報』二〇一一年四月六日)。
(33)「「日방사능 공포」괴산군、日지진 성금 직원들에 돌려줘」『서울신문』二〇一一년 四월 七일(「「日本の放射能の恐怖」槐山郡、日本地震の募金、職員に返して」『ソウル新聞』二〇一一年四月七日)。
(34)インターネットで検索すると、このような主張を唱える韓国のコミュニティサイトを複数見出すことができる。なお先ほど紹介した筆者の勤務先での募金活動もまた、結果的にこれと類似した展開を経ることとなった。すなわち募金開始後数週間は積極的な募金パフォーマンスが見られたものの、その後は地震に対する学生の関心が低下していったこともあり、四月初旬頃には特に告知もなく終了を迎えた。むろんそこでは今回の教科書検定を理由とすることは一切なかったものの、時期的な近さを考えると全く無関係とは言い切れないであろう。ただしこれは、あくまで私見であることをお断りしておく。

(35)「한국、원자로 첫수출「눈앞」」『한겨레신문』二〇〇九년 一二월 四일〔「韓国、原子炉初の輸出「目前」」『ハンギョレ新聞』二〇〇九年一二月四日〕。

(36) この経緯に関しては、拙稿「韓国と核——「持ち込み核兵器」と核技術利用の現代史」（吉村慎太郎・飯塚央子編『核拡散問題とアジア——核抑止論を超えて』国際書院、二〇〇九年所収）の第3節を参照のこと。

(37)「[기고] 이제 한국도 원자로 수출시대!」『조선일보』二〇〇九년 一二월 四일〔「[寄稿] 今や韓国も原子炉輸出時代！」『朝鮮日報』二〇〇九年一二月四日〕。

(38)「[사설] 대한민국 原電二〇기、최악의 재앙에 대비돼 있나」『조선일보』二〇一一년 三월 一四일〔「[社説] 大韓民国原発二〇基、最悪の災難に備えているのか」『朝鮮日報』二〇一一年三月一四日〕。

(39)「이명박 대통령、국내 원전 안전점검 지시」YTN、二〇一一년 三월 一六일 一一：五五〔「李明博大統領、国内原発安全点検指示」YTN、二〇一一年三月一六日一一：五五〈http://search.ytn.co.kr/ytn/view.php?s_mcd=0101&key=201103161155312866&q=%C0%CC%B8%ED%B9%DA+%B4%EB%C5%EB%B7%C9%2C+%B1%B9%B3%BB+%BF%F8%C0%FC+%BE%C8%C0%FC%C1%A1%B0%CB+%C1%F6%BD%C3〉〕。

(40)「노원구 월계二동 방사능 검출 소동…「인체 무해한 수준」」『KOREA NEWS 1』二〇一一년 一一월 二일 〇六：三三〔「蘆原区月渓二洞放射能検出騒動…、「人体に無害の水準」」『KOREA NEWS 1』二〇一一年一一月二日〇六：三三〈http://www.newsone.kr/articles/428763〉〕。

(41)「서울 주택가 골목길서 방사능 이상검출 미스터리」『동아일보』二〇一一년 一一월 三일〔「ソウルの住宅街、路地にて放射能異常検出ミステリー」『東亜日報』二〇一一年一一月三日〕。

(42)「노원구、방사선 검출 도로 재포장…「전수조사」요구도」『경향신문』二〇一一년 一一월 四일〔「蘆原区、放射線検出の道路、再舗装…「全数調査」の要求も」『京郷新聞』二〇一一年一一月四日〕。

(43)「「정부 못 믿어」한국도 방사능 자율측정 늘어」『동아일보』二〇一一년 一一월 三일〔「「政府は信じられない」韓国も放射能の自主測定増える」『東亜日報』二〇一一年一一月三日〕、「노원구 방사능! 그것보다 더 위험

한 문제는…」『PRESSian』二〇一一년 一一월 八일 〇八：一五〈「蘆原区放射能！　それよりも危険な問題は・・」『PRESSian』二〇一一年一一月八日〇八：一五〈http://www.pressian.com/article/article.asp?article_num=50111107142601〉。

(44)「중「원전에 핵무기 은닉」일「사실무근」」『세계일보』二〇一一년 四월 二一일 二一：二四〈「中国「原発に核兵器隠匿」、日本「事実無根」」『世界日報』二〇一一年四月二一日二一：二四〈http://news.naver.com/main/read.nhn?mode=LSD&mid=sec&sid1=104&oid=022&aid=0002255220〉。

(45) この点については以前ごく簡単ながら拙稿にて言及したことがあるので、併せて参照されたい。拙稿、前掲「韓国と核――「持ち込み核兵器」と核技術利用の現代史」五二―五三頁。

(46)「정몽준「원전에 대한 기본인식 재점검해야」」연합뉴스、二〇一二년 三월 二五일 一四：四九〈「鄭夢準「原発に対する基本認識再検討すべき」」聯合ニュース、二〇一二年三月二五日一四：四九〈http://news.naver.com/main/read.nhn?mode=LSD&mid=sec&sid1=100&oid=001&aid=0005564329〉。

(47)「정몽준「우리도 핵무기 능력 갖춰야」」『중앙일보』二〇一二년 六월 四일〈「鄭夢準「われわれも核兵器能力持つべき」」『中央日報』二〇一二年六月四日〉。

(48) 前出『中央日報』の記事、および「北 개정 헌법에「핵보유국」명기」연합뉴스、二〇一二년 五월 三〇일 一九：一四〈「北、改定憲法に「核保有国」明記」聯合ニュース、二〇一二年五月三〇日 一九：一四〈http://www.yonhapnews.co.kr/bulletin/2012/05/30/0200000000AKR20120530112851073.HTML?from=search〉。

(49)「原発なき韓国を ソウル五〇〇〇人集会 福島の被災者参加」『東京新聞』二〇一二年三月一一日。

(50)「韓国総選挙／脱原発目指す「緑の党」初挑戦」『朝日新聞』二〇一二年四月一八日。

朝鮮民主主義人民共和国（北朝鮮）の「核」をどう考えるか

福原　裕二

はじめに

朝鮮民主主義人民共和国（以下、北朝鮮）の核兵器開発をめぐる問題は、〈問題の発生局面〉→〈北朝鮮による挑発局面〉→〈多国間による交渉局面〉→〈合意履行局面〉→〈問題の発生局面〉……というサイクルで、終わりなき展開が繰り返されているように思われる（章末の〈資料1〉を参照）。しかしその過程では、〈合意履行局面〉が表れているように、米朝間によるいわゆる「合意枠組み」（一九九四年）[1]や六者協議における「九・一九共同声明」（二〇〇五年）、「二・一三初期段階の措置」（二〇〇七年）など、北朝鮮の既存の核計画の放棄に対して、関係国がその見返りを供与することにより、この問題を解決へと

写真１　駅舎の柱部分に「首領福」「将軍福」「大将福」の文字が見える（咸鏡北道会寧市の「シンジョン駅」、2012年2月15日、筆者撮影）

誘うロードマップが折々に策定されてきたことも事実である。これら「九・一九共同声明」及び「二・一三初期段階の措置」は、新聞報道などではごく簡単な概要のみが紹介されるにすぎない。このため、章末にはその全文を資料として掲げた。北朝鮮の核兵器開発をめぐる展開を把握する場合に、必要不可欠な資料であるので、一読していただきたい。

　二〇一二年四月一三日には、北朝鮮は地球観測衛星「光明星3」号と称する長距離弾道ミサイルを発射した。この意図について筆者は、「(その二か月前の二月に)米朝合意で取り付けた食糧支援（と今回の弾道ミサイル発射の必要性）とをてんびんにかけ、国内の体制固めがどうしても先決だと判断した」からであると分析したことがある。[2] それは今年（二〇一二年）二月に筆者が中朝国境を訪れた際に見聞した次のような事柄を根拠にしている。

　金正日国防委員長の死去後、中朝国境にどのような変化が看取されるかを観察する一環として、中華人民共和国（以下、中国）の三合鎮から図們までの中朝国境沿いを車で走った。その際、中国側から見える北朝鮮の駅舎には、金日成・金正日を称える「首領福」「将軍福」という文字だけではなく、「大将福」の文字が掲げられているのを確認した。「大将福」の大将とは、二〇一〇年九月に北朝鮮の最高指導者の後継に内定した金正恩のことである。今年の二月といえば、金正日国防委員長の死去後間もなくの時期であり、北朝鮮が国内へ向けて金正恩後継体制を名実ともに闡明にしかつ確立したいとする意図が窺われる。もちろん、駅舎の柱に掲げられた「大将福」という文字が金正日国防委員長の死去後に掲げられたものとは限らず、それだけが根拠になるわけではない。同じ時期に、筆者は中国の朝鮮総聯（在中朝鮮人総聯合会）が主催し、遼寧省の瀋陽市と吉林省の延吉市でそれぞれ開催された、「光明星節記念瀋陽・延吉地区協会報告会」を参観する機会を得た（光明星節とは、金正日の生誕日のこと）。そこでは報告者により、「偉大な首領金日成同志、偉大な領導者金正日同志の革命思想を継承した敬愛する金正恩同志を立派に奉じる」ことを旨とする言辞が述べられるとともに、金正恩の業績を誇示する『白頭の先軍革命偉業を継承なされて』と題する記録映画が流された。この報告会のために北朝鮮から参加したある女性は、筆者の「こうした報告会は北朝鮮の各地でも行われているのか」との問いに、「マッスムニダ（そうです）」と答えた。さらに、報告会に続いて開かれた公演では、金正恩が自ら創作を指導したとされる「パルコルム（歩み）」が歌唱された[3]。つまり、これらの傍証により類推するならば、金正日国防委員長死去直後の北朝鮮は、その後継者である金正恩への円滑な体制移行に心血を注いでおり、金正恩が

写真２　報告会の公演で「パルコルム」を熱唱する北朝鮮の男女（2012年２月16日、筆者撮影）

金正日国防委員長の敷いた路線を「パルコルム」していくこと、換言すれば、核兵器開発を含む強盛大国建設という遺訓を基本にしながら、政策運営に進み出ることを急務としていることが看取される。こうしたことが根拠となって、先述の分析となった。

さて、本章では、このように問題展開の一定の規則性が見られ、また金正日国防委員長から金正恩へと体制移行の過程にある北朝鮮の「核」をどう考えるかについて議論したい。そこでのメインテーマは、北朝鮮はどのような論理で、なぜ核兵器開発を行うのかということである。その際、北朝鮮の内在的な論理と行態を軸に眺めつつ、冷戦期及び冷戦後の北朝鮮をめぐる国際関係にも注意を払いながら、北朝鮮の核兵器開発の史的な背景について素描し、北朝鮮の「核」をどのように考えるかの素材を提供する。

1　北朝鮮に対する「理解」

日本においては一般的に、北朝鮮の「核」という現実・現象について、どのように考えられているのだろうか。北朝鮮の「核」は……、日本を含む北東アジアの平和と安定にとって直接的な軍事脅威である。ひいては核兵器保有を含む地域の軍事化に拍車をかけるものとなる。朝鮮半島においては今から二〇年も前に「朝鮮半島の非核化に関する共同宣言」(一九九二年二月発効)が南北朝鮮間で調印されており、これに対する明白な違反行為である。パキスタンから濃縮ウラン核技術を秘密裏に輸入したとされる北朝鮮であるから、次には北朝鮮が同じことを行う懸念があり、核拡散の危険性が高い。仮に北朝鮮の核の平和利用を認めたとしても、その管理・運用は信頼に欠け、本当に平和利用が担保できるのか、などといった多様な見解が続出するのではないか。その一方で、そうせざるを得ない相手方への「理解」、つまり北朝鮮はいかなる環境に置かれ、なぜ、何のために「核」開発を行っているのかということについては、存外考察されてこなかったのではないだろうか。とはいえ、北朝鮮の「核」をどう考えるかといった場合には、そうした相手方の観点も不可欠だろう。その際に重要なことは、どのように北朝鮮を「理解」するかということである。

北朝鮮に対する「理解」、これは誤解を招きやすい言辞であり、非常に難しい事柄である。筆者は他国（他人）に対する「理解」ということについて、福田恆存という劇作家・評論家が記した次のような文章を念頭に置くこととしている。

　オスカー・ワイルドの作品の中にある話ですが、ある若い婦人がウィンダミヤ夫人といふ貴婦人の催したパーティーで、声をはづませながら「私たち理解し合ったので婚約しました」と言ふと、ウィンダミヤ夫人が「あらとんでもない、理解といふのは結婚の最大の障害よ」と言ったので、その若い婦人は唖然としてしまったといふのです。理解といふのは、さういふウィットの名人ですが、これはウィットにしても真実をうがってゐると思ふ。といふのは、よく理解したといふけれども、それは自分が理解したように相手を理解してゐるだけなのです。オスカー・ワイルドの言はうとしたことはどういふことかと言へば、お互ひに理解したと言って相手を自分の理解力の中に閉ぢこめてしまふことの危険です。(4)

つまり、他国（他人）を自らの知見や常識のみの狭搾な理解力で閉じ込めてはならず、当為でもって即断してはならないということだ。これは曲がりなりにも外国研究を志している筆者にとって、常に反芻させられる事柄である。日本を代表する歴史学者の阿部謹也も、「解るとはそれによって自分が変わるということだ」という恩師上原専禄の言葉を常に意識していたと言う(5)。このことを北朝鮮の「核」をどのように考えるかという文脈に引き付けて言えば、相手方を「理解」してこそ、我々が相手方に感じる懸念を取り除くことができるのではと考え、その下に考察を施すということになろう。これを北朝鮮研究の方法論として「内在的接近」と称されるが(6)、もちろんその際に「理解」することとは、単線的に相手方に対して共感したり、その言辞を鵜呑みにしたりすることでないのは言うまでもない。唯一の被爆国である日本としては、一旦北朝鮮の立場に立って核兵器開発の問題を考えることは不本意なことかもしれないが、それは隣国として隣国の「核」にどう向き合えばよいのかの指針を得る営みであると考えたほうがよい。

2　核兵器開発の背景

それでは、北朝鮮はなぜ核兵器開発に乗り出しているのか。これには歴史的な遠因が絡んでいると考えられる。その第一は、冷戦期の北朝鮮における対中ソ関係の内実である。

周知の通り、北朝鮮は冷戦期において、ソビエト社会主義連邦（以下、ソ連）を盟主とする社会主義陣営に属していた。しかし、同陣営に属した中国などとも同様に、その陣営が政治・軍事・経済路線上において一枚岩でなかったことはよく知られている。北朝鮮は建国から一〇年足らずの時期にはすでに、「事業における革命的真理、マルクス＝レーニン主義の真理を体得することが重要であり、その真理を我が国の実状に合うように適用することが重要です。必ずソ連式のようにしなければならないという原則はあり得ないのです。ソ連式がよいとか、中国式がよいとか言いますが、これからは我々（ウリ）式を作るときになったのではないでしょうか」と言明し(7)、自国の「主体」的思惑を明らかにしている。また、同時期以降には、主に自国の脱ソ連化を意識しつつ自律的な歴史の構築に着手し、これは金日成の権力確立の重要な構成要素ともなっている(8)。さらに、一九六〇年代中葉には、「他人に対する依存心を捨てて、自力更生の精神を発揮し、自己の問題をあくまで自ら責任を持って解決していく自主的な立場」を基軸にした「主体思想」が創始されるとともに(9)、社会主義諸国間では内政不干渉、相互尊重、互恵平等を原則として、各国が独自の革命路線を進めることに協力するなどの「自主独立外交」路線を闡明にしている(10)。北朝鮮は建国においてソ連の圧倒的影響を甘受したがゆえに、却って自力更生を旨とした政治、経済、軍事、思想における主体を強調したとも言える。しかし、こうした北朝鮮の主体の強調は、あくまで中ソに対する依存関係と表裏一体をなしていた。つまり、北朝鮮の主体とは、中ソとの軍事同盟や援助貿易的な色彩の強い経済関係を背景に、独立国家としての政治的立場かつ対外的行動の自由を意味していたにすぎないものだった。このように見てくると、北朝鮮における対中ソ関係の内実は、冷戦期においてすでに自己が重要視する関係のあり方と実像とが嚙み合わないものになっていたということが分かる。

また、歴史的な遠因の第二は、大韓民国（以下、韓国）との直接的かつ排他的な対峙関係に加えて、その韓国に対し提携・庇護を行う日本軍国主義、米国帝国主義との闘争という側面である。これを北朝鮮の中ソに対する依存関係に照らし、日米韓に対する葛藤関係と呼ぼう。このように、冷戦期の北朝鮮は、対中ソ関係においても、対日米韓関係においても、主体という理想と、自国をめぐる北東アジアの軍事的緊張（葛藤）および依存という現実とがない交ぜとなって形成された、屈折・錯綜した関係構造を甘受するという認識に至っていた。

敷衍すれば、冷戦期において北朝鮮は、日米韓との対立という葛藤を抱えていた。その一方で、この朝鮮半島を中心とする北東アジアの冷戦構造的な対峙関係の抑止力として、北朝鮮は中ソと軍事同盟を結び、また自国の革命と建設のための援助をそれらから受けるという依存関係を保持した。それゆえに、この表層的な葛藤と依存の深部には、自国の主体性が独立国家としての政治的かつ対外的行動の自由を担保するという意味での「主体」でしかないという別の葛藤も抱え込むこととなった。つまり、二重の葛藤の存在である。こうした北朝鮮の屈折した関係認識が冷戦後も引き続いて踏襲され、核兵器開発の直接的な背景、そして核兵器開発正当化の論理に連動していくことになる。

3　葛藤／依存構造の変化

北朝鮮の核兵器開発の直接的な契機は、このような葛藤・依存関係が冷戦後に急速に変化していったからである。それでは、どのように変化したのか。北朝鮮は冷戦終結直後に、「帝国主義者らは旧ソ連と東欧諸国で社会主義が崩壊するや、我が国の社会主義を崩そうとして、益々悪辣に策動している。しかし、帝国主義者らは我が国の社会主義を崩すことができない。我が国の社会主義は旧ソ連や東欧諸国において崩壊した社会主義と同じものではない」と主張しつつ[11]、次のように自国の置かれた環境を吐露している。

「かつて我が国の対外貿易において圧倒的な比重を占めていた社会主義市場が最近崩壊した。旧ソ連と東欧諸国は資本主義が復帰した後、米国の言いなりになって動き、我が国との貿易取引をほとんど中断している[12]」。つまり、旧ソ連も東欧諸国も今や米国と提携する存在に堕してしまったという認識である。さらに、旧ソ連・東欧諸国を取り込んだ米国は、北朝鮮に対して次のような思惑を遂行すべく企んでいると主張される。「帝国主義者らが追求している目的は、我々の首を絞め、我が国を『自由化』の風に侵されて、惨めな窮状に陥りつつある旧ソ連や東欧諸国のようにしようとするところにある。しかし、帝国主義者らのこのような目的は絶対に実現しない[13]」。

以上のような北朝鮮の認識を先の葛藤・依存構造に当てはめるなら、次のようにまとめることができる。第一に、冷戦が終結したとは言え、日米韓との対立という葛藤に変化はない。第二に、それどころか旧ソ連や東欧諸国が米国との協調関係を築くに至っており、葛藤はより深刻化している。第三に、日米韓に対する抑止力としての中ソとの軍事同盟は事実上消滅し、旧ソ連からの援助貿易も終焉したことにより、依存は限りなく剝落してしまった、というものである。要するに、冷戦の終結は葛藤の悪化しかもたらさなかったとの認識に北朝鮮を至らしめたと考えられるのである。

こうした過程において、北朝鮮は文字通り硬軟二つの手段で状況突破を試みる。その一つが南北関係の改善と日朝間の国交正常化交渉であり、今一つが核兵器開発への転移を可能とする核開発の推進だった。

4　核兵器開発の焦点

こうした背景を内包しつつ着手した核開発は、冷戦後の展開の中で最重要の手段と化し、その正当化の論理づけが行われていく。この際に重要な焦点は、第一に、北朝鮮は社会主義の崩壊原因をどのように見たかということ、第二に、北朝鮮は国家としての至上命題を変転させたこと、第三に、北朝鮮は対米関係の重要性をより重視したことにあると考えられる。

北朝鮮は、前節において引用したように、自国の社会主義と崩壊した旧ソ連・東欧諸国のそれとは異なるものとして認識していた。その自国とは異なる社会主義が崩壊した要因について、金日成は次のように述べている。「革命の世代が変わる時期に、革命と建設に対する領導が正しく継承され得ないなら、社会主義偉業は紆余曲折を経て失敗を免れない。旧ソ連の実例がそれをよく示している」[14]。すなわち、世代間による革命の継承いかんによっては、社会主義は崩壊する運命にあるという認識である。ちなみに、金日成のこの言辞の裏には、自国では金正日という革命と建設に対する領導を正しく継承する人物がおり、その点で旧ソ連とは全く異なるという自信が潜んでいる。

また、金正日は「多くの国で社会主義が挫折したのは、科学としての社会主義の失敗ではなく、社会主義を変節させた日和見主義の破綻を意味する」とし[15]、また別のところでは、「各国で社会主義が崩壊したのは、党が変節し、党が軍隊を掌握することができなかったことと重要に関連している。党が軍隊を掌握するためには、軍隊に対する党の領導を確固たるものとして保障するとともに、物質的な供給事業を十分に行わなければならない。しかし現在、人民軍隊に食糧をまともに供給することができない状態にある。……恐らく、わが方に軍糧米がないということを知れば、米帝国主義者らは今すぐに襲いかかって来るであろう」との見解を示している。[16]ここには、米国が北朝鮮の崩壊を企み虎視眈々と狙っているという金正日の対米脅威認識が率直に表出されており興味深いものがある。それはともかく、金日成・金正日の認識を踏まえると、北朝鮮は、自らも陥る可能性を孕む社会主義の崩壊原因を、世代間の継承の失敗、社会主義及び党の変節、党の軍隊掌握の失敗として整理したと思われる。換言するなら、北朝鮮はこれを教訓に、継承を万端に行い、自らの社会主義に邁進しつつ党の結束を高め、さらに党の軍隊掌握を強めることに注力しているとみてよいだろう。

このように北朝鮮は、自国を葛藤の深化した状況に追い込んだ社会主義の崩壊要因を整理した上で、このことにより自国は対米脅威に晒されているという認識を持つに至った。こうした中で金正日は、先に引用した「社会主義は科学である」と題する論文で、「今日、社会主義の背信者らも、資本主義に対して幻想を抱き、帝国主義者らの『援助』と『協力』に期待をかけ、資本主義復帰騒動を繰り広げている。……今日、我が党と人民の前には、偉大な首領金日成同志が開拓し導いてきた主体の社会主義偉業を代を継いで継承、完成するという重く栄誉ある課題が提起されている」と述べ、[17]中国型の経済改革や対外援助及び協力を否定し、「われわれ式社会主義」を堅持していく旨を明らかにした。

それのみならず北朝鮮は、対米脅威という切迫した状況と「われわれ式社会主義」の堅持に鑑み、国家としての至上命題を変転させるに至る。そのことは、一九九四年七月に金日成が死去し、金正日体制に移行して初めて迎える党創建記念日に出された「三紙共同社説」によく表れている。「最高司令官金正日同志の思想と領導を高く奉じていくことは、我が党を偉大な首領金日成同志の党として永遠に輝かせ、主体革命偉業を最後まで完成させるための決定的保障である。……革命軍隊の最大の使命は、革命の最高首脳部を擁護することである。……全軍に最高司令官の命令一つで一斉に動く軍統率体系を徹底的に確立し、最高司令官命令を無条件に最後まで完徹する革命的軍風が満ちあふれるようにすべきである」[18]。つまり、朝鮮労働党規約に示される[19]「全社会（朝鮮半島全土）を主体思想化し共産主義社会を建設する」との従来の国家としての至上命題は、現実の前に空文と化して久しいものであったが、ここにおいて社会主義偉業の継承及び最高首脳部の擁護、すなわち体制維持という至上命題に取って代えられたのである。

それでは、至上命題として明らかにされた体制の維持をどのようにして図っていくのか。経済不振が続く北朝鮮としては、経済部門における改革・開放が望まれるところだが、擁護すべき革命の最高首脳部である金正日は、中国型の経済改革や対外援助及び協力を否定している。しかし手を拱いていれば、米帝国主義者らがすぐに襲いかかってくるであろうとの認識を持っており、そこで北朝鮮は、脅威の根本自体を鎮静させようと試みることになる。つまり、米国との直接交渉への執着である。

もとより、北朝鮮は冷戦後にしばしば米国の圧倒的存在感について言及していた。北朝鮮の経済的苦境が伝えられる渦中では、「資本主義諸国とは、直ちに貿易を大々的に行うことが困難なようである。資本主義諸国が我が国と貿易を行えば、米国の圧力を受けるようになる。それで資本主義諸国は米国の顔色をうかがい、我が国との貿易に対して積極的にならない」と吐露し[20]、米国の国際貿易取引における影響力を率直に認めている。また、南北朝鮮の統一においても、「朝鮮の統一問題は米国人らの行動いかんに多くがかかっている。南朝鮮は米国の完全な植民地であり、南朝鮮の執権者は米国人らの言う通りに動く手下に過ぎない」と述べ[21]、統一問題は米国問題であるかの如き認識を示している。さらに、北朝鮮がいわゆる第一次核危機の際に、核拡散防止条約（ＮＰＴ）からの脱退を宣言したということがあったが、その直前には、金日成が「今、敵は我々に対して原子爆弾を出せと言い、我々を孤立抹殺するために、悪辣に策動しているけれども、我々は少しも恐れない。私は我々の幹部らに我が国をイラクと同じような国だと考えてはならないと、米国の奴らに対して言うようにと言った」と述べ[22]、核問題は米国との対峙に帰着する旨の姿勢を明らかにしている。

このように、北朝鮮は自国をめぐる問題群に対して米国が圧倒的影響力を有していることを認め、これを体制維持という国家の至上命題に絡める。したがって、自国が行うべきは、米国との直接交渉を通じて、不可侵条約を結ぶなりして体制保障を図ったり、朝鮮停戦協定を平和協定に移行させたりするなどの敵対関係の解消を行っていくということになる。こうした文脈から北朝鮮の核兵器開発を捉えると、それは体制維持のための国際的影響力のある手段の確保だという側面が認められる。なぜなら、朝鮮半島内における体制競争に一定の決着がついた今日、核兵器という国際的影響力を保持しない北朝鮮に対して、米国が直接交渉によりその体制の保障問題を考慮する可能性はゼロに等しいからである。それゆえに、北朝鮮は核兵器開発・保有の正当化論理を「米国の核戦争の脅威による自主権と生存権の毀損」状況の改善である旨、今日まで展開しているのである[23]。

5　強盛大国建設と先軍政治路線

以上のように検討してきた北朝鮮の「核」と、金正日体制以降に推進が図られてきた「先軍政治」路線に基づく「強盛大国」建設との関係について考えてみたい。「先軍政治」や「強盛大国」とは、一体どのような内容を有するものなのか。

まず、「先軍政治」は、北朝鮮で刊行され、南朝鮮（韓国）の政治学教授金哲佑が著したとされる書籍に依れば、「社会主義は資本主義とのたたかいを通して生まれるものであり、また反動派の反革命的攻勢にさらされながら社会主義を建設しなければならないのであるから、軍事力の優先は避けられない。……ところで、先軍政治方式は金日成主席の軍重視思想を金正日将軍が今日の状況に即して具現したものである。……先軍政治方式の出現は、社会主義朝鮮への帝国主義勢力の挑戦と切り離して考えることはできない」と、先軍政治が現在の北朝鮮の置かれた状況により出現したものであること、また先軍政治の祖型として金日成の軍重視思想があることを明らかにしている。[24] これらの点に関連して、日本の北朝鮮研究の第一人者である中川雅彦は、「先軍政治論体系」の要旨を次の通りにまとめている。[25]

(1)　「先軍思想」の起源は、一九三〇年六月三〇日に金日成が中国長春での卡倫会議で、抗日武装闘争路線を提示したこと

(2)　金日成の「先軍革命領導」の開始は、一九三二年四月二五日に金日成が中国安図で反日人民遊撃

隊を組織したこと

(3) 金正日の「先軍革命領導」の開始は、一九六〇年八月二五日に金正日が金日成の人民軍第一〇五戦車師団に対する現地指導に同行したこと

(4) 先軍政治の開始は、一九九五年一月一日に金正日が平壌市東大院区域に駐屯する人民軍第二一四軍部隊を訪問したこと

(5) 先軍政治の目的は、強盛大国の建設である

北朝鮮文献を子細に検討すると、先軍政治の出現には、史的な背景が窺えると同時に、その遂行が強盛大国の建設に収斂されていくものであることが確認できる。これによって先軍政治の目的が強盛大国の建設にあることは明らかであろう。それではその目的である強盛大国とは何を意味するのであろうか。

試みに、北朝鮮の百科事典を紐解くと、次のような解説が施されている。「国力が強く、全てのものが盛んであり、人民たちが世界にうらやむものなく生きる強大な国。偉大な領導者金正日同志は、強盛大国建設を我が民族の死活的な闘争目標として提示された。その徴表は、そのいかなる帝国主義大敵も打倒できる軍力を持つ国家、全人民が革命の首脳部を衷心から一心団結された社会主義国、自立的土台と現代的な科学技術に依拠した経済の活力ある発展がなされた、人民大衆が物質文化生活を心ゆくまで享有する国のことである」(26)。つまり、強盛大国とは、軍力、人民と首脳部の一致団結的結束、科学技術に裏打ちされた活力ある経済を備えた「世界にうらやむものなく生きる強大な国」だという。最近では、これからさらに整理を施し、三つの強国、すなわち政治思想強国、軍事強国、（知識）経済強国の併存が社会主義強盛

大国であり、政治思想強国、軍事強国はすでに強固なものとなっており、経済強国の確固たる土台が築かれている過程だとみなされている[27]。その経済強国へと至る過程については後述するとして、こうした強盛大国の概要を踏まえ、次には先軍政治の内容について改めて見ていきたい。

ここでも百科事典の記述によりその内容を確認すると、次の通りである。「人民軍隊を無敵必勝の強軍に編成して、祖国を保衛し、人民軍隊を核心に模範となり、革命の主体を強固に整え、人民軍隊を革命の柱に据え、全般的社会主義建設を力強く促し出でる政治方針。偉大な領導者金正日同志が独創的に創始。我が党の銃隊重視、軍隊重視路線を具現。革命と建設を我々自体の力とし、我が国の実状に適した我々式に成し遂げることができ、そのいかなる情勢と実力のなかにおいても革命と建設の勝利を成し遂げ進み出でることのできる万能の宝剣である[28]」。つまり、文字通り軍隊を先端に据え、「我々式社会主義」を遂行することが北朝鮮の置かれた現状にもっとも適しており、そうした政治方式が先軍政治であるという[29]。

それでは、なぜ軍隊を革命の先端に据えることが北朝鮮の置かれた状況に適しているのだろうか。これについては、北朝鮮の先軍政治の内容を北朝鮮文献に即して要領よく整理した邦語文献が参考になる。これに依れば、北朝鮮は次のような現状認識を持っているとされる。すなわち、北朝鮮は米国を主力とする帝国主義勢力との先鋭な戦いの中に置かれている。その帝国主義者には慈悲の心などなく、寛容もありえず、社会主義制度を打ち倒そうと虎視眈々侵略のための刃を研いでいる。したがって、アメリカと反動らは「ミサイル脅威」問題を持ち出し、北朝鮮に対する孤立と圧迫のみならず、「強盛大国」建設を遮ろうとする問題として現実に表出している[30]。それゆえ、先鋭な戦いには軍隊が不可欠であり、軍隊を先端に据えなければならないという論理である。また、同書に依れば、別の観点からの説明として、第一に、軍は一般集団とは区別される自己に固有の特質、気質を持っていること、第二に、革命軍は「首領決死擁護」の精神を核とした政治思想的特質を有していること、第三に、革命軍はその組織形式と存在方式において他の社会集団と区別されること、第四に、軍人の名誉は、首領と党の命令を徹底して完徹すること、第五に、軍が革命の第一線を受け持っていること、第六に、軍が党と政権を守り、人民の生活を円滑に保障すること、第七に、軍が強くなければ、革命の核心勢力としての使命と役割を全うできないことを挙げて、軍隊が革命の柱である必然性を解説している(31)。

そうであるとするなら、先軍政治は半ば必然的に軍の誇大化、すなわち核兵器開発を含む軍事力の増強へと至ることになる。しかし、軍事力の増強というコストは、一般的に考えて、戦争がなければ無駄となる非生産的なもので、この点から言えば、経済強国の確固たる土台を築こうとしている路線とは矛盾しているように思える。これに対して北朝鮮は、次のように論理の正当化を図っている。すなわち、北朝鮮の経済は一九六〇年代の序盤に四大軍事路線が遂行されて以来、国防工業を中心にして構成される経済システムを基盤にしている。したがって、国防工業の重視によるその発達が国力全般の強化に繋がるという仕組みである(32)。要するに、国防工業を強化すれば、その経済システムを通じて、各種経済に波及し、経済発展が見込めるということである。北朝鮮経済の破綻の経過や現況に鑑みれば、にわかには信じられないが、それが「経済強国」へと至る道標とされている。

こうして先軍政治路線に基づく強盛大国建設の内容を俯瞰すると、軍隊を革命の先端に据えるとする軍隊掌握であれ、帝国主義勢力との間の先鋭な戦いの渦中にあるという現状認識であれ、先軍政治の内実は、自国を葛藤の深化する状況へと追い込んだ、社会主義崩壊の教訓により遂行してきた現実を後追い的に説明づけるもののように思われる。この先行動後理論的な動きは、それゆえに米国の脅威を利用した大衆動員に活用されているようにも見える。さらに、今後の動きとも関連して重要なことは、後追い的に先軍政治路線が説明づけられているがゆえに、北朝鮮経済はその発展を開放ではなく、軍事産業との連関によって突破しようとしているという点である。金正恩が金正日国防委員長の敷いた路線を「パルコルム」する限り、漸進的な改革に期待するしかないということになる。

結びに寄せて

以上、ここまで議論してきたことを簡単にまとめておきたい。まず、北朝鮮の核兵器開発の背景には、冷戦期における二重の葛藤があった。その葛藤が冷戦後により深刻化したものとして北朝鮮に認識され、それが核開発の直接的契機となった。一言でまとめるなら、北朝鮮が冷戦終結の恩恵を取りこぼしたことが、現在に至る核兵器開発問題の端緒になっている。

次に、北朝鮮の核兵器開発の意図は、一つの事柄に収斂できるものではない。葛藤のより一層の深刻化が核開発の直接的な契機になっているわけであるから、この克服、すなわち自国を取り囲む北東アジアにおける軍事バランスの改善策ということが意図の第一として指摘できる。また、体制維持のための国際的影響力を持つ手段の確保としての意図が挙げられる。さらに言えば、北朝鮮の論理として、米国の核に対する抑止力の確保という意図と、国防産業の強化が国力の発展に繫がるという構想の下では、経済の立て直しの手段という意図もあると言えるだろう。

このようにまとめるなら、北朝鮮の核兵器開発は、イラクが志した地域覇権的思惑、インドが追求する核不拡散体制に反対する現秩序への挑戦的な思惑による核開発とは異なり[33]、受け身的な性格を有していることが分かる。しかしそれゆえに、地域における軍事バランスの改善や体制が保障されない限り、北朝鮮の強固な姿勢は崩れない、非妥協的な性格を有していると考えられる。

この点を踏まえて、北朝鮮の「核」をどう考えるかという場合の筆者なりのささやかな見方を最後に開陳しておく。北朝鮮の核兵器開発という事象は、従来の国際関係の展開から捉えるなら、普遍を有する側面と特殊な側面とが看取される。核兵器という究極の兵器開発を通じて、自国の安全保障上の脅威への対抗手段とする行動は、普遍を有する側面であることは言うまでもない。ところが、自国の体制維持の手段として核兵器の保有を試みようとするのは、北朝鮮に特殊な側面であり、六者協議で行っていることは、検証可能な形での北朝鮮の核の放棄、すなわち「普遍」的な核管理体制の枠組みに北朝鮮を取り込むことである。この普遍と特殊の齟齬が北朝鮮の核兵器開発問題の「解決」を困難にしていると同時に、「解決」の重要なポイントだと考える。

（1）米朝間によるいわゆる「合意枠組み」の全文は、宇野重昭・別枝行夫・福原裕二編『日本・中国からみた朝鮮半島問題』国際書院、二〇〇七年、二三五―二三八頁を参照。

（2）『中国新聞』二〇一二年四月一八日付。

（3）「パルコルム」の歌詞は以下の通り。訳文は、『東亜日報』二〇〇九年六月二日付の記事より日本語に訳出した『北朝鮮政策動向』第九号、No.四三一、財団法人ラヂオプレス、二〇〇九年七月二五日、一二頁に依るものである。

1. タッタッ　タッタッタッ　歩み　我らの金大将の歩み
二月の精気を振りまき　前へ　タッタッタッ
歩み　歩み　力強くひとたび踏みならせば
国中の山河が喜んで　タッタッタッ

2. タッタッ　タッタッタッ　歩み　我らの金大将の歩み
二月の気概を轟かせ　前へ　タッタッタッ
歩み　歩み　力強くひとたび踏みならせば
国中の人民が従って　タッタッタッ

3. タッタッ　タッタッタッ　歩み　我らの金大将の歩み
二月の偉業を奉じ　前へ　タッタッタッ
歩み　歩み　一層高らかに鳴り響け
燦爛たる未来を早めて　タッタッタッ

(4) 福田恆存「現代の病根――見えざるタブーについて」大学教官有志協議会・国民文化研究会編『日本への回帰』第一一集、国民文化研究会、一九七六年三月、二二〇―二二一頁。
(5) 青木利夫「自分のなかに歴史をよむ／阿部謹也」広島大学一〇一冊の本委員会編『大学新入生に薦める一〇一冊の本 新版』岩波書店、二〇〇九年、一二一―一二三頁。
(6) チェ・ワンギュ「北韓研究方法論論争に対する省察的接近」慶南大学校北韓大学院編『北韓研究方法論』ハンウルアカデミー、ソウル、二〇〇三年、九―四五頁。
(7) 金日成「思想事業で教条主義と形式主義を退治し、主体を確立するために――党宣伝煽動幹部らの前で行った演説」(一九九五年一二月二八日) 金日成『我が革命における主体について』朝鮮労働党出版社、平壌、一九七〇年、三九―四〇頁。なお、括弧内は筆者。

（8）鐸木昌之『北朝鮮――社会主義と伝統の共鳴』東京大学出版会、一九九二年、一六四―一七四頁。また、福原裕二「金日成権力の『歴史』構築と対日認識の形成」『北東アジア研究』第一二号、島根県立大学北東アジア地域研究センター、二〇〇七年二月、二四―二八頁。

（9）金日成「朝鮮民主主義人民共和国における社会主義建設と南朝鮮革命について（抜粋）」（一九六五年四月一四日）前掲『我が革命における主体について』三四三―三四四頁。

（10）平岩俊司「北朝鮮外交の『柔軟性』とその限界――米中接近と自主独立外交路線」『尚美学園短期大学研究紀要』第七号、一九九三年三月、七三頁。

（11）金日成「社会主義の継承、完成のために抗日革命闘士、革命家の遺児らに行った説話」（一九九二年三月一三日、一九九三年一月二一日、三月三日）金日成『金日成著作集四四』朝鮮労働党出版社、平壌、一九九六年、一〇七頁。

（12）金日成「当面の社会主義建設方向について――朝鮮労働党中央委員会第六期第二一次総会の結語」（一九九三年一二月八日）同前書、二七八頁。

（13）金日成「現時期、政務院の前に提起されている中心課題について――朝鮮民主主義人民共和国中央人民委員会、政務院連合会議で行った演説」（一九九二年一二月一四日）同前書、一頁。

（14）前掲「社会主義の継承、完成のために抗日革命闘士、革命家の遺児らに行った説話」一〇九頁。

（15）金正日「社会主義は科学である――朝鮮労働党中央委員会機関誌『労働新聞』に発表した論文」（一九九四年一一月一日）金正日『金正日選集』第一三巻、朝鮮労働党出版社、平壌、一九九八年、四五六頁。

（16）訳文は、『月刊朝鮮』一九九七年四月号に掲載された「一九九六年一二月の金日成総合大学五〇周年記念・金正日演説文」を日本語に全訳出した『北朝鮮政策動向』第六号、No.二六〇、財団法人ラヂオプレス、一九九七年五月三一日、一四頁に依るものである。

（17）前掲「社会主義は科学である」四五九―四六〇、四八八頁。

(18)「偉大な党の旗の下に主体革命偉業を最後まで完成させていこう」(朝鮮労働党創建五〇周年にあたっての『労働新聞』『朝鮮人民軍』『労働青年』三紙共同社説)『労働新聞』一九九五年一〇月一〇日付。

(19) ラヂオプレス編集部『重要基本資料集 北朝鮮の現況一九九五』財団法人ラヂオプレス、一九九五年、四八二頁。

(20) 前掲「当面の社会主義建設方向について——朝鮮労働党中央委員会第六期第二一次総会の結語」二七九頁。

(21) 金日成「朝鮮民族はだれもが祖国統一に全てを服従させるべきである——在米僑胞女流記者と行った談話」(一九九四年四月二一日) 前掲『金日成著作集四四』四〇三頁。

(22) 金日成「文学芸術部門幹部らに対する談話」(一九九三年二月一二日)『金日成著作集四四』六六頁。

(23) 喫緊では、「G8首脳宣言に関連して朝鮮中央通信社記者が提起した質問に対する北朝鮮外務省スポークスマンの回答」の中で、「わが方の自衛的な核抑止力はわが共和国を力で圧殺しようとする米国の敵視政策のせいで生じたもの」であるとしている。『北朝鮮政策動向』第八号、№四七二、財団法人ラヂオプレス、二〇一二年六月二五日、九頁。

(24) 金哲佑『金正日先軍政治』外国文出版社、平壌、二〇〇二年、二一—三頁。

(25) 中川雅彦「政治理念と政治エリート」中川雅彦編『朝鮮労働党の権力後継』アジア経済研究所、二〇一一年、一二頁。

(26) 科学百科事典出版社百科事典編纂局『朝鮮大百科事典(簡略本)』科学百科事典出版社、平壌、二〇〇四年、三一頁。

(27) 最近の『労働新聞』紙上では、強盛大国建設の道程が次のように示されている。「政治思想強国、軍事強国の地位を強固にしつつ、経済強国の確固たる土台を築くという歴史的課題を完遂し、社会主義強盛国家を建設する新たな高い段階へ入るであろう」。「金正日同志を朝鮮労働党総書記として永遠に高く奉じ、偉大な金正日同志の革命生涯と不滅の業績を末永く輝かせていくことに関する決定書」『労働新聞』二〇一二年四月一二日付。

(28) 前掲『朝鮮大百科事典（簡略本）』五四〇頁。
(29) 事実、先軍政治の内容を詳細に解説した北朝鮮文献でも、「先軍政治とは本質において、軍事先行の原則で革命と建設を推し進める上でのすべての問題を解決し、人民軍隊を革命の柱に据え、それに依拠して社会主義偉業全般を推し進める政治方式を意味します」と述べられている。『我が党の先軍政治（増補版）』朝鮮労働党出版社、平壌、二〇〇六年、九五頁。
(30) 朴鳳瑄『アメリカを屈服させた北朝鮮の力――金正日委員長の先軍政治を読む』雄山閣、二〇〇七年、六―三〇頁。
(31) 同前書、四二―六〇頁。
(32) 同前書、三〇―四二頁。
(33) 近藤高史「変転するインドの核兵器開発と政治的思惑」吉村慎太郎・飯塚央子編『核拡散問題とアジア――核抑止論を超えて』国際書院、二〇〇九年、一〇七―一二五頁。

〈資料 1〉朝鮮民主主義人民共和国の核開発関係略年表

年月日	事項
1985 年 12 月	北朝鮮、核拡散防止条約（NPT）加盟
1992 年 4 月 10 日	北朝鮮の最高人民会議が国際原子力機関（IAEA）との保障措置協定を批准
1993 年 3 月 12 日	北朝鮮、NPT 脱退の意思を宣言
1993 年 5 月 29 日	北朝鮮、準中距離弾道ミサイル「ノドン 1」を日本海へ向け発射
1994 年 6 月 13 日	北朝鮮、IAEA からの脱退を表明
1994 年 10 月 21 日	「米国と北朝鮮との間で合意された枠組み」がジュネーブで調印
1995 年 3 月 9 日	KEDO が国際機関として正式に創設
1998 年 8 月 31 日	北朝鮮、長距離弾道ミサイル「テポドン 1 号」を発射し、太平洋に着弾
2001 年 5 月 3 日	金正日、弾道ミサイル発射凍結措置を 2003 年まで延長する方針を表明
2002 年 10 月 16 日	米国、北朝鮮が高濃縮ウラン核開発計画を認めたと発表
2003 年 1 月 10 日	北朝鮮は NPT 脱退を宣言
2003 年 4 月 23 日	米中朝 3 か国協議の際に、北朝鮮が「核兵器保有」を認める
2003 年 8 月 27 日	第 1 回 6 か国協議開催（～ 29 日：北京）
2003 年 10 月 2 日	北朝鮮外務省スポークスマン、核燃料棒再処理終了を宣言し、「核抑止力」強化へプルトニウムの用途を変更したと表明
2004 年 2 月 25 日	第 2 回 6 か国協議開催（～ 28 日：北京）。「議長声明」を発表
2004 年 6 月 23 日	第 3 回 6 か国協議開催（～ 26 日：北京）
2005 年 2 月 10 日	北朝鮮、「自衛のための核兵器製造」を言明、併せて 6 か国協議への参加無期限中断を宣言
2005 年 9 月 13 日	第 4 回 6 か国協議開催（～ 19 日：北京）

2005年9月19日	6か国協議において共同声明（朝鮮半島の非核化を目標の一つとし、「約束対約束、行動対行動」の原則を盛り込んだ）を採択
2005年11月9日	第5回6か国協議開催（～11日：北京）
2006年7月5日	北朝鮮、7発のミサイルを発射
2006年10月9日	朝鮮中央通信は地下核実験を実施したと報道
2007年2月13日	6か国協議において、北朝鮮が①寧辺の実験用原子炉など核施設を60日以内に閉鎖すれば、見返りに重油5万トン相当のエネルギーを提供、②核施設を再稼働できない状態に無力化すれば、見返りに重油100万トン規模の支援を行うことで合意。また、「9・19共同声明を履行するための初期措置」（合意文書）を発表
2007年3月19日	第6回6か国協議第1セッション開催（～21日：北京）
2007年9月27日	第6回6か国協議第2セッション開催（～30日：北京）
2007年10月3日	6か国協議を受け、北朝鮮が寧辺の3つの施設を無能力化し、年末までに全ての核計画を申告すること（第2段階の措置）に合意したと、中国の武大偉外交部副部長が発表
2008年6月26日	北朝鮮、核計画の申告書を6か国協議の議長国中国に提出
2008年6月27日	北朝鮮、寧辺の核施設にある原子炉の冷却塔を爆破
2008年7月10日	6か国協議主席代表会合開催（～12日：北京）
2008年8月26日	北朝鮮外務省スポークスマンは「米国が北に対するテロ支援国家指定を解除しないのは6か国協議での合意に違反している」として、寧辺にある核施設の無能力化作業中断を通告する声明を発表
2008年12月8日	6か国協議主席代表会合開催（～11日：北京）
2009年4月5日	北朝鮮、長距離弾道ミサイル「テポドン2」の改良型とみられる3段式のミサイルを発射
2009年5月25日	北朝鮮、咸鏡北道吉州郡の豊渓里で地下核実験を実施

2009年6月13日	国連安保理、対北朝鮮制裁決議1874を全会一致で採択
2009年11月3日	北朝鮮、8,000本の使用済み核燃料の再処理が8月末までに完了した旨公表
2010年1月11日	北朝鮮外務省、米国との平和協定締結を求める声明および制裁解除を条件に6か国協議復帰を表明する声明を発表
2010年5月12日	労働新聞、北朝鮮の科学者らが核融合に成功したと報道
2010年7月24日	北朝鮮国防委員会、「必要な時期に核抑止力に基づく報復聖戦を開始する」との声明を発表
2010年11月20日	シグフリード・ヘッカー米スタンフォード大教授が北朝鮮訪問の報告書を公表（寧辺に遠心分離器が2,000基設置されたウラン濃縮施設の存在等の概要を報告）
2011年8月25日	金正日国防委員長、ロシアのメドヴェージェフ大統領と会談。6か国協議への無条件復帰と協議内での核・ミサイル実験の凍結に応じる用意を示唆
2011年9月21日	南北朝鮮の6か国協議主席代表が北京で会談
2011年10月13日	金正日国防委員長、ロシア通信社の質問に回答し、前提条件なしに6か国協議を再開する旨改めて主張
2011年10月24日	米朝が核問題をめぐり協議（～25日：ジュネーブ）
2011年11月30日	北朝鮮外務省報道官、試験用軽水炉の建設と低濃縮ウラン生産を推進している旨発表
2012年2月23日	米朝高官協議開催（～24日：北京）
2012年2月29日	北朝鮮外務省スポークスマンおよび米国務省報道官は、それぞれ米朝高官協議の成果（9・19共同声明の履行意思の再確認、24万トンの栄養支援など）を発表
2012年4月13日	北朝鮮、地球観測衛星「光明星」3号（長距離弾道ミサイル）を発射。発射より2分余りで爆破、韓国西方100～150kmの黄海上に落下、実験は失敗

〈資料2〉第四回六か国協議に関する共同声明（二〇〇五年九月一九日）

第四回六者会合は、北京において、中華人民共和国、朝鮮民主主義人民共和国、日本国、大韓民国、ロシア連邦及びアメリカ合衆国の間で、二〇〇五年七月二六日から八月七日まで及び九月一三日から一九日まで開催された。

武大偉中華人民共和国外交部副部長、金桂寛朝鮮民主主義人民共和国外務副相、佐々江賢一郎日本国外務省アジア大洋州局長、宋旻淳大韓民国外交通商部次官補、アレクサンドル・アレクセーエフロシア連邦外務次官及びクリストファー・ヒルアメリカ合衆国東アジア太平洋問題担当国務次官補がそれぞれの代表団の団長として会合に参加した。

武大偉外交部副部長が会合の議長を務めた。

朝鮮半島及び北東アジア地域全体の平和と安定のため、六者は相互尊重及び平等の精神の下、過去三回の会合における共通の理解に基づいて、朝鮮半島の非核化に関する真剣かつ実務的な協議を行い、この文脈において、以下の通りの意見の一致を見た。

1．六者は、この協議の目標が平和的な方法による朝鮮半島の検証可能な非核化であることを一致して再確認した。

朝鮮民主主義人民共和国は、すべての核兵器及び既存の核計画を放棄すること、並びに核兵器不拡散条約及びIAEA保障措置に早期に復帰することを約束した。

アメリカ合衆国は、朝鮮半島において核兵器を有しないこと及び朝鮮民主主義人民共和国に対して核兵器または通常兵器による攻撃または侵略を行う意図を有しないことを確認した。

大韓民国は、その領域内において核兵器が存在しないことを確認すると共に、一九九二年の朝鮮半島非核化に関する共同宣言に従って核兵器を受領せず、かつ配備しないとの約束を再確認した。

一九九二年の朝鮮半島の非核化に関する宣言は、遵守されかつ実施されるべきである。

朝鮮民主主義人民共和国は、原子力の平和的利用の権利を有する旨発言した。他の参加国は、この発言を尊重する旨述べると共に、適当な時期に、朝鮮民主主義人民共和国への軽水炉提供問題について議論を行うことに合意した。

2．六者は、その関係において国連憲章の目的及び原則並びに国際関係について認められた規範を遵守することを約束した。

朝鮮民主主義人民共和国及びアメリカ合衆国は、相互の主権を尊重すること、平和的に共存すること、及び二国間関係に関するそれぞれの政策に従い、国交を正常化するための措置を取ることを約束した。

朝鮮民主主義人民共和国及び日本国は、平壌宣言に従い、不幸な過去を清算し、懸案事項を解決することを基礎として、国交を正常化するための措置を取ることを約束した。

3．六者は、エネルギー、貿易及び投資の分野における経済面の協力を二国間または多国間で推進することを約束した。

中華人民共和国、日本国、大韓民国、ロシア連邦及びアメリカ合衆国は、朝鮮民主主義人民共和国に対するエネルギー支援の意向につき述べた。

大韓民国は、朝鮮民主主義人民共和国に対する二〇〇万キロワットの電力供給に関する二〇〇五年七月一二日の提案を再確認した。

4．六者は、**北東アジア地域の永続的な平和と安定のための共同の努力**を約束した。

直接の当事者は、適当な話し合いの場で、朝鮮半島における恒久的な平和体制について協議する。

六者は、**北東アジア地域における安全保障面の協力を促進するための方策について探求していく**ことに合意した。

5．六者は、「**約束対約束**」、「**行動対行動**」の原則に従い、前記の意見が一致した事項についてこれらを段階的に実施していくために、調整された措置を取ることに合意した。

6．六者は、第五回六者会合協議を北京において、二〇〇五年一一月初旬の今後の協議を通じて決定される日に開催することに合意した。

（出所：「北朝鮮核実験以後の東アジア」『別冊世界』第七六四号、二〇〇七年四月、資料編三―四頁。なお、太字は筆者によるものである）

〈資料3〉共同宣言実施のための初期段階の措置（二〇〇七年二月一三日）

第五回六者会合第三セッションは、北京において、中華人民共和国、朝鮮民主主義人民共和国、日本国、大韓民国、ロシア連邦及びアメリカ合衆国の間で、二〇〇七年二月八日から一三日まで開催された。

武大偉中華人民共和国外交部副部長、金桂寛朝鮮民主主義人民共和国外務副相、佐々江賢一郎日本国外務省アジア大洋州局長、千英宇大韓民国外交通商部朝鮮半島平和交渉本部長、アレクサンドル・ロシュコフロシア連邦外務次官及びクリストファー・ヒルアメリカ合衆国東アジア太平洋問題担当国務次官補がそれぞれの代表団の団長として会合に参加した。

武大偉外交部副部長が会合の議長を務めた。

Ⅰ．六者は、二〇〇五年九月一九日の共同宣言を実施するために各国が初期の段階において取る措置について、真剣かつ生産的な協議を行った。六者は、平和的な方法によって朝鮮半島の早期の非核化を実現するという共通の目標及び意思を再確認すると共に、共同声明における約束を真摯に実施する旨改めて述べた。六者は、「行動対行動」の原則に従い、共同声明を段階的に実施していくために、調整された措置を取ることで一致した。

Ⅱ．六者は、初期の段階において、次の措置を並行して取ることで一致した。

1．朝鮮民主主義人民共和国は、寧辺の核施設（再処理施設を含む）について、それらを最終的に放棄することを目的として、活動の停止及び封印を行うと共に、IAEAと朝鮮民主主義人民共和国との間の合意に従い、すべての必要な監視及び検証を行うために、IAEA要員の復帰を求める。

2．朝鮮民主主義人民共和国は、共同声明に従って放棄されるところの共同声明に言うすべての核計画（使用済み燃料棒から抽出されたプルトニウムを含む）の一覧表について、五者と協議する。

3．朝鮮民主主義人民共和国とアメリカ合衆国は、未解決の二者間の問題を解決し、完全な外交関係を目指すための二者間の協議を開始する。アメリカ合衆国は、朝鮮民主主義人民共和国のテロ支援国家指定を解除する作業を開始すると共に、朝鮮民主主義人民共和国に対する対敵通商法の適用を終了する作業を進める。

4．朝鮮民主主義人民共和国と日本国は、平壌宣言に従い、不幸な過去を清算し、懸案事項を解決することを基礎として、国交を正常化するための措置を取るため、二者間の協議を開始する。

5．六者は、二〇〇五年九月一九日の共同声明のセクション1及び3を想起し、朝鮮民主主義人民共和国に対する経済、エネルギー及び人道支援について協力することで一致した。この点に関し、六者は、初期の段階における朝鮮民主主義人民共和国に対する緊急エネルギー支援の提供について一致した。五万トンの重油に相当する緊急エネルギー支援の最初の輸送は、今後六〇日以内に開始される。

六者は、上記の初期段階の措置が今後六〇日以内に実施されること及びこの目標に向かって調整された措置を取ることで一致した。

Ⅲ．六者は、初期段階の措置を実施するため及び共同声明を完全に実施することを目的として、次の作業部会を設置することで一致した。

1．朝鮮半島の非核化
2．米朝国交正常化
3．日朝国交正常化
4．経済及びエネルギー協力
5．北東アジアの平和及び安全のメカニズム

作業部会は、それぞれの分野における共同声明の実施のための具体的な計画を協議し、策定する。作業部会は、六者の首席代表者会合に対し、作業の進捗につき報告を行う。原則として、ある作業部会における作業の進捗は、他の作業部会における作業の進捗に影響を及ぼしてはならない。五つの作業部会で策定された諸計画は、全体としてかつ調整された方法で実施される。

六者は、すべての作業部会が今後三〇日以内に会合を開催することで一致した。

Ⅳ．初期段階の措置の段階及び次の段階（朝鮮民主主義人民共和国によるすべての核計画についての完全な申告の

提出並びに黒鉛減速炉及び再処理工場を含むすべての既存の核施設の無力化を含む）の期間中、朝鮮民主主義人民共和国に対して、一〇〇万トンの重油に相当する規模を限度とする経済、エネルギー及び人道支援（五万トンの重油に相当する最初の輸送を含む）が提供される。

上記の支援の具体的な態様は、経済及びエネルギー協力のための作業部会における協議及び適切な評価を通じて決定される。

Ⅴ．初期段階の措置が実施された後、六者は、共同声明の実施を確認し、北東アジア地域における安全保障面での協力を促進するための方法及び手段を探求することを目的として、速やかに閣僚会議を開催する。

Ⅵ．六者は、**相互信頼を高めるために積極的な措置を取ることを再確認すると共に、北東アジア地域の永続的な平和と安定のための共同の努力を行う。**直接の当事者は、適当な話し合いの場で、朝鮮半島における恒久的な平和体制について協議を行う。

Ⅶ．六者は、作業部会からの報告を聴取し、次の段階のための措置を協議するため、第六回六者協議を二〇〇七年三月一九日に開催することで一致した。

（出所：「北朝鮮核実験以後の東アジア」『別冊世界』第七六四号、二〇〇七年四月、資料編九―一〇頁。なお、太字は筆者によるものである）

注記

本記述は、筆者の既発表の研究（福原裕二「北朝鮮の核兵器開発の背景と論理」吉村慎太郎・飯塚央子編『核拡散問題とアジア――核抑止論を超えて』国際書院、二〇〇九年、六一―八二頁）に多くを依っている。

（二〇一二年五月二五日の講座をもとに執筆した）

中国の「核」
——原爆実験成功と原子力の「平和利用」再考——

飯塚　央子

はじめに

二〇一一年三月一一日の東日本大震災から三日後、福島原子力発電所の水素爆発のその瞬間をテレビで見守るしか為す術がなく、またその後の「メルトダウンは絶対に起きない」という専門家の安全神話が覆される成り行きをもマスメディアを通じて見守るしかなかった筆者の眼前に、見えない「核」の脅威が現実のものとして展開された。これまで筆者は、自らが日本人であるがゆえに唯一の被爆国である日本と中国の核開発との関連を考察するのは時期尚早と考えてきた。だがヒロシマ、ナガサキの「核」の破壊とは異なる、フクシマの被害を目の当たりにする同時代の日本人としての体感から、中国の「核」と日本との関係、および中国に見る原爆と「平和利用」の両義性という課題に改めて直面させられている。

中国が世界で第五番目の核保有国として原爆実験を成功させたのは、中国建国から一五年後の一九六四年一〇月のことである。二〇〇八年八月に中国は圧倒的なエネルギーを世界に知らしめながら悲願の北京オリンピックを開催させたが、六四年の中国の原爆実験成功は、日本が新幹線を開通させ、東京オリンピックに沸いていたまさにその時に当たる。本章では、この時を基点として、日本を含む国際情勢の変化を考慮しながら、中国が「核」の軍事利用のみならず、平和利用をも企図していたことを検証し、両者の「核」がいかに密接に絡み合いながら現在に至っているのかを明らかにしたい。

本論ではまず第一に、中国の原爆実験当時の国際情勢をとらえ、その上で中国が核開発を進展させた背景について論じながら、中国が制度的にいかに核開発を進めたのかを確認する。そこからさらに、中国の国内情勢の変化とともに、「核」が軍事目的から平和利用にも転化する過程を検討していく。その際に中国の内政に加え、日本を織り交ぜながら国際情勢の変化をとらえ、そこから、中国の原爆実験からおよそ半世紀経って生じたフクシマが、中国の「核」にいかなる影響を与え、中国が今後いかなる方向に進むのかを考察したい。

1　核実験成功への道程

(1)　一九六四年一〇月一六日

一九六四年一〇月一六日午後三時（日本時間午後四時）に中国の原爆実験が成功したとのニュースは、

同日午後一一時に中国外交部から発表され、日本では翌一七日の朝刊にこれが報道されている。注目すべきは、一六日午前零時（日本時間午前六時）、ソ連のフルシチョフが一四日にソ連共産党第一書記兼首相を解任され、ブレジネフが第一書記に就任したとの報が一六日付夕刊で発表されていることである。当時闘病のため入院中の日本の池田勇人首相は、中国の核実験は軍事的観点からは重大ではないとして、アジアにおける政治的、心理的影響を問題視し、ソ連の政変を重視する見解を明らかにしている。(1) 中国の核実験は想定内ながら、ソ連の事態は明らかに予想外の事態であった。

中国も同様に一〇月一六日にフルシチョフの解任を報じ、翌日に自国の原爆実験成功を掲載している。(2) ここでは現在に至るまで一貫しているように、中国は自衛のために核保有をする「先制不使用」がテーゼであり、究極的な核兵器の全面的廃棄を世界に向けて呼びかけている。この時点での中国にとっての敵対国は当然のことながらアメリカであるが、中国は同時に前年一九六三年に締結された米英ソによる部分的核実験禁止条約を、三国の「核」の独占であるとして糾弾している。

中国は一九四九年一〇月の建国から間もなく、ソ連からの援助による国家建設を目指し一九五〇年二月中ソ友好同盟相互援助条約を締結し、「中ソ一枚岩」を明確にした。同年六月には朝鮮戦争が勃発し、中国は一〇月に参戦するが、このとき受けたアメリカによる「核」の脅しが、中国に核開発を本格的に着手させる契機になったとする。毛沢東は、原爆を「張り子のトラ」であると表明しながらも、核保有の優位性を認識していた。

一方日本を見れば、アメリカの占領下にある中で朝鮮戦争が勃発し、アメリカは日本から朝鮮半島に向けて軍隊を派遣した。朝鮮半島での激戦が行われながら、国際的には米ソの冷戦時代が構築される中で、朝鮮戦争勃発翌年の一九五一年九月のサンフランシスコ講和条約によって日米安全保障条約が調印され、五二年四月にその発効とともに日本の独立が回復された。当時の時勢を見れば、同五二年一一月のアメリカによる初の水爆実験成功に顕著に示されるように、「核」のパワーに裏打ちされながら、日本を独立国とした東アジアの版図が形成されたといえる。

朝鮮戦争は一九五三年三月のスターリン死去を経て、同年七月に休戦協定が結ばれるが、翌五四年九月には反共を目的としたSEATO（東南アジア諸国機構）が結成され、また同年一二月には、これとは別にアメリカとの間で当時中国の代表権を有していた中華民国との間に米華相互防衛条約が締結され、東アジアにおける冷戦構造が固定化されつつあった。だが、こうした防衛線に反発したのが共産党政権として存立した中国であり、中華民国との関係を内戦と主張する中国は、五四年九月に福建省沿岸の金門島に砲撃を行い、また米華相互防衛条約が締結された翌年の五五年一月には、一挙に大陳島周囲の一江山島に侵攻し、二月に大陳島とその周辺諸島を占拠した。こうして中国は浙江省周辺の海域から、アメリカの介入を排除することに成功した。

日本が国連に加盟したのは、この第一次台湾海峡危機から約二年を経た一九五六年一二月のことであるが、第五福竜丸がアメリカによる水爆実験で被爆したのは、これよりおよそ三年近く前、SEATO結成半年前の五四年三月のことである。この間のこうした国際情勢を鑑みれば、日本が主体的に国際社会の中で「核」に関与することは難しく、国内においてヒロシマ、ナガサキの被爆国として核兵器は断固として反対する一方で、経済発展を志向した日本が原子力の「平和利用」の希求へと傾斜したのは特異なことではないだろう。

そこには、「核」を二分法でとらえ、兵器としての「核」には反対の立場を表明するが、「平和利用」としての原子力開発は容認する、現在の「核」の態度に通じる思考法が認められる。そのため、原爆開発を秘匿し当時夢のエネルギーとされた「核の平和利用」を唱える中国の核開発に対し、国際的にも当時これを阻止する状況にはなかった。

(2) 核兵器最優先の「平和利用」

中国が核開発を決定したのは、一九五五年一月一五日、すなわち時宜を見て決行した一江山島侵攻の三日前のことであり、毛沢東主催の中共中央書記処拡大会議において、原子力事業の発展と原爆開発が決定された。結果的には、毛沢東存命中に「平和利用」としての原子力事業の発展は認められず、中国の「核」は国防のみに寄与することになったが、その出発点では、中国は文字通り「平和利用」の促進をも視野に入れていた。このことは、前記の決定を受けて約二週間後、一月三一日に開催された国務院全体会議において「ソ連援助下で原子力工業を発展させる」と明確にされたことが示す通りである。

しかしながら、中国にとって最優先課題はあくまでも原爆開発であり、この全体会議では同時に、アメリカの脅しに屈しないために原爆について把握する必要性が説かれ、そのために国内でうまく教育を進めるよう指示が出されている。それは、一方では積極的に原子力の平和利用進展のため地道に活動を進め、他方では核兵器使用に反対し、核戦争に反対するよう呼びかけることであった。

具体的には、第一に、ソ連による中国の原子力の平和利用への援助を支持し、原爆の製造と使用に反対する署名運動を展開すること、第二に、原子力に関する科学教育を推進すること、第三に原子力の研究を進めること、といった活動が指示された。また、第二の科学教育については、物理学者や帰国留学生等の研究者の登用、活用への配慮が呼びかけられている(3)。ここには、対外的に核開発の決定を明らかにすることができない中国が、平和利用を積極的に進め、核兵器使用の反対と核戦争に反対することで、ソ連からの技術援助を円滑に行おうとする意図が読み取れる。

当時の中国の状況において、核開発を進展させるにあたりソ連からの技術援助は必要不可欠であったが、一九五五年の共産党の決定から五日後、すなわち一月二〇日、原子力工業を推進するために中ソ両国共同で中国国内においてウラン探索を進める協定が調印された。また研究方面では両国間において、同年四月二七日、中国の核物理研究と原子力の平和利用へのソ連援助に関する協定が締結されている。

ただし、中国の「独立自主」の意識がその根底にあったことは、一九五五年一月のウラン探索の協定が、翌五六年一二月には新たにウラン探索での技術援助協定として調印されたことから看取できる。当初の協定では中国が余剰ウランをソ連に売却するとした共同経営方式であったが、中国は原子力工業の発展で大量のウランを必要とするため、ソ連に供与できるウランはないとして中国の自主経営となった。

こうして原爆開発決定後、中国はこれを秘匿し、軍事利用と核の「平和利用」の境界線を曖昧にしたままソ連からの技術援助を獲得したが、この下地をさらに進展させて明確に原爆開発を目的とした新たな中ソの技術協定としたのが、一九五七年一〇月一五日にモスクワで締結された、「中ソ国防新技術協定」である。これはソ連が中国に原爆の教学模型と設計図の資料を提供することが約束されたもので、また主に五九年から六〇年を完成期限とするプロジェクトが盛り込まれていた。

まさにこのわずか約一〇日前の一九五七年一〇月四日には、ソ連は人工衛星スプートニク1号の打ち上げに成功し、宇宙開発でアメリカを一歩リードした状況が世界にもたらされていた。こうした背景でソビエト革命四〇周年を記念してその翌月の五七年一一月に開催された、六四カ国の共産党、労働者党の代表が集結したモスクワ会議において、毛沢東は「アメリカ帝国主義は張り子のトラである」「東風が西風を圧する」と誇示し、社会主義陣営の強さをアピールしたのである。そして翌五八年六月の中央軍事委員会拡大会議において毛沢東は、「原爆、水爆、ミサイルを一〇年で手に入れることができる」と述べている。

だが、フルシチョフが当時推し進めた米ソ平和共存路線を中国が受け入れることはなく、後の中ソ論争で公開されたように、原爆開発では中国の満足のいく技術がソ連側から提供されないまま、一九五九年六月に中ソ国防新技術協定は破棄された。ソ連からの技術援助の頓挫は中国にとって痛手であったが、一方では、この日にちなみ「五九六」を原爆開発の暗号として中国はより一層核開発に邁進することになった。

ちなみに日本においては、一九五五年一二月に「原子力基本法」が制定され原子力の平和利用促進が打ち出され、五七年八月、東海村に初の原子の火がともった。そして六三年一〇月に原子力発電に成功し、六六年に日本国内において初の原子力発電所が稼働した。このように、日本の原子力の平和利用の進展は、中国が「平和利用」として着手し原爆開発に邁進した時期とほぼ重なることがわかる。

(3) 原爆保有への地歩

中国が「平和利用」として原子力工業を推進する形で原爆開発の進展を企図したことは、一九五六年一月一四日の中国共産党中央が開催した会議の中で「科学技術の最高峰は原子力の利用」と謳い、これを受けて五六年四月の「一九五六―六七年の科学技術長期発展計画」において、原子力の平和利用を第一に掲

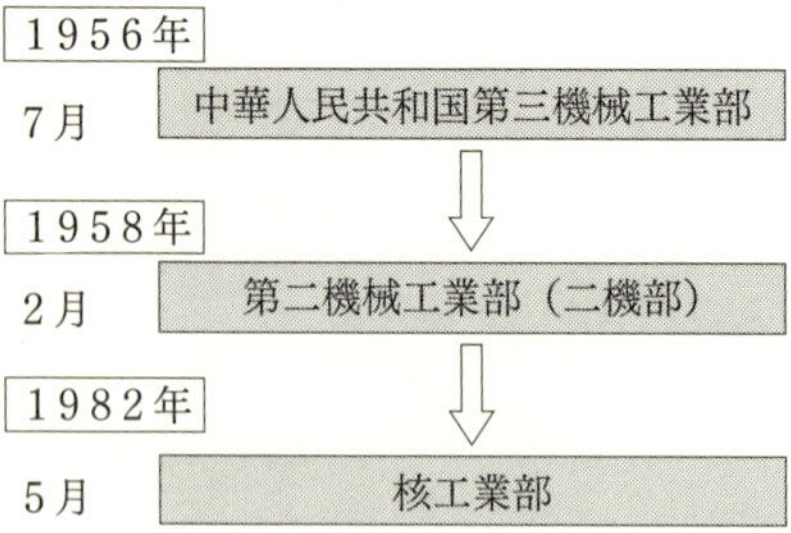

図1　二機部の変遷

げたことに示されている。そしてまた、毛沢東が五六年四月の中共中央政治局拡大会議において、原爆保有の必要性を強調し、国防建設強化のために経済建設を行うよう述べていることからも、経済建設が原爆開発を目指したものであることは明白である(4)。

こうして一九五六年から中国の原爆実験成功に向けた「平和利用」の取り組みが本格始動する。五六年七月には原子力事業建設が党中央に提起され、同年一一月、中華人民共和国第三機械工業部が創設されたが、これが後の五八年二月に第二機械工業部（二機部）として核開発の中核を担う部門となった。二機部は、毛沢東死後、中国が改革開放路線を歩み始めて以降、八二年に核工業部として国防のみならず民生利用を促進する部門として存続していくが、このことからも「核」を集中管理した二機部の重要性を物語っている。

ところで中ソ関係についていえば、一九五七年に締結された国防新技術協定が五九年に破棄されたことからも明らかなように、協定締結以後両国間の関係は悪化の一途を辿った。それから約一年後の六〇年七月には、ソ連技術者が中国から引き揚げるに至り、実質的な技術協力が途絶えるほど両国の悪化は決定的となったが、これが中国の国防技術、原子力の平和利用の進展に与えた影響も深刻であった(5)。ただし、当時はこうした中ソの社会主義圏内の関係悪化は表面化しない中で進行した。

この悪化の過程で生じたのが、中央政治局拡大会議開催中の一九五八年八月一八日に毛沢東が決心したとされ、五日後の二三日に断行された、中国による金門島への砲撃である。二時間余りで三万発近くを砲撃したこの第二次台湾海峡危機は、その直前の七月三一日から八月三日に極秘訪中したフルシチョフに知らされることはなく、中国側はあくまでも内政問題としての方針を貫いた(6)。このとき中国は、アメリカが七月一四日にイラクで生じた軍部クーデターに介入し、米軍をレバノンへ派遣したことから、アメリカの最優先課題が中東であると判断し、金門島砲撃への時機をうかがっていたのである。砲撃翌日の八月二四日には、アメリカは第七艦隊を派遣するが、一方中国はイラクと外交関係を樹立するといった米中対決の様相を見せ始める。

米中双方がともに直接対決を回避しながらも台湾海峡の危機が高まる中、フルシチョフは翌月一九五八年九月六日にグロムイコ外相を極秘訪中させた。この中ソ両国の会談の中では、中国の砲撃の意図が確認されるとともに、アメリカが中国に侵攻した場合に、ソ連が中国を支持することを示す、フルシチョフからアイゼンハワーへの書簡の内容について協議された。この中で毛沢東は、「原爆は恐れるものではない」「中国は現在原爆を保有していないが、やがて保有するであろう」「ソ連は現在原爆を保有している」といった従来の主張を繰り返しているが、アメリカと交戦する意図がないことを強調し、社会主義国としてソ連の仲介、援助を是認している。

このように慎重に衝突が回避された台湾海峡危機を経て、翌年一九五九年には前述の国防技術協定破棄に続き、八月には中国とインドの間でも国境紛争が生じた。国境をめぐる中国の軍事力行使が続く中、中印国境紛争の翌月九月、米ソ間ではアイゼンハワーとフルシチョフがキャンプデービッドでの平和共存をアピールした首脳会談を実現させた。

中国は後にソ連の協定破棄をキャンプデービッドでのアメリカへの手土産と非難し、また中印国境紛争でソ連がインドを擁護したことをも非難する。ただしこれは、後の一九六三年七月の米英ソによる部分的核実験禁止条約をめぐり、中国が従来の「核」の主張に則して平和共存路線を取るソ連をあからさまに非難するようになった時期になってからのことである。キャンプデービッド会談の五日後には、フルシチョフは中国建国一〇周年のために訪中しており、モスクワ会議で披露したように、当時の中ソ両国にとって社会主義圏の団結が一義的であった。

この時期の日本を見れば、一九五七年二月から岸信介が首相に就任し、六〇年六月に日米安保条約が改定されるとともに岸が退陣するまでに当たる。それはいうまでもなく、日本国内において反米の機運を高まらせたものの、反共を明確にした日本がアメリカとの防衛体制の強化を企図した時期である。岸退陣後は、中国原爆実験直後まで続く池田勇人が首相となったが、中国はちょうどこの時期に原爆実験に向けた具体的な計画を立ててこれを成功に導いた。

中国は、一九五九年にソ連からの「核」の技術援助が断たれ困難な状況に陥りながらも依然として核開発を推進し、建国一五周年を記念して六四年の原爆実験成功を目標とする具体的計画が、六二年一〇月に提起された。この計画を実現するため、翌一一月の毛沢東の同意を経て同年一二月末、原子力工業の統一的強化を図る本格的な組織となった「中央一五人専門委員会」の創設が最終決定された。この委員会は、周恩来を主任とする行政権力機構であり、原爆完遂に必要な人的、物的支援を全国から調達するための機関として、委員会の決定は関連部門で必ず保証され貫徹されることになった。

こうした中国の「核」への邁進は、国際潮流と逆行するものであった。まさにこの時期は、核戦争の恐怖に世界を直面させ、震撼させた米ソのキューバ危機が生じていた時期であったが、それと同時進行して再度の中印国境軍事衝突も勃発していた。(7)

キューバ危機での核戦争を回避した結果、米ソが歩み寄りを進め、中国を暗黙の対象とした部分的核実験禁止条約が一九六三年七月二五日に米英ソの三国によって仮調印(八月五日調印)された。中国は大国による核の独占を不平等として以後もこれに反対し続ける。その裏で、中国は六四年一〇月の核実験に向けて精力を傾けていたのであるが、同時に、当時米英ソ三国以外の唯一の核保有国であったフランスや、アジア・アフリカ諸国との良好な関係を維持しながらの反対姿勢であったことは銘記されるべきであろう。

そして予測不可能というべき歴史の事実は、この仮調印から四カ月後の一九六三年一一月にケネディは暗殺され、ジョンソン大統領に交代し、さらに翌年六四年一〇月一六日には冒頭述べたようにフルシチョフが失脚し、中国の原爆実験が成功したその日、平和共存へ向けて部分的核実験禁止条約に調印した米ソ両首脳は国際舞台から姿を消していたことである。そしてまたこの時日本の首相として中国の核実験についてコメントを出した池田も病のため退陣し、それから一月も経たない翌一一月に佐藤栄作政権が誕生したのである。

2　軍事最優先から「軍用保証優先」へ

(1)　文化大革命中の「核」

原爆実験成功後も、中国の核開発は当然力点を置いて続行されることになるが、一九六六年からその後一〇年にわたり七六年九月に毛沢東が死去するまで、国内に混乱を生じさせ停滞を招いた文化大革命の時代が続いた。だが中国は、外には常に強固な国防体制を目指す姿勢をアピールし、文化大革命中の六六年の第四回核実験で、「核」とミサイルとの一体化を目指す「両弾結合（原子弾、導弾）」のためのミサイル実験を実施し、さらに六七年六月には、原爆実験成功から三年弱でフランスに先立って水爆実験を成功させた。原子力の平和利用は「核」のエネルギー利用であるが、国防の「核」はミサイルとセットになることで機能することからも、この時代の中国の「核」が軍事力に向いていることは一目瞭然である。

このように文化大革命中といえども、中国が軍事力としての「核」を重視することに変化はなかった。しかしながら、この分野に一定の保護が与えられ、被害は最小限に抑えられたとはいえ、国内に混乱を生じさせた影響は核開発にも及び、技術面においても中国の「核」は、国際的に後れを取る結果となった。

こうした中国の「核」の軍事力強化が堅持されながら、フルシチョフ失脚後も中国とソ連との関係が改善されることはなく、ソ連との国境軍事衝突となった一九六九年の珍宝島事件（ダマンスキー島事件）では、中ソの核戦争の危機にまで高じる最悪の事態に至った。中国にとってもはや現実の「核」の敵は、アメリカではなくソ連となった。

イデオロギー対立に収まらない中ソの現実の軍事衝突は、それまで「帝国主義」として非難し続けてきた中国をアメリカとの関係改善に向かわせる。一九六九年一月にアメリカの新大統領となったニクソンもまた、ベトナム戦争の泥沼化とソ連との「核」をめぐる膠着状態から抜け出すためのカードとして中国との関係改善を必要とした。米中双方の利益が合致し、七一年七月一五日、世界を驚愕させたニクソンの訪中が発表され、翌七二年二月にこれが実現した。

こうした国際的に大きな変化が生じる中で、米中接近発表の前月、七一年六月一七日に佐藤政権下の日米間で沖縄返還協定が調印されている。これは、それまでの米軍の沖縄の「核」が日本の「核」問題へと転化したことを意味する。沖縄返還は翌七二年五月であるが、その間中国は、台湾の中華民国に代わり、七一年一〇月に五大核保有国の一国として国連加盟を果たした。また、この潮流の中で日本は、佐藤の後継として七二年七月に首相の座を獲得した田中角栄のイニシアチブで中国との国交回復を果たしたが、結果として、アメリカ、台湾、沖縄、中国の関係の中で「核」の問題は曖昧なまま温存されたといえよう。

(2) 「両弾一星」の科学者——銭学森と鄧稼先を例として——

前述のように、中国が国防力に必要な「核」とミサイルを一体化した「両弾結合」を初めて実験したのは一九六六年のことである。そして現在中国が経済的、技術的に立ち遅れた過去の厳しい状況の中で核開発を完遂させたと内外に誇るとき、中国は「両弾一星」の用語を使用する。これは、「原水爆、ミサイル、人工衛星」の開発を指し、江沢民政権下の一九九九年に中国建国五〇周年を記念して、開発に貢献した科学者二三名に勲章が与えられている。

この「両弾一星」の概念は、一九八八年に鄧小平が「もし六〇年代から中国に原水爆、人工衛星がなければ、影響力のある重要な国家とはみなされず、現在のような国際地位はなかったであろう。これらは民族の能力を反映しており、民族、国家の隆盛の指標となる」と述べたことに由来する。(8) ただし、八七年の中国側の資料においては「両弾」が原爆（原子弾）、水爆（氢弾）の二つの「弾」を示す用語として使用されていることから、当初は「両弾」の定義は確定しておらず、むしろ鄧小平の言葉を文字通り使用すれば、「両弾」は原水爆を示すことがうかがえる。

ここでは、中国建国直後の人材が欠乏する中で、核開発の決定当初から中国が注意を払ってきた科学者の活用に焦点を当て、科学者がいかに核開発に参与したのかについて述べることとする。そこで、「両弾一星」の表彰者の中からロケット工学者の銭学森と原水爆の「核」そのものに従事した鄧稼先をとり挙げるが、核ミサイル開発に携わり中国への「愛国心」をその原動力としながらも、両者は対照的な存在力を放つ。

(a) 銭学森

銭学森は一九一一年に出生した。二〇一一年一二月には生誕百年を記念して上海交通大学に銭学森図書館が開館されたが、この式典の際にも中国の最高指導者である胡錦濤が建設を重視し、特に若い教師や学生に対し、銭の貢献に倣うよう指示を出している。九八歳で亡くなった二〇〇九年一一月の銭の葬儀には、それまでも入院中の銭への見舞いが報道されてきた、前最高指導者江沢民、胡錦濤といった中国のトップリーダーたちが弔問に訪れている。

銭が核開発における科学者の重要な役割として常に注目されるのは、自ら新中国への貢献を願い一九五五年一〇月にアメリカから中国に帰国したことにある。当時、中国のミサイル技術の進展に影響力を及ぼす銭を帰国させることは、アメリカが容認できることではなく、アメリカ政府は銭の帰国の意思を阻み五年にわたり国内に抑留していた。銭は二四歳でアメリカに渡ったが、その後大学教授の職を得て第二次大戦中は米空軍にも貢献し、アメリカ国内でロケット工学の専門家として活躍していたことから、中国側は建国後間もなく、他の留学科学者同様に銭への帰国を呼びかけていた。

最先端技術を獲得するためにアメリカからの中国人科学者、留学生の帰国を望んでいた中国は、銭が秘密裏に帰国意思を中国に知らせたことによって、朝鮮戦争停止後に開始されてきた一九五五年八月のジュネーブでの米中大使級会談において、アメリカ軍捕虜釈放と引き換えとしてようやく銭を含む中国人留学生の帰国を実らせた。五五年一月に核開発の決定を行っていた中国にとって、銭の愛国心による行動は時宜にかなったものであり、その後も中国共産党にとって賞賛、喧伝すべきことであったといえる。

銭学森は、帰国後の翌一九五六年二月、中国の航空、ロケット技術を発展させる骨子の「国防航空工業建設の意見書」を提出し、これを受けて同年四月に対外的には非公開の国防部直属の航空工業委員会の設置が決定されるが、この一二名のメンバーにも銭は名を連ねている。こうして中国はミサイル開発研究を本格化させ、同年七月には秘密保持と対外連絡のため、航空工業委員会に所属するミサイル管理局、ミサイル研究院を、それぞれ国防部第五局、国防部第五研究院に改名し、一〇月の北京での大会において、正式にロケット、ミサイル事業に従事する国防部第五研究院が設立された。銭学森はこの第五研究院の院長に就任し、第五局第一副局長を兼任して中国のミサイル開発の統括者となり、その後の核ミサイル開発に

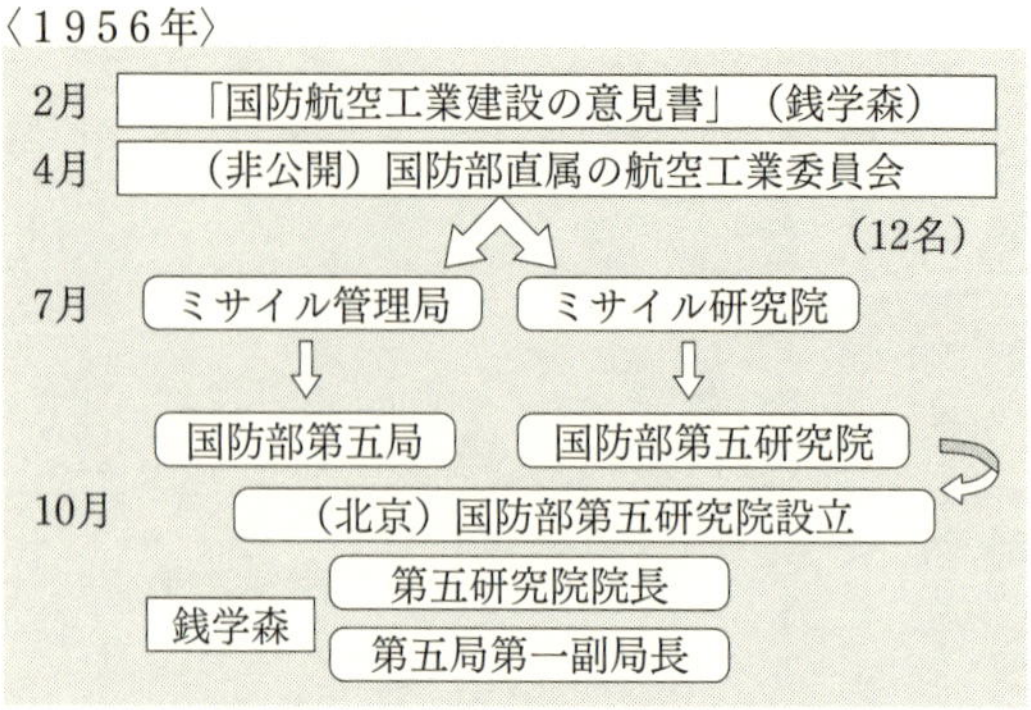

図２　銭学森とミサイル開発の組織化

おいて中心的役割を果たした。

ただし、銭学森の専門は「核」の運搬手段であり、「核」そのものについての進捗状況について把握していなかったことは、一九六四年二月の毛沢東との談話にも示されているとおりである(9)。

(b)　鄧稼先

銭とは対照的に、鄧稼先は一九八六年七月に死去するまでその名が公表されることはなく、極秘裏に「両弾」の現場で尽力した科学者である。

理論物理学者の鄧稼先は、銭学森より一三年若い一九二四年生まれで、第二次大戦中に中国で大学生活を送り卒業後に教鞭を執った後、四八年からアメリカに渡り二六歳で博士号を取得している。鄧は中国建国後間もない五〇年八月、祖国貢献の志を持って帰国したが、人材が欠乏していた中国にあって物理研究を推進する中枢となった。そうした鄧が原爆開発の任務を受けたのは五八年秋のことであり、以後世間から秘匿された生活を送る。

一九五八年は、二月に二機部が成立し、また一〇月には前述の航空工業委員会が業務範囲を拡大させるために国防科学技術委員会として正式に改組された年である。五七年一〇月にソ連と国防新技術協定を締結したことを考え合わせれば、中国が原爆開発に向けた基礎構築に着手した時期であり、そこに鄧稼先が研究開発の指導的役割を果たすために抜擢されたことがわかる。鄧は、ソ連協定破棄後の中国が困難な状況にある中で中核メンバーとして核兵器開発に従事し、また六四年の原爆実験成功後すぐに着手した水爆開発では、核兵器研究所の理論部主任となり文化大革命中の混乱の時期にあっても開発を進めた。

米国籍中国人で一九五七年にノーベル物理学賞を受賞した楊振寧は、鄧稼先より二歳年長であるが、両人の父親がともに清華大学教授で竹馬の友として育ち、同じ中学で学んでいる。また日本軍の侵略によって清華大学、北京大学、南開大学が昆明に移転した西南連合大学の物理学部で、彼らは三年重なって学生生活を送っている。第二次大戦終結後の四五年、先にシカゴ大学に留学していた楊の助言を受けて、鄧は楊に近いパデュー大学への留学を決め、四八年から二年間アメリカに滞在し博士号を取得して帰国した。

楊振寧は一九七一年八月、米中接近により可能となって初めて米国籍で祖国を訪れた中国人であるが、その際に鄧稼先の消息を尋ねたことから、文革で批判対象となって青海に移転させられていた鄧は、周恩来の指示により北京に戻ることができた。またこの時の両者の面会では、鄧が核開発に携わっていたことは極秘であったが、鄧の参加を確信していた楊は、外国人が加わらずに中国人のみでの原爆実験成功だったのかを鄧に尋ねた。周恩来の許可によって、中国人のみによる核実験成功をアメリカに戻る前に知らされた楊は万感の思いだったという。

鄧稼先の妻の許鹿希によれば、中国は核実験をすべて成功させてきたと公表しているが、実際には何度か失敗しており、その中には深刻な事故があったとされる。そうした事故で自ら現場に赴いた鄧の死因が深刻な放射線障害であったことは否定できず、鄧は大腸癌を患い最後は全身大量出血によって一九八六年七月に逝去した。(10) 死後にようやくその存在が明かされた鄧稼先であるが、翌月の八六年八月に、鄧稼先の追悼会が開催され当時の総理であった趙紫陽ら指導者が参列していることは、鄧の国家貢献への重要性が認められる。

ただしその後も一貫して許鹿希は、鄧稼先の名前を国家的シンボルとして前面に出すことに強く反対する。許は、鄧は名誉や物質的価値のために核開発に従事したのではなく、また鄧以外にも重要な貢献をしたにもかかわらず秘匿されたままの多くの科学技術者が存在することを指摘する。

このように、国家に貢献した科学者の発露も異なる様相を見せるが、共通するのは愛国心であった。一九一一年一〇月の辛亥革命直後の一二月生まれの銭学森は、翌月の一九一二年の中華民国の建国から四九年一〇月の新中国までの、祖国分裂から統一を経験した。一方、鄧稼先の出生した一九二四年以降は、日本軍の侵略が開始される時代にほぼ重なり、鄧はその後の青年期を戦乱の時代の中で第二次大戦終結まで中国国内で過ごす。こうした科学者が祖国に尽力する志を有したことは極めて自然な成り行きといえよう。中国建国時に、銭は三七歳、鄧は二五歳ほどであったことを考慮すれば、中国の核開発がいかに愛国心に満ちた若い人材によって支えられたかが明らかとなる。

一九六四年の初の原爆実験から九六年まで中国が実施した核実験は四六回に及ぶ。文革中の六九年に中国は初の地下核実験を行ったが、完全な地下核実験に移行したのは、初の核実験から二〇年近くを経た八二年になってからのことである。中国は当初は反対しながらも、部分的核実験禁止条約に沿う形で核実験を進めたことが見てとれるが、ちなみに総回数として、アメリカは大気圏二一五回、地下核実験八一五回、ソ連は大気圏二一九回、地下核実験四九六回を実施している。

(3)「平和利用」の本格化——一九七九年——

一九七七年七月、七六年二月の周恩来の死去に際し弔辞を読んだ後に再度失脚した鄧小平が復活した。七六年九月の毛沢東死去の翌月に文革を推進してきた江青、四人組が逮捕され、四人組が完全に否定された中での鄧小平の復活であった。この年の七七年一月には、アメリカではカーター政権が誕生しており、鄧小平が毛沢東時代に否定された経済発展を志向する中で米中関係が進展し、それに伴い日中関係も変化していく。

一九七八年の十一期三中全会において、現在の中国の基盤となっている「改革開放路線」が採択され、経済発展に着手した中国が急速に変容していくことは周知のとおりである。だが、この十一期三中全会の開催は七八年一二月であることから考えれば、実際の変化は七九年一月を起点として検討すべきであろう。

その一九七九年一月には米中国交が樹立し、鄧小平がアメリカを訪問して両国の良好な関係を印象づけた。また鄧小平は帰途二月に日本を訪問し、日米中間の関係に新たな進展が見られたが、当然のことながらこうした三国の良好な関係は、対ソ連を暗示するものであった。そして、ちょうどこの時期に生じたのが七九年三月のアメリカのスリーマイル島原発事故である。

中国における「核の平和利用」を顧みれば、文化大革命期にこれが完全に無視されたわけではなかった。実際には、一九七〇年二月八日に周恩来により初めて原子力発電所の建設計画が提起されており、この年月日にちなみ、三〇万kWの原発建設を目標とした「七二八プロジェクト」が、七四年三月にようやく周主催の中央専門委員会において正式に了承されている。

だが既決後も文化大革命の時代にあった中国において、当該プロジェクトが進展することはなく、これが本格始動したのは、スリーマイル島事故から三年近く過ぎた、一九八一年の国務院による再度の承認を経てからのことである。このプロジェクト項目の一つが、翌八二年一一月に秦山での建設として認可され、九一年一二月に中国初の原子力発電所として完成するに至る。周恩来の最初の提起から数えれば二〇年余りを費やして「核の平和利用」への着手が実現したことになる。

このように中国の「核」の民生利用は、日本とは異なり国防からの民需移転であった。そして、軍需のみに力点を置いてきた結果として、中国において民生利用を推進するにあたり従来の組織編成では限界が生じていたことは、その後の組織の変容からも見てとれる。

まず民需移転に関わる制度的変化を概観してみると、核開発の根幹であった一九五八年に創設された二機部が、経済発展を目的として核工業部として再編成されるのは八二年五月のことで、これ以降中国は民生利用を本格的に組織化させたことになる。ただし、八〇年一月に、中共中央が二機部に平和利用を統一的に管理させる指示を出し、その翌二月には海外輸出の管轄部門として二機部に原子力工業公司が成立していることからも、核工業部成立以前にすでに二機部が民生利用に着手していたという実質的変化が認められる。

前述の秦山プロジェクトはこの再度の組織編成下で推進されるが、原爆実験の一九六四年を基点とすれば二〇年弱にわたり民生部門での改革がなされなかったことがわかる。これは、その他の国務院機構改革に伴って生じた改革であるが、そもそも秘匿されてきた二機部が公開されたのも、十一期三中全会後に国

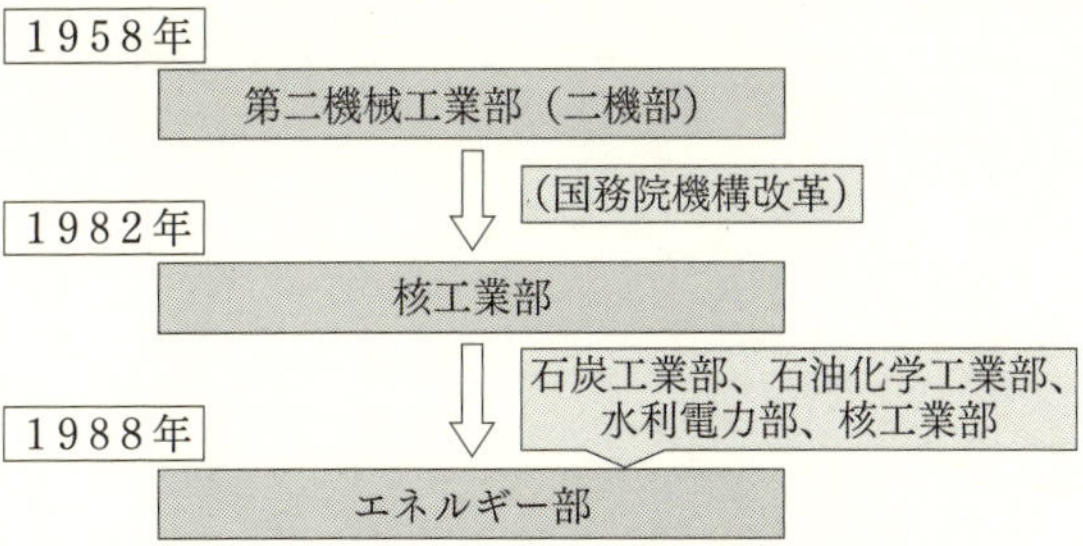

図３　平和利用の「核」の組織的変遷①

際交流を図る必要性から生じたものといえる。

　しかしながら、これは従来の秘匿を要する国防目的の中国の核開発のあり方と齟齬をきたす。そこで軍民両者の「核」の利用に矛盾が生じないよう中国政府が軍事優先を周知させたことは、核工業部に編成される前年の一九八一年二月、二機部と国防科学技術委員会が軍用保証優先を前提として、重点を国民経済のために民需移転させる方針を提起したことに見られるとおりである。

　また、一九八三年九月には原子力発電建設への指導強化のために、国務院副総理李鵬を組長とする原子力発電指導小組が成立している。このメンバーは核工業部を含む、当時の経済、国防、外交などの各部の責任者によって構成され、その主要任務は、原子力発電所の発展方針、重要な技術プラン、統一的対外交渉、国内の各部、委員会の調整であった。このように、軍民に関わる「核」については、核工業部が統一的に管理しながら、最終的に原子力発電指導小組が軍用保証によって統括していたことが明らかとなる。

3　フクシマからの考察

(1)　趙紫陽に見る「核」

「核」の国際情勢を見れば、平和利用を目的とする中国のＩＡＥＡ加盟は一九八三年一〇月に承認され、中国は翌八四年一月に正式にＩＡＥＡに加盟している。すなわち、原爆実験から約二〇年を経て中国は「平和利用」を旗印として国際社会に参入したことになる。

それゆえこの時期の平和利用推進にあたり、中国は国際的な承認を是非とも必要とし、そのための制度的改変に着手したといえよう。同時に国内においては、前述のように軍用保証優先を打ち出し、その翌月の一九八一年三月には、経済建設に手腕を発揮していた当時の総理であった趙紫陽が、国防科学技術委員会において原子力工業を経済建設に寄与させる方針に同意している。

またこうした中で、党総書記の地位にあった胡耀邦は、一九八二年七月にスリーマイル島事故の教訓を汲む形で、原子力安全知識教育の強化を指示し、ＩＡＥＡ加盟後の八四年一〇月に国家核安全局が成立している。中国において、核の事故の有無についてはほとんど明らかにされてはいないが、七九年以後事故が減少し、文革の影響をまぬがれたことで、八〇年の死亡率が六二年以来最低水準になったことを自ら評価している。このことは、少なくとも中国において核事故の発生が解決すべき課題であったことを示している。

この時期にリーダーシップを発揮し、経済発展を牽引した趙紫陽は、鄧小平の片腕として一九八〇年から八八年まで総理の座にあって、また八七年からは失脚した胡耀邦の後を継いで党総書記の座に就いたが、八九年六月四日の天安門事件によって職務を剝奪され軟禁されたまま死去している。経済発展に尽力した趙紫陽と「核」との関わりを見れば、そのまま趙が、後の中国の原子力発電建設の端緒を開く、「核」による経済建設に果たした役割を看取できる。

趙紫陽とは対照的に、一九八八年四月に趙の後継で総理に就任し、天安門事件で強硬な態度を示し一〇年にわたり総理の地位にあった李鵬は、「核」においての指導的ポストにあった。前述のように、八三年九月に成立した原子力発電指導小組では李鵬が組長となり、中国がＩＡＥＡに加盟した翌月の八四年二月には、李が核工業部工作会議において軍を保持しながら民生利用への転換を目指す「保軍転民を進める」講話を行っている。だが現実には、軍事利用のみで核開発を行ってきた中国にとって、民需移転は容易ではなく、またこの段階では「保軍転民」としながら、「原子力を主体とした多種経営」の方針であった。

一九八六年一月になると、以上の経過を踏まえた上で方針転換が図られ、核工業部工作会議において、核工業建設を軍需と民需の結合とする「軍民結合」という新たな目標が提起された。こうして「軍民結合、保軍転民」を柱に、民需移転が原発建設を主体とする指導方針が決定され、また原発については、核工業部の統一的管理とされることが宣言された。

このように、民需移転に際しては当初から円滑に進展したわけではなく、原発に限定されない民生利用が模索されたものの不具合が発生し、その結果一九八六年以降、中国において「核」が原発推進に一本化され、これが核工業部に統一管理されたことがわかる。こうして原発建設については、核工業部が主導し、国防第一として国防と不可分の方針が固守されながら、中国国内において、軍需としての「核」から原発建設へ向けた「核」に重点が置かれていったことが明らかとなる。

こうした「核」での中国の内政における変化は、中国のIAEA加盟およびアメリカとの原子力協定締結の過程とオーバーラップする。中国は「改革開放」以後、「核の平和利用」を目的としてアメリカとの「核」の関係改善を図るが、中国のIAEA加盟に際しては、米中間の原子力協定締結に向けた動きがセットになっている。

一九八一年にアメリカ大統領に就任したレーガンは、ソ連との核の均衡を是とせず、ソ連への強硬姿勢をとって八三年には戦略防衛構想（SDI）を打ち出す。この背景には、ソ連が七九年一二月にアフガニスタンへ侵攻し、新冷戦と呼ばれる状況があった。

アメリカの対ソ戦略が鮮明になる中で、「核」の平和利用を推進することは中国にとって有利な国際情勢であったといえる。趙紫陽は、一九八二年に西北核兵器開発基地を視察し、翌八三年には原発を迅速に発展させるための検討会議を主催している。そしてその翌年八四年五月の政府活動報告において、「中国は差別的なNPT（核不拡散条約）を批判し、条約に参加しないが、核拡散を主張せず、核拡散を行わない」と述べているが、こうした中国の姿勢に示されるように、中国との原子力協定をめぐっては、アメリカ議会から強い反対があった。

米中原子力協定では、一九八一年四月に原子力協力の可能性について非公式討論が開始され、八三年七月に米中両国政府がワシントンで協議した際には、中国側は「平和利用」を強調した。だが原子力協定をめぐる米中協議は、中国がNPT体制に同意しなかったためにアメリカの反発を買い、米中双方の合意を得るのに時間を要した。結局八四年一月の趙紫陽訪米時に両国で意見交換がなされ、三カ月後の四月にレーガンが訪中した際に、ようやく「米中原子力協定」の仮調印へとこぎつけた。

だがこれはアメリカ議会での反対に遭い、最終的な調印は翌一九八五年七月にもちこされた。NPT加盟問題を含め、「核」の技術が中国の軍事目的として利用されることはアメリカ側の問題視するところであり、中国の「保軍転民」の方針を見れば、アメリカとの協力関係に基づく「核」の平和利用は、中国にとって軍にも貢献できる自国の技術力向上を狙った一挙両得であったことは否定できない。ちなみに、日本と中国との原子力協定は、八五年七月二三日に米中間で正式調印した一週間後、七月三一日に調印されている。そして協定締結の翌八六年一月、中国が民需を原発に一本化して「軍民結合」を新目標としたことは興味深い。さらにそうした目標決定がなされた三カ月後に、チェルノブイリ原発事故が発生したことも留意すべきであろう。

非公式の米中協議から正式な協定締結まで五年ほど要したものの、中国が国際的に阻害されることなく「核」の平和利用に参入できたのは、中国での商機が期待されたことを大前提として、西側諸国と比して中国の技術力がはるかに劣っていたこと、またこの時期のアメリカがソ連に対抗するという国際情勢が中国に有利に働いたという背景があろう。だが、一九八二年一一月にブレジネフが死去し、八五年三月にゴルバチョフが登場しペレストロイカを掲げて以降、情勢は中国にとって逆風となっていく。

(2)「平和利用」の法制化に見る「核」の両義性

中国は「核」の民生利用をアピールして国際社会に参入した。だが「核」の利用において、軍需と民生利用との間に明確な境界線はない。中国国内では国防優先の方針が強調されており、NPTにも加盟せず、

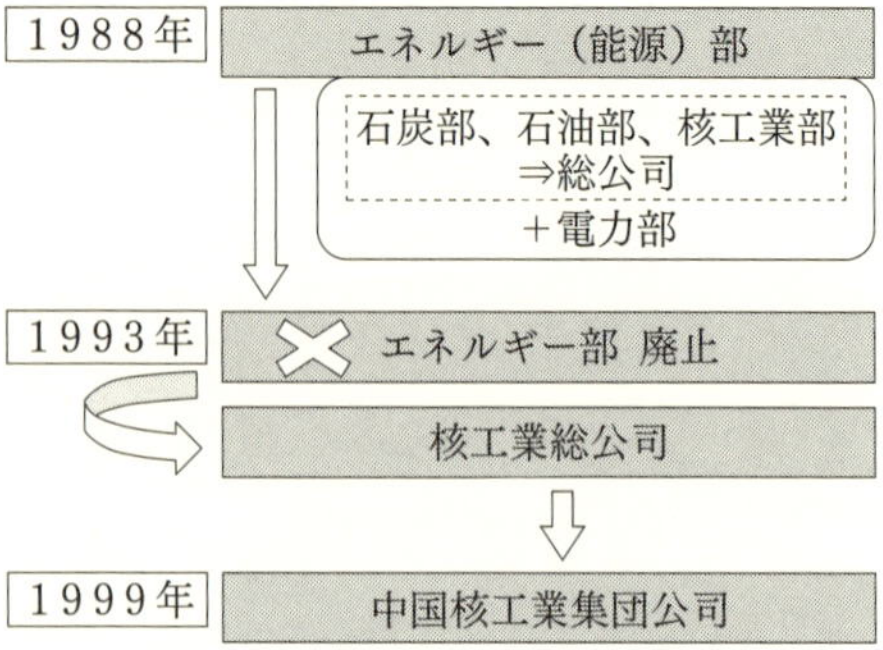

図4　平和利用の「核」の組織的変遷②

こうした軍事利用を打ち出す姿勢が国際社会において中国に対する懸念を増幅させていく。

一九八八年になると核工業部は、石炭工業部、石油化学工業部、水利電力部と合併してエネルギー部に組織編成された。このうち核、石炭、石油については、それぞれ総公司へと変わり、電力部のみがエネルギー部管轄下の部局となったが、最終的に九三年にエネルギー部が廃止されたことから、核部門はそのまま核工業総公司として独立し、九九年に中国核工業集団公司と変わり現在に至っている。中国核工業集団公司は単独投資の大型国有企業として、原子力発電所の投資や主要業務、技術開発、対外経済協力や輸出業務といった「核」の主管部門を担っている。

この流れを読み解けば、国有企業の行政指導を行う「公司」に変成させることにより、中国における軍事目的の核開発イメージは陰に隠れ、民生部門に力点が置かれたかに見える。

だが軍事優先が大前提である以上、国際社会だけではなく、現実に「核」による経済発展に傾注する中国国内においても、軍民双方の取り扱いに問題が生じていたこともうかがえる。これは、フクシマ原発事故によって再度注目を浴びた、中国国内での「原子力法」制定をめぐる経緯からも看取できる。

中国の原子力法の検討は、一九八四年に国家科学技術委員会が主導して指導小組と起草小組が成立し、後に核工業部がこれに参加したことに始まる。だが原子力法の成立は頓挫した。これは、原子力発電の開発が端緒に就いたばかりで喫緊でなかった背景もあったが、当時の原子力主管部門は核工業部であったことから、原子力法を制定する国家科学技術委員会との見解の相違が要因とされる(11)。

それから一五年近く経た一九九八年、新たに成立した国防科学技術工業委員会が原子力の主管部門となり、第二回目の立法の検討に入った。この際には、中国原子力工業経済研究センターが立法の研究業務を請け負い、二〇〇六年に本文の起草を完成し意見を求めていた。だが、二〇〇八年の国務院機構改革の際、これは再度棚上げされ、原子力発電は新たに成立した国家エネルギー局に付託され、核燃料を含むその他の「核」については国防科学技術工業局が継続して管理にあたっている。

原子力法については、中国国内の安全確保に関する統一的法規が欠落していることからその制定が望まれている。だが同時に、原子力法が原発の推進力につながる懸念が指摘されていることも付加すべき点であろう。

ところで、この間の一九八〇年代末から九〇年代初頭にかけて、国際情勢そして中国国内も激変に直面した。言うまでもなく、八九年に起きた天安門事件、ベルリンの壁の崩壊、そして年末一二月の冷戦の終結といった世界史上の大きな変化である。とりわけ米ソとの対立を回避しながら経済発展に軸足を置いてきた中国にとって、民主化を進めたソ連とアメリカとの和解は、民主化を弾圧した共産主義国家としての中国の存在をより一層際立たせ、国際的非難を浴びる結果となった。

そして経済発展を推進した趙紫陽は失脚し、軍による強硬姿勢を擁護した李鵬が総理として残った。また、天安門事件直後の一九八九年一〇月、先端科学技術工業と軍民結合に関する重要な政策決定に際して統一的指導を強化するために、李鵬を主任とする国務院、中央軍事委員会の新たな中央専門委員会が成立したことも注目できる。

しかし、恐らく誰もが予測しえなかった一九九一年一二月のソ連の崩壊を目の当たりにし、年が改まった翌月の一月から二月にかけて鄧小平は経済発展を進めてきた南方を視察し、これまでの経済発展戦略の継続を指示して、中国は共産主義国家として生き残った。中国の現在に至るまで続く経済重視は「核」の政策にもそのままあてはまるが、前述の原子力の法制化に見られるとおり、「国防」優先で軍需、民需が結合している関係上、民生利用を切り離して対処することができない現状があるといえよう。

ただし、中国が国際社会の核保有五大国の一員として存在している以上、国際的な批判を無視した政策が取りにくいことは、南巡講話直後の一九九二年三月に中国がＮＰＴに加盟し、九五年のＮＰＴ無期限延長にも加盟したことに示されるとおりである。前述のとおり、ＮＰＴについては差別的条約だとして八四年に趙紫陽が不参加を表明していたが、ソ連崩壊前の九一年八月、日本の海部首相が訪中した際の会談で、李鵬が中国のＮＰＴへの原則的参加の決定をすでに伝えていた。

このように国防優先とはいえ、中国は国際社会からの孤立化を招く軍需路線を追求することはできず、国際的には「核」の平和利用を前面に出さざるをえない。だが、一九九一年一二月の初の原子力発電所の建設以後「核」の民生利用が進み、これに絡む経済重視路線が追求される中で、中国の方針は一貫しており軍民両者の境界が曖昧なまま国防優先の「核」であることに変化はない。

(3) フクシマの影響

一九七九年三月のアメリカのスリーマイル島、一九八六年四月のソ連でのチェルノブイリ、そして二〇一一年三月のフクシマという、世界史上大きな原発事故が、それぞれ七年、二五年の間隔を経て発生した。中国の原子力発電所数が増大する状況にあって、たとえ原子力発電所の事故の可能性が低くても、発電所の増加につれてその確率は高まる。

こうした中、国防とセットになった「平和利用」の危険に対し、中国はいかに対処しようとしているのか。とりわけフクシマの事故は中国の原発が稼働してから初めての事故である。中国ではフクシマに直面していかなる政策的変化が見られるのだろうか。二〇一一年七月に生じた中国国内の新幹線の脱線事故で、車両が土中に埋められる映像が国際的に報道されたことは記憶に新しいが、こうした安全性に対する体質が放射性物質にも敷衍されている懸念は拭いきれない(12)。

既述したように、中国も国防と切り離した民生利用の枠組みを模索していたことは、二機部が中国核工業集団公司へと変遷したことから明らかであるが、経済発展を目指す原子力の推進に絡む関連機構は多岐にわたる。例えば、主要な国家行政指導機関では、二〇〇八年の国務院機構改革の際に国家発展・改革委員会の下に創設されたエネルギー局がある。これは原子力のみならず包括的なエネルギーを管轄する局ではあるが、原子力事業の管理はエネルギー局によってなされ、局長の張国宝が国家発展・改革委員会副主任を兼任していることからも、原子力行政が国家のマクロ経済上の発展の一翼を担う位置づけであることが看取できる。

この一〇〇人余りで構成されるエネルギー局の位置づけについては、独立したエネルギー政策を必要とする観点から、エネルギー部を新設すべきとの意見もある。また、二〇〇八年三月に創設が決まりながらようやく一〇年一月に成立した、温家宝を主任、李国強を副主任とする国家エネルギー委員会も、行政事務機構でしかないとの批判も見られる[13]。

同じく二〇〇八年に環境保護部の下部組織として国家核安全局が創設されたが、フクシマの直後の三月一六日、温家宝が国内の原子力施設に対する安全検査の指示を出した際、この国家核安全局と国家エネルギー局などが共同で国家民生用原子力施設総合検査団を組織し、四月一五日から八月五日にかけて全国の原発施設の検査を実施した。その結果、国家エネルギー局、国家核安全局、国防科学技術工業局の各局が安全対策のために新部門を設置するとされる[14]。ただし、各関連部門は原子力安全計画についての報告書を国務院に提出しており、これらが了承されれば中国において原子力発電の加速化が進むという。このことからも、安全性の疑念が原子力推進への阻害要因になってはいないことがわかる。

フクシマ後の中国の原子力政策を見れば、安全性を重視した姿勢を強調しながら、中国は当初から原子力発電推進の頓挫を選択肢としていない。温家宝の安全検査への指示が出た直後の三月にはすでに、運行中と建設中の原発について法律上問題はないとする、あるいは中国にはこれまで放射線による死者はないとして安全性を強調するといった専門家の見解が散見される[15]。

またエネルギー局長張国宝の二〇一一年六月のインタビューでは、現在中国が決裁した原子炉は三二でその内二八が建設を開始し、世界で五〇余りの建設中原子炉の四〇%以上を占めるとされるが、電源構成比で見ると、世界平均の一六%と比較すれば中国は二%に満たず、中国の人口から考えても原子炉がアメリカの一〇四と同等であってもおかしくないと主張される[16]。これは、六月の時点ですでに中国が原子力を推進させる方針がほぼ固まっていたことを示すものといえる。

ただし、中国内陸部の発電所に対する不安が中国国内に存在することは張のインタビューからも認められ、この問題をめぐっては江西省彭澤県で老幹部が建設反対を呼び掛け、これに呼応した中国科学院院士の何祚庥が、全人代開催前月の二〇一二年二月に内陸部建設に断固として反対する意見を提起している。何は安全性を無視した原子力の推進を、中国の一九五〇年代に失敗した大躍進政策にたとえ、「原子力の大躍進を行ってはならない」と主張した。[17]

これに対し政府側は、二〇一二年三月の全人代開催期間に「大躍進を行ってはならない」と同意しながらも、内陸部建設は継続させるとの見解を示し、中国核工業集団公司のトップである孫勤は、六割を火力発電に依存している中国の現状では、原子力発電は必然であり、支柱産業であると述べている。また日本の原発問題での科学者間の議論でも見られたように、内陸部建設擁護派も存在し、科学者の賛否両論の中で、政府側に建設阻止を認めさせる勢力にはなっていない。ただし内陸部建設については、二〇一二年七月時点においても明確な方針が打ち出されることはなく、フクシマが与えた影響を否定することはできない。[18]

二〇一一年一一月時点で、中国では一四基の原発が稼働し、総容量は一、一八八万kW、建設中の二七基の原発の総容量は二、九八九万kWとされ、二〇二〇年の計画では、八、〇〇〇万kWに達する見込みで、これは二〇〇七年に制定した計画の二倍強にあたると報道された。[19] 二〇一二年七月には、稼働中の原発は一五基で一、二五七万kW、建設中の原発が二六基で二、八八四万kWとされ、二〇二〇年の八、〇〇〇万kWの達成は非現実的との指摘があり、年平均三～四、あるいは五～六基の操業見込みで、一〇年後には中国が五〇～

六〇基の原発保有大国となるとの見解がある。[20] いずれにしても、中国の原発が依然として増長傾向にあることは間違いない。

しかしながら、前述の孫勤は二〇〇八年ではエネルギー局副局長であり、二〇〇九年に一〇〇余りの企業や研究所などを配下に置く中国核工業集団公司のトップに就任したが、これは汚職で有罪となった前トップの後任人事である。中国において原子力産業関連のトップの汚職が目立ち、それ以前に二〇人余りが汚職事件に関与している。巨大な利権の絡むエネルギー産業だけに、一部の利益の要請から原子力発電所の増設に拍車がかかる側面も看過できない。

ただしこうした原子力政策の堅持は、アメリカをはじめ当事国の日本ですら撤退表明をしていないことを考慮すれば、中国だけの特殊事情に止まらない。

周知のように、二〇一一年一二月にはアメリカは三四年ぶりに新規の原発建設を決定し、新型原子炉を推進するマイクロソフトの創設者であるビル・ゲイツは中国との協力関係構築に積極的である。そしてまた日本も、国内の将来像を描けないままに、国外では原発を推進する姿勢を崩していない。また、フクシマ後の原子力建設の安全性をめぐっては、六基の原発を保有する台湾と、広東、福建、浙江の東南沿海の省といったまさに台湾海峡危機の舞台となった地域において原発を建設中の中国との共通の関心事として、協力関係の姿勢を示している。現政権において、原発擁護が中台関係の紐帯の役割を果たしていることも特筆すべきであろう。

おわりに

国防力から出発した中国の「核」は、その優先順位を確保しつつも、七〇年代末に端を発する市場経済導入以後、現在では内外ともに世界最大の原子力市場としての様態を呈している。フクシマ後、温家宝が迅速な対応で原子力発電所の点検を指示し、中国の「核」への安全性を強調する姿勢を示したが、原発推進を前提としたスタンスで、今後も中国が世界最大の原子力市場である位置づけとしての方針に変わりはない。

一九九一年の中国初の秦山原子力発電所の完成から二〇年を過ぎたが、今後の中国の「核」の危険性を減じさせることはできない。原発が増設されればされるほど、事故の可能性は高まる。

人間は過ちを犯すという前提に立てば、何らかの要因で想定外の事態が生じることは、人間が制御することのできない「核」を推進させる上で考慮せざるをえないことであろう。だが、中国のみに限ったことではないが、フクシマ後も中国にその意識は希薄である。「日本の施設よりも中国の原発は新しく安全である」、「エネルギー供給の観点からはやむをえない」「経済発展のためには原発を停止できない」といった推進力とともに、「現在の中国の基盤でもある『両弾一星』を発展させることは重要である」という国防意識が「核」の推進に強力にリンクしている。

本論で見たように、中国の「核」では、「両弾一星」が国家存立のシンボルとなり、これを基点とした軍事と民生利用の領域は極めて曖昧で、制度、組織上も相互補完的に成立している。日本と中国の「核」

を比較すれば、この軍需の「核」は双方のパーセプションギャップになっており、中国においては、「原水爆実験成功」の恩恵が国民に教育化され根付いている。

十一期三中全会から三〇年以上を経過し、革命によって獲得した政権を知る世代が減少し、文革を知らず、天安門事件さえも知らない、経済発展の上昇気流にある中国で育った世代に中国共産党がいかに呼びかけようと、銭学森や鄧稼先のような愛国心に満ちた科学者を生み出すのは困難であろう。だが一方、愛国心による国防意識が消失したわけではなく、依然として「両弾一星」に見られる国防意識と結合しながら、他方では金権政治の温床にもなりうる、平和利用の「核」の実際の危険に対する認知度は、中国において極めて低いと言わざるをえない。

中国の「核」は、国防、平和利用の双方において国内問題に止まるものではない。次世代に「安全」な環境をつないでいくために、国益を超えた「核」のあり方を追求し、国際的規制、枠組みを構築することこそが、中国の「核」に再考を促す手段となるのではないだろうか。

（1）『毎日新聞』一九六四年一〇月一七日。
（2）『人民日報』一九六四年一〇月一六日および一九六四年一〇月一七日。
（3）『周恩来年譜一九四九—一九七六　上巻』中共中央文献室編、一九九七年、五五六頁。
（4）「経済建設与国防建設的関係」（一九五六年四月二六日）『毛沢東軍事文集』第六巻、軍事科学出版社、中央文献出版社、一九九三年、三六五頁。
（5）『周恩来年譜一九四九—一九七六　上巻』、三三六頁。
（6）閻明复「一九五八年砲撃金門与葛羅米柯秘密訪華」『百年潮』二〇〇六年第五期、一三—二〇頁。

（7）飯塚央子「『核』にみる中印関係」添谷芳秀編著『現代中国外交の六十年――変化と持続』慶應義塾大学出版会、二〇一一年、一九六―一九九頁。
（8）「〝両弾一星〟熔鑄共和国安全核盾牌――訪第二砲兵副司令員張翔中将」〈http://theory.people.com.cn/GB/14513756.html〉（二〇一二年三月一〇日アクセス）。
（9）「同銭学森的談話」（一九六四年二月六日）『建国以来毛沢東軍事文稿』下巻、軍事科学出版社、中央文献出版社、二〇〇九年。
（10）「両弾元勲背後的女人」〈http://dangshi.people.com.cn/GB/85038/10710647.html〉（二〇一二年一月二六日アクセス）。
（11）「我国原子能法有望年底征求意見」〈http://scitech.people.com.cn/GB/14480260.html〉（二〇一二年一月一二日アクセス）。
（12）中国の放射性廃棄物処理の実態については不明であるが、高濃度ウランの世界の総量は、約一、四四〇トンで、その内中国は一六トンと推定されている。また分離済みプルトニウムについては、世界総量は約五〇〇トン、中国は核兵器用が一・八トン、原子炉級が〇・〇一トンとされる。「世界の核分裂性物質の量と民生用再処理」〈http://kakujoho.net/ndata/pu_wrld.html〉（二〇一二年六月一二日アクセス）。
（13）「能源超級部委再度胎動　専家称組建概率較以往高」〈http:/energy.people.com.cn/GB/1682545.html〉（二〇一二年三月二八日アクセス）。
（14）「消息核電項目將恢复審批　規模万億級投資重啓」〈http://energy.people.com.cn/GB/17028869.html〉（二〇一二年二月六日アクセス）。
（15）「郁祖盛：中国目前運行和在建核電機組法律法規都没問題」〈http://finance.people.com.cn/GB/168839/168861/220462/14548350.html〉（二〇一一年一月一二日アクセス）、二〇一一年五月四日、「潘自強：中国没発生過一起核輻射致死事件」〈http:/finance.people.com.cn/GB/168839/168861/220462/14548344.html〉（二〇一二年一月一

二日アクセス）など。
（16）「中国能源：快速発展並冷静思考」〈http://cpc.people.com.cn/GB/68742/220955/220956/15031178.html〉（二〇一二年一月九日アクセス〉。
（17）「彭澤核電廠項目被指環境安全存隠憂」〈http://energy.people.com.cn/GB/17061517.html〉（二〇一二年三月一九日アクセス）、「中国科学院院士何祚庥：堅決反対在内陸建設核電站」〈http://politics.people.com.cn/GB/70731/17079069.html〉（二〇一二年三月一九日アクセス）。「必須停止核能発展的〝大躍進〟」〈http://energy.people.com.cn/GB/17207803.html〉（二〇一二年三月一九日アクセス）など。
（18）「内陸核電站建設路在何方」〈http://scitech.people.com.cn/GB/n/2012/0712/c1007_18501260.html〉（二〇一二年七月一六日アクセス）。
（19）「全国政協委員聚焦核電：現有技術可保障核電安全」〈http://cppcc.people.com.cn/GB/71578/17636718.html〉（二〇一二年四月一二日アクセス）。
（20）「中国核電成超級印鈔機　1機組発電1天賺1500万」〈http://hi.people.com.cn/GB//n/2012/0703/c231187_17203724.html〉（二〇一二年七月一六日アクセス）。

参考文献

『当代中国的核工業』中国社会科学出版社、一九八七年。

『当代中国国防科技事業』当代中国出版社、一九九二年。

楊振寧『楊振寧文集』華東師範大学出版社、一九九八年。

ティム・ワイナー『CIA秘録』文藝春秋、二〇〇八年。

半藤一利『昭和史　戦後篇1945―1989』平凡社ライブラリー、二〇〇九年。

趙紫陽、バオ・プー、ルネー・チアン、アディ・イグナシアス、河野純治訳『趙紫陽極秘回想録』光文社、二〇一〇年。

原子力大国として台頭する中国
――急成長の背景とリスク――

堀井　伸浩

はじめに

中国の原子力発電の設備容量は二〇一〇年時点で一、〇八二万kW、世界第一一位の規模であるが、二〇一五年には四、三〇〇万kWにまで増強され、アメリカ、フランス、日本に次ぐ、第四位にまで躍進する見通しである。日本で原発の新設が進まず、廃炉となる原発が出てくれば、日本を追い抜く可能性もある（率直に言って、現状を見ればその可能性は十分にある）。福島第一原発事故、あるいはアメリカで進むシェールガス革命の影響を受けて、数年前に喧伝された「原子力ルネッサンス」はすっかり影をひそめ、世界的に今後の見通しが暗い原子力産業にとって、中国は最大の新規需要の供出国として注目を集めている。

中国国内のエネルギー構造を見ると、従来、石炭が一次エネルギーの七割程度を占める圧倒的な主要エネルギーであり、続いて石油が二割程度、その他のエネルギーはマイナーな存在にすぎなかった。二〇一〇年時点で原子力の一次エネルギーに占める比率は〇・七％、発電設備容量に占める比率は一・一％にすぎない。二〇一五年には原子力の発電設備容量に占める比率は三％にまで上昇する見通しで、全体に占める比率は依然低い水準とはいえ、それでも第十二次五カ年計画（二〇一一〜二〇一五年）期間において原子力は急速な導入が進むことになる（世界最大のエネルギー消費国である中国における五年間で二ポイントの上昇は絶対量としては相当の変化である）。この背景について検討すること、これが本章の第一の目的である。

当然気になるのは、これだけ急速に原子力の導入が進められていることで問題が生じないのか、急成長の副作用、リスクにはどのようなものがあるのかという点である。この点について日本との比較も行いながら、中国の急速な原子力導入に伴う問題点について検討し、それに対する政府の対応状況を評価すること、これを本章の第二の目的として設定する。

本章の構成は以下のとおりである。1においては、中国のこれまでのエネルギー構造について分析する。まず石炭が中国のエネルギーを長年支えてきた状況について概観し、第十二次五カ年計画では主要エネルギーである石炭からの脱却を指向した政策が想定されていることを指摘する。続く2においては、中国で急速に原子力導入が進む背景について、今後の成長の原動力となるのは国家のエネルギー戦略に基づく支援があるのはもちろんであるが、同様に市場競争の中で原子力が競争力を持つ状況になりつつある点を指摘する。3においては、中国の原子力導入のこれまでの経緯とその推進体制を概観し、特に原子炉の国産化に向けて政策が果たしてきた役割とそれに対する企業の成長について分析する。そして4においては、福島原発事故を受けた中国政府の対応を整理した上で評価し、さらにそれでも残るいくつかの問題について考察する。おわりに、以上の分析を踏まえ、「隣の原子力大国」として台頭する中国に対し、我が国はどのように対応するべきか、私見を述べる。

1　中国で進むエネルギー構造転換——石炭依存は低下方向へ

(1)　一次エネルギー消費に占める石炭の役割

図1は世界の主要国のエネルギー消費量を示したものであるが、中国は二〇一〇年にアメリカを抜いて世界最大のエネルギー消費国となっている。世界の中で、米中両国は他の国々をはるかに凌駕する圧倒的なエネルギー消費大国である。また中国とアメリカを比較して注目されるのは、棒グラフで示された二〇一〇年のエネルギー消費量と折れ線グラフで示された二〇〇〇年時点でのエネルギー消費量との開きである。アメリカはこの一〇年間、ほぼ同じ水準であるのに対し、中国は二倍以上に増大したことが示されている。

また図1から中国のエネルギー構造の特徴として、石炭の比率が高いことが注目される。アメリカは石油を主要エネルギーとしながら全体的にバランスのとれたエネルギー源構成となっているのに対し、中国は石炭が七割程度と非常に大きな比率を占めている。主要国で石炭を主要エネルギーとしているのは中国とインドの両国のみである（インドは五割程度）。

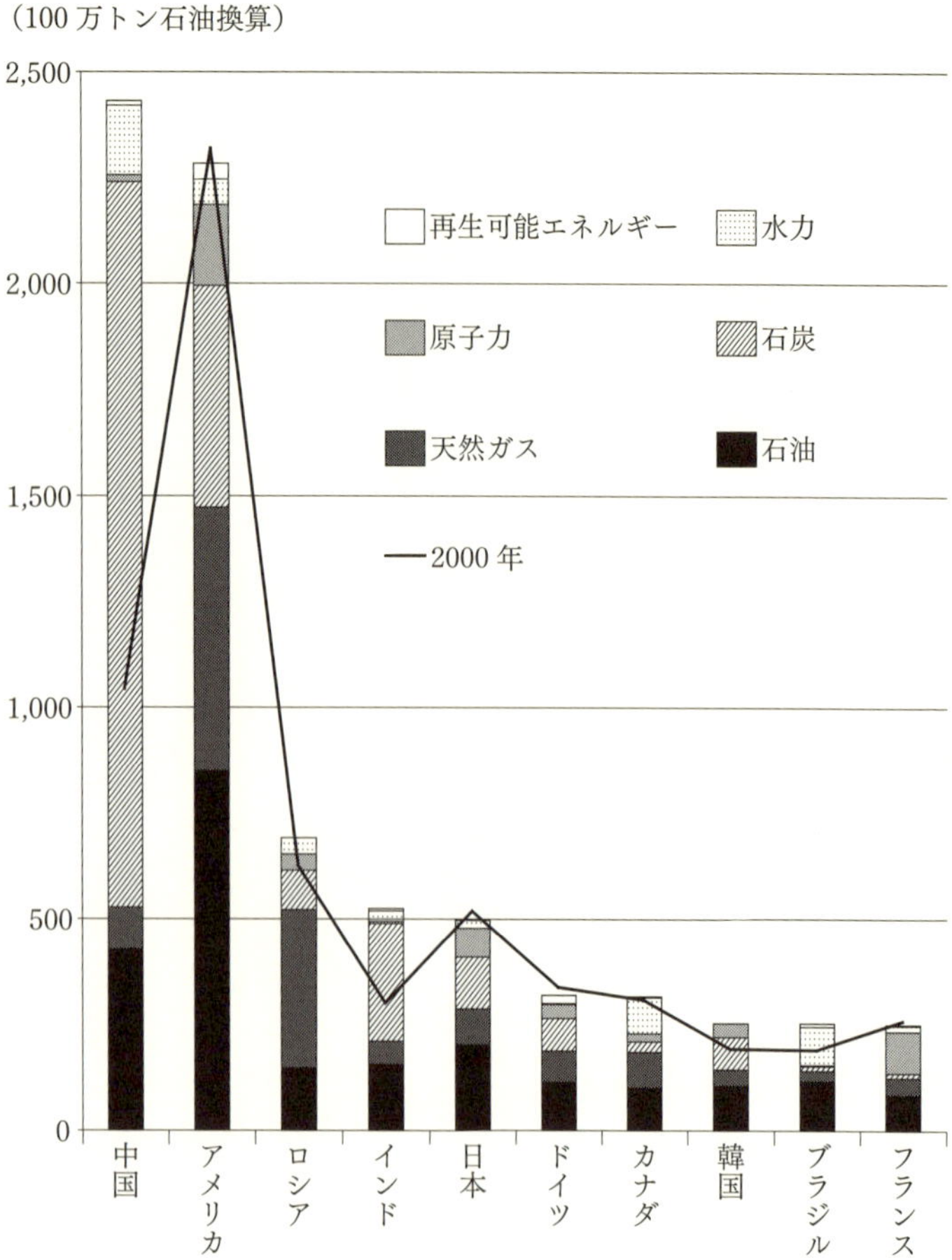

図 1　世界主要国のエネルギー消費量（2000 年および 2010 年）

出所：BP, *BP Statistical Review of World Energy 2011,* http://www.bp.com より作成。

図2は中国のエネルギー消費構成の変化を源別に示したものであるが、一次エネルギーに占める石炭の比率を示した折れ線のとおり、中国では石炭への依存度が一九七〇年代半ばまで着実に低下していたが、その後一九八〇年代から九〇年代半ばまでは逆に再び上昇に転じている。そしてその後、一九九〇年代後半には再び低下傾向を示したものの、二〇〇三年からはまた上昇に転じている。この石炭比率の変遷は中国経済全体の動向と大きく関わっている。すなわち中国経済の成長率が非常に高い高度成長期において、石炭への依存度が高まる傾向が見てとれる。経済改革と対外開放が始まった一九八〇年代から九〇年代半ば頃まで、そして過熱経済と評される、急激に成長が加速した二〇〇三年から二〇〇九年までの時期においては、石炭比率が上昇傾向を示している。他方、九〇年代後半から二〇〇〇年代前半にかけての時期は、アジア経済危機の影響などもあり、経済が減速し、エネルギー需要全体が低迷したが、この時期には石炭比率の低下傾向を見てとることができる。

以上のことより、中国のエネルギー構造においては石炭が圧倒的に大きな比率を占め、主要エネルギーの地位を担ってきたこと、むしろ一九八〇年代以降に石炭依存の構造は改めて強められることとなったことを指摘できる。一九九〇年代後半に石炭の比率が大きく低下した際、遂に石炭を中心としたエネルギー構造からの脱却が始まったと見る向きも当時はあったが、実際にはその後、経済の過熱化によってエネルギー需要が急増したことで再び石炭比率は上昇した。中国では急激な経済成長に伴うエネルギー需要の急増に対して、石炭だけが増産によって対応できてきたというのが実態であった。他の有力なエネルギーであった石油や天然ガスは資源的な制約に加え、特にコストが割高であり、石炭に比肩できるものではなかった。本章が最も関心を寄せている原子力についても、技術的な制約もあり、またそれ以上に石炭や天然

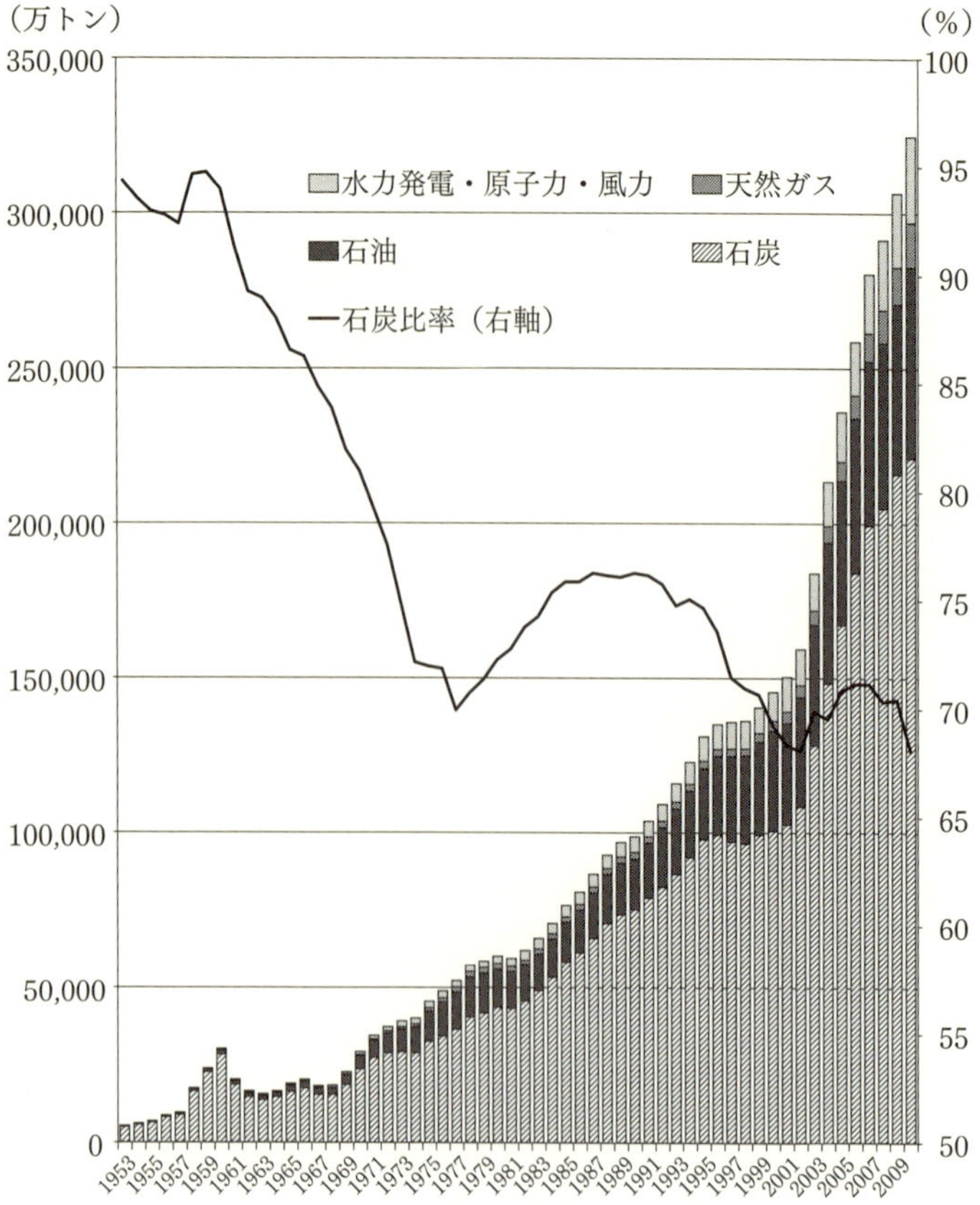

図２　中国の一次エネルギー消費量と石炭比率の推移

出所：『中国能源統計年鑑』各年版より作成。

第11次五カ年計画				第12次五カ年計画		
規制内容	目標値（対2005年比）	実績	目標値（対2010年比）		規制内容	目標値
エネルギー原単位	20%	19.1%	→ 16%	＋	非化石エネルギー比率	11.4%
					CO_2原単位（対2010年比）	17%
工業用水使用原単位	30%	31.3%	→ 30%		戦略産業（SEIs）のGDP比	8%
					アンモニアからの窒素排出量削減（対2010比）	10%
COD	10%	12.5%	→ 8%		NOx（対2010年比）	10%
SO_2	10%	14.3%	→ 8%		年間エネルギー消費量	40億トン（標準炭換算）

図3　第11次および第12次五カ年計画の
エネルギー・環境に関わる目標

出所：China Greentech Initiative 資料より作成。

ガスと同様、コスト面で石炭と比べると競争できる水準ではなかったのである。

(2)　第十二次五カ年計画における脱石炭化の指向

圧倒的に石炭に依存してきた中国のエネルギー構造であるが、今後は変化する見通しとなっている。それは図3に示したとおり、第十二次五カ年計画において非化石エネルギー比率、CO_2原単位といった指標が強制力を持った規制目標値として導入されたことからも見てとれる。いずれの指標も炭素含有量の大きなエネルギー源である石炭の利用を制約するモチベーションを生むことにつながる。

図3には第十一次五カ年計画（二〇〇六―二〇一〇年）における省エネルギー・環境目標とその達成状況についても示してある。省エネルギーを示すエネルギー原単位の改善こそわずかながら目標値には届かなかったが、五年間で一九・一%もの原単位向上という成果は相当高い評価に値するものと言える

し、その他の環境指標、CODやSO_2排出量の削減については目標を大きく超過達成することに成功している。

第十一次五カ年計画における省エネルギー・環境対策の大きな進展を可能にしたのは、政府の強力なイニシアティブが背景にあったことが指摘できる(1)。従来は中央政府が目標を立てても地方レベルでの実施が伴わず、目標を達成できない状況が一般的であったが、第十一次五カ年計画においては体系的な政策推進体制の構築に成功し、例えば省エネルギー目標についてはエネルギー消費量の大きい企業をピックアップし、個別目標を設定する、あるいは各地方(特に省)に個別の原単位改善目標を設定し、その目標達成を当地の指導者の人事考課とリンクさせるという制度改革を同時に行うこととなった。この制度改革の効果はてきめんで、地方レベルでは特に目標達成期限直前の二〇一〇年には政府がエネルギー多消費企業の操業停止を迫るなどそれまでとは真逆の「地方の強すぎるイニシアティブ」を示す現象が多々見られた。

こうした強制力を行使しての対策なくして、わずか五年という短期間での省エネルギー・環境対策の大幅な進展はなしえなかったのは間違いなく、その意味で第十一次五カ年計画の成功は強い政治権力を持つ中国ならではの成果であったと言えよう。しかし他方で、こうした強制力による対策のひずみもかなり大きく、経済面、雇用面での打撃は少なからずあるだろうし、規制逃れのインセンティブは大きく、それを規制するためのモニタリング費用もかさむ。図のとおり、第十二次五カ年計画のエネルギー原単位やCOD、SO_2排出削減目標は第十一次五カ年計画よりも低い。対策が容易な部分は既に第十一次五カ年計画時に対策済であり、残された部分はコストが大きいという面もあるが、あまり高い目標を掲げすぎると再び「地方の強すぎるイニシアティブ」を惹起してしまう可能性があることを考慮したものではないかと考えられる。

今回新たに導入されたCO_2原単位に対しても、同様に各地方ごとに改善目標を割り当てる措置がとられることとなっている。CO_2原単位の改善目標を達成しようとすれば、石炭よりは天然ガス、さらには原子力や再生可能エネルギーの利用拡大につながると予想される。ただ、重要な点は、CO_2原単位に関わる目標導入とその達成に向けた強制的な措置だけでは、石炭からの脱却が大きく進むとは限らないということである。それは一九九〇年代後半の一時期、石炭比率がいったん低下したものの、その後二〇〇三年以降には再び上昇に転じたように、中国のエネルギー構造において石炭を主要エネルギーとなさしめていた要因に変化がなければ脱石炭化は容易なことではないはずである。

それでは第十二次五カ年計画が示す脱石炭化の目標は達成可能なものなのだろうか。脱石炭化の帰趨は本章がテーマとしている中国の今後の原子力の導入に大きく影響する。この点について次に検討してみよう。

2　中国における原子力導入の背景――市場競争力の向上

(1)　石炭の価格競争力の低下

第十二次五カ年計画において示されている脱石炭化に向けた方向性は、現実の流れと整合的である。表1のとおり、石炭を燃料とする石炭火力の卸売価格は近年かつての圧倒的な価格優位性を失い、二〇一一年には遂に原子力の卸売価格を上回る状態となっている。水力は石炭火力の半分程度の安価な水準となっ

表1　2011年の各電源の卸売電力価格

		水力	石炭火力	ガス火力		原子力	風力			太陽光	平均
				パイプライン	LNG		陸上	洋上1	洋上2		
卸売価格	元/kWh	0.27	0.46	0.57	0.72	0.45	0.54	0.62	0.74	1	0.47

出所：東京大学政策ビジョン研究センター「第4回 Energy Policy Roundtable 2012」における李志東・長岡技術科学大学教授によるプレゼンテーション。

ているが、水力と火力は出力特性が異なり、したがって電源構成の中で持つ意味合いが異なるので一概に価格水準だけで優劣は決められない。しかし石炭火力と原子力はいずれも水力と異なり自然条件に左右されないベースロード電源として用いることができる電源であるため、両者の価格水準が拮抗するようになった状況の変化は今後の導入量に大きな影響を与えるはずである。

石炭火力の卸売価格が上昇している背景には、中国の石炭産業における制度改革の進展がある。最も画期的な変化は二〇〇六年を最後に、煤炭訂貨会が撤廃されたことであった。従来、中国では石炭取引の多くが煤炭訂貨会という国家計画委員会（現在の国家発展改革委員会）が主宰し、炭鉱と石炭ユーザー、さらに鉄道など輸送部門が一堂に会する会議を経て決定されてきた。この会議では国家計画委員会が指導性価格という形で目安となる価格水準を提示し、それに基づいて一定の幅でそれぞれの取引価格が決定される方式となっていた。指導性価格は表2のとおり、訂貨会に依らず流通している非電力向け価格よりも安い水準に設定されていた。

ところが二〇〇三年以降の過熱経済の下、石炭需要が急増する中、ほぼ自由化された非電力向けの一般炭の価格は大幅に切り上がった

表２　石炭産業の経営指標および石炭価格の推移

	生産量（万トン）	投資額（億元）	利潤額（億元）	非電力向け一般炭価格（元／トン）	電力炭価格（元／トン）	割引比率（％）
1998	123,258			140	133	▲ 5.0
1999	104,363			140	121	▲ 13.6
2000	99,917	188		146	127	▲ 13.0
2001	110,559	218	11	151	122	▲ 18.8
2002	141,530	286	25	168	137	▲ 18.2
2003	172,787	414	35	174	141	▲ 18.8
2004	199,735	702	80	206	163	▲ 21.3
2005	215,132	1,144	148	270	213	▲ 21.3
2006	232,526	1,479	677	338	218	▲ 35.5
2007	252,341	1,805	950	331	246	▲ 25.7
2008	274,857	2,411	2,100	357	n.a.	n.a.

出所：各種資料より作成。

のに対し、電力向けの価格は指導性価格によって低く抑えられたことで（その理由は電力価格の上昇がインフレへとつながることを恐れる政府の思惑に求められる）、同じ石炭でありながら非電力向けと電力向けとの間で二割以上もの価格差が発生することとなった（表２）。

炭鉱は電力向け石炭に指導性価格を適用されることに当然反発し、二〇〇六年の煤炭訂貨会で頂点に達する。二〇〇六年も電力向けの指導性価格は引き上げられたものの、表のとおり、非電力向けの石炭価格はそれ以上に上昇したこともあり、炭鉱と石炭ユーザーの間で折り合いがつかず、取引成約率は二割以下にまで落ち込む結果となった。翌年からは煤炭訂貨会は業界団体主催の会議へと改組され、指導性価格は廃止、石炭価格は市場実勢を踏まえた水準で設定されることに変わり、その結果、石炭価格は二〇〇〇年代後半は急上昇を続けることとなったのであった。

その後、石炭価格が高騰する状況の下、国家発展改革委員会は石炭価格の上昇幅に上限を課そうと何度も試みたが、その都度、炭鉱の売り惜しみや販売する石炭の品質引き下げという対応策に阻まれ、断念することが繰り返された。石炭価格はこうした経緯を経て、現在ではほぼ市況を踏まえた価格形成が行われており[2]、また資源や環境、保安などの外部コストを炭鉱で賦課金として徴収する制度の導入などもあり、人為的に低位誘導されていたかつての水準と比べると大きく切り上がることとなっている。

重要なことは、以上のように近年の石炭価格の上昇をもたらしたのは制度改革を通じた変化であるため、供給面から言えば再びかつての安価な水準に石炭価格が下落する可能性は低いということである[3]。第十二次五カ年計画で示された脱石炭化は、第十一次五カ年計画のように強制力を用いた政策によって進められなくても、エネルギー市場の中での競争を通じてある程度自然に進む条件が整いつつあると見ることができる。この点がかつていったん一次エネルギー消費の中で石炭の占める比率が減少したものの、その後反転し、再び石炭依存度が高まった二〇〇〇年代前半と状況が異なる点である。当時は石炭の価格競争力が依然として圧倒的に高かったのであった。

(2) 原子力の導入見通し

石炭価格の上昇は、当然電力部門の電源構成に大きな変化の圧力を与える。現状、中国の電源のうち八割が火力であり、またその八割が石炭火力となっている。そのため石炭価格が高騰したことで、発電所の送電網への卸売価格は当然上昇圧力を受ける。ところが二〇〇〇年代後半には、インフレ抑制の観点から電力の小売価格の引き上げ幅が引き続き制限されていたことで、結局卸売価格の引き上げも進まず、発電所の採算性が次第に悪化するようになった。二〇一〇年には四三％の発電所が赤字に陥ったとされる。

当然こうした矛盾を抱えた構造も長続きするものではない。赤字を抱える発電所は発電量を抑制し、電力不足を深刻化させることとなっている。価格に上限規制をかければ過少供給を引き起こすのは理の当然である。そこで二〇一一年には石炭火力の卸売価格を大幅に引き上げざるをえなくなったようである。先の表1のとおり、石炭火力の卸売価格は平均で〇・四六元／kWｈとなり、これは二〇一〇年の〇・三五五元／kWｈという水準と比較すると二六・八％もの大幅な引き上げである。二〇一〇年以前も徐々に卸売価格の引き上げは進められてきたが、年率で数パーセントの遅々たるスピードであり、二〇一一年の引き上げ幅は非常に大きいものであったといえる。大きな変化に迫られたのは、発電会社の赤字が深刻化し、発電量を抑制する動きが蔓延し、電力供給への悪影響が抜き差しならない状態に陥ったためであろう。

一方、小売価格も引き上げられたものの、その引き上げ幅は卸売価格の上昇には及ばないものであったようである。すなわち産業の競争力向上やインフレ抑制、あるいは一般庶民の厚生に直接影響を与える電力小売価格を低く抑えるためのコストを、かつては石炭価格を低く抑えることで炭鉱に、それが難しくなると発電会社に、そして発電会社が赤字で経営に大きな支障を来すようになったことで、最後にツケを回されたのは送配電企業ということになる。かつての炭鉱と同様、国家電網公司は発電企業よりも国家の介入と補助金を投入しやすいとは言えるが、これも当然持続可能ではない。いずれは小売価格の引き上げで逆ザヤを解消するべく、小売価格も含めた電力価格形成の市場化を進めざるをえない。問題は、二〇一一年まではインフレ懸念が根強く、また二〇一二年になってからは景気停滞の長期化が懸念される状況であり、改革に踏み切る環境が整わない点である。しかし方向性としては、電力価格も引き上げに進まざるをえないことは明らかである。

中国は我が国と異なり、既に発送電分離体制に移行しており、電源ごとに競争を展開する体制は既に整っている。もっとも実際には依然として欧米諸国で導入されているようなプール制など、競争メカニズムの全面導入には進んでおらず、火力については全ての発電所に一定の発電量を保証した上で、一部の発電量について低コスト電源からの選択的購入を行っている。とはいえ、電力部門全体で帳尻を合わせてきたかつての体制と異なり、発電会社、送配電会社に分離されたことで、各社が採算性を追求せざるをえない状況である。送配電部門は現状では補助金を受けることで経営を成り立たせているが、いずれ補助金の削減を求められるのは確実であろう。その際、当然小売価格の引き上げは認められるはずだが、同時に卸売市場から調達する電力のコスト低減も重要な対策となる。そのため発電企業は今後一層厳しい競争にさらされる可能性が高く、これまで以上に採算性を考えた電源ポートフォリオを目指すインセンティブを強く持っている。

したがって二〇一一年に石炭火力の卸売価格が〇・四六元／kＷｈにまで上昇したことで、原子力が今後のコストダウンの余地も考えると魅力的な選択肢になってくる[4]。現在、中国で原発を建設することが認められている事業会社三社は相当先まで受注残が積み上がっているとされ、また設備メーカーの生産能力の制約と、福島第一原発事故によって技術面でアップグレードが求められていることもあり、策定済の建設計画を大きく上回って原子力導入が進む可能性は高くはなさそうである。しかし石炭火力と同様にベースロードとしての特性を持つこと、石炭火力が今後もコスト上昇の可能性があるのに対し、原子力は設備の国産化が進んでむしろコスト低下の可能性が高いことを考えると原子力の導入は福島原発の事故により若干の減速は迫られながらも、今後も着実に進んでいくことになりそうである。

以上、原子力の大幅な導入拡大の見通しの蓋然性を高めている要因として、石炭産業および電力産業における市場経済化の進展によって電源間の相対的な競争力の変化が起こっているという点を指摘した。石炭火力の従来の圧倒的な価格優位性は既に大きく失われ、市場競争の中で原子力は優位性を確保しつつある。もちろん政策の果たす役割も当然のことながら重要である。次節では原子力導入推進に関わる政策の役割について分析する。

3　中国における原子力導入推進に関わる政策（福島原発事故以前）

(1)　原子力導入の歴史的経緯：福島原発事故以前までの状況

まず中国の原子力開発の経緯について概観しておこう(5)。

中国では原子力開発は軍事利用、核兵器開発を目的に始まり、その成果は一九六四年一〇月に内蒙古自治区における中国初の核実験、一九六七年の水爆核実験、一九六九年の地下核実験の成功に結実した。しかし商業用の原子力発電の開発は、ようやく一九七二年に上海核工程研究院が設立されたことに始まる。同研究院によって、後に中国最初の原子力発電所となる秦山原発の原子炉の設計が開始されることとなった。秦山原発は中国の自主開発によって建設された原発であり、そのため開発期間は長期に及び、着工にこぎつけたのは一九八五年、運転開始は一九九一年となった。商業用原子力の開発開始から運転開始まで、優に一九年もの歳月が必要だったのである。また秦山原発の第一期プロジェクトで建設された原子炉はわずか三〇万kWの小規模炉であった。

秦山原発にやや遅れて一九八七年に着工したのが大亜湾原発である。大亜湾原発は秦山原発と異なり、フランスから原子炉を輸入してターンキー方式で導入した原発である。原子炉の輸入にあたっては鄧小平によるイニシアティブがあり、一九七八年に自らフランス政府代表団との会見時に表明している。その後一九八二年に政府の認可が下り、その後一号機が一九八七年、二号機が一九八八年に相次いで着工、一九九四年にはそろって運転開始となった。

これら両原発の導入プロセスが進む一方、その後一九八〇年代と一九九〇年代前半においては目立った動きはなかった。二〇〇〇年時点で稼働していた原発は結局秦山と大亜湾の八〇年代に着工した二つにとどまり、一九八三年には国務院に核電領導小組が設置され、原子力開発の推進が制度的に方向づけられたにもかかわらず、その後九〇年代半ばまで実質的な原発整備は進まなかった。一九八七年に水利電力部が策定した「一九八六―二〇一五年電力発展綱要（草案）」では、当時の目標として二〇〇〇年に五九五万kW、二〇一五年に三、〇〇〇万kWと設定されていたが、表3の通り、二〇〇〇年時点の稼働済設備容量は二二八万kWと目標を下回ることとなった。

実際、中国政府の原子力発電に対する姿勢は第九次五カ年計画（一九九六―二〇〇〇年）までは「積極的に推進」とされたが、その条件として「拡大再生産」[6]が付けられていた。「拡大再生産」が意味していたのは、新規に財政支出によって原発建設を行わず、既存の秦山と大亜湾の運転から上がる収益で新規原発の投資資金をまかなうということであった。原発の電力卸売価格は優遇されてはいたが、わずか二基の原発から上がる収益で新規原発の建設費用をまかなう方針ではその発展に大きな制約があったと言わざる

表3　中国で稼働中の原子力発電所（2010年末時点）

主要投資主体	発電所名	定格設備容量	出力（万kW）	炉型	営業運転開始
中国核工業集団	秦山1期	1*31	31	PWR（自主）	1994. 4. 1
	秦山2期	3*65	195	PWR（自主）	2002. 4.15
	秦山3期	2*72.8	145.6	CANDU（カナダ）	2002.12.31
	田湾	2*106	212	PWR(ロシア）	2007. 5.17
中国広東核電集団	大亜湾核電站	2*98.4	196.8	PWR（フランス）	1994. 2. 1
	嶺澳核電站1期	2*99+1*108	306	PWR（フランス） PWR（中国、CPR1000）	2002. 5.28
合計		13基	1086.4		

出所：各種資料より作成。

をえない。

秦山、大亜湾の建設に先立つ一九八〇年代前半までの積極姿勢に比べ、その後積極性を欠いた理由については明らかではないが、当時は原子力はあくまで将来に向けた技術開発としての意味合いが強く、水力と石炭火力が原子力よりはるかに低いコストで発電が可能であったことが指摘できるのではないかと考える。もちろん一九八六年に起こったチェルノブイリ事故が影響を与えたのも当然間違いないことであろう（ただし、その影響の度合いについて明確に分析された研究は見当たらない）。いずれにせよ、第十次五カ年計画（二〇〇一―二〇〇五年）において、原子力は「適度に発展」させるという形で、実態に合わせて位置づけも引き下げられることとなった。

その後、ようやく一九九〇年代後半になって、海外からの原子炉導入が進むこととなった。一九九六年には秦山原発の第三期としてカナダから重水炉を二基、一九九七年には江蘇省田湾原発にロシア製原子炉を二基、嶺澳原発にフランス製の原子炉を二基、立て続けに輸入する措置をとった。これらの輸入原発に加え、秦山第二期として三基の原発の開発が引き続き自主技術によって進められた。表3の通り、一九九〇年代後半に続々と導入した原子炉がようやく二〇〇二—二〇〇七年にかけて完成したことで、二〇一〇年時点で稼働中の原発は一三基、合計一、〇八六万kWの設備容量となっている。

ところが二〇〇三年になると中国経済が過熱化した経済成長過程に乗り、エネルギー需要が急増、需給が逼迫したことで再び状況は変化する。主力エネルギーである石炭は九〇年代後半に産業構造改革が進められ、四割以上の生産シェアを占めていた郷鎮炭鉱の閉鎖を進めたことで需要急増に対応した増産が遅れ、二〇〇〇年代後半まで不足気味に推移した。また1で分析した通り、二〇〇〇年代半ばには市場経済化が進み、石炭価格は低価格誘導政策が撤廃されたことで高騰し、価格面から原子力にテコ入れするメリットが大幅に増大したという大きな変化があった。また石炭産地である内陸部から消費地の沿海部への輸送が石炭供給の深刻なボトルネックとなっている状況に対し、原子力はこうした燃料供給の輸送面での影響を受けないメリットも当然意識された。さらに二〇〇〇年代の胡・温政権においては、環境問題に対する取り組みが大きく進んだ点が評価できるが、そうした情勢の下、原子力の低い環境負荷が大きなメリットとして考えられることとなった。後に述べるように原子力は環境保護部が強力なイニシアティブを持って推進されることとなった。

以上の諸要因が相まって、二〇〇〇年代後半には再び新規の原発建設が続々と開始されることとなった。表4は二〇一〇年末時点での建設中の原発をリストアップしたものであるが、秦山一期を除くといずれも二〇一〇年代の前半、すなわち第十二次五カ年計画期間中に運転開始されることが見込まれている。なお

表 4　中国で建設中の原子力発電所（2010 年末時点）

投資主体	発電所名	定格設備容量	出力（万 kW）	運開予定（年）	技術
中国核工業集団	秦山 2 期拡張	1*65	65	2012	CNP600
	福清 1 期	3*108	324	2013/2014	CNP1000
	秦山 1 期拡張（方家山）	2*108	216	2013/2017	CNP1000
	三門 1 期	2*125	250	2013/2014	AP1000
	昌江 1 期	2*65	130	2014/2015	CNP600
中国広東核電集団	嶺澳 2 期	1*108	108	2011	CPR1000
	紅沿河 1 期	4*108	432	2012/2013/2014	CPR1000
	寧徳 1 期	4*108	432	2012/2013/2015	CPR1000
	陽江	3*108	324	2013/2014	CPR1000
	台山 1 期	2*175	350	2014/2015	EPR
	防城港 1 期	2*108	216	2015	CPR1000
中国電力投資集団	海陽 1 期	2*125	250	2014/2015	AP1000
合計		28 基	3,097		

出所：各種資料より作成。

表中には記載していないが、建設着工時期はいずれも二〇〇七年から二〇一〇年に集中している。これは第十一次五カ年計画（二〇〇六―二〇一〇年）で原子力が再び「積極的に推進」する方針へと引き戻されたこと、それを受けて二〇〇七年に「核電中長期発展規劃（二〇〇五―二〇二〇年）」が策定され、その中で二〇二〇年までに運転開始済の設備容量を四、〇〇〇万kW、建設中の設備容量を一、八〇〇万kWとする目標が設定されたことが背景にある。まさに二〇〇七年に国家の方針として原子力開発の推進が明確に示されたことで、当時の中国経済のバブル的なカネ余り状況の追い風も受けて、一気に二八基もの新規原発に対する投資が進んだのであった。表の通り、建設中の設備容量の合計は三、〇九七万kWであり、同年に既に稼働中の設備容量は表3の通り、一、〇八六万kWであるから、稼働済設備容量を四、〇〇〇万kWとする二〇二〇年の目標は二〇一五年にはほぼ達成することは確実な情勢である。

そこで福島原発事故直前には、この目標の上方修正が議論されることとなり、当時有力視されていたのは二〇二〇年時点で稼働中の原発の設備容量を八、〇〇〇万kWとするものであった。実際、表4で示されているように、二〇〇七年から二〇一〇年のわずか四年間程度で三、〇〇〇万kWもの新規原発の建設が実際に行われたことを考えれば、一〇年間で四、〇〇〇万kWという水準は大きな障害なく到達できると考えるのもむしろ当然であったと言えよう。なかには、一億kWにまで上方修正するべきだと公然と主張する政府高官もいたほどである。こうした原子力開発の加速に対する前のめりな姿勢は、福島原発の事故を受けて修正を受けることになるが、この点は4で検討することとしよう。

(2) 原子力の導入拡大を支える体制

以上のように、八〇年代に商業用原子力発電の開発が開始されたものの、その後紆余曲折があり、あまり順調に進んできたとは言えなかった原子力開発であったが、二〇〇〇年代後半に遂にブームを迎え、急拡大することとなった。ここではその躍進を支えた政府と企業の体制についてまとめておこう。まず政府の管理体制である。

原子力開発の大枠を決める原子力計画は国家発展改革委員会が所掌しており、また事業者の建設計画の認可も同委員会があたる。先に述べた「核電中長期発展規劃（二〇〇五—二〇二〇年）」およびその見直し版である「核電中長期発展規劃（二〇一一―二〇二〇年）」、そして「核電安全規劃（二〇一一―二〇二〇年）」および「核安全・放射性汚染防止〝十二五〟規劃および二〇二〇年の遠景目標」（いずれも詳細な内容については次節で後述）といった保安面に関わる規定は最終的に国家発展改革委員会によって認可されたものである。こうした諸規定は具体的には国家発展改革委員会の内局である国家能源局が専門家委員会を設置した上で起草することとなっている。

技術面については国家科学技術部が原子力に関わる基礎研究を担っており、事業者である中国核工業集団や中国広東核電集団、中国電力投資集団といった国有企業と連携しながら一部の応用技術開発も展開している。そして技術面の総括を担当するのが国防科学技術工業委員会である。「国防」と名のつく委員会が技術面の総括にあたっているのは中国の原子力開発が軍事技術開発から始まったことが背景にある。また同委員会は原発事故などの緊急対応についても責任を負っており、この点でも技術面の安全管理を監督する機能を果たしていると思われる。同委員会は、対外的には中国国家原子能機構（ＣＡＥＡ）という名称で国際原子力機関（ＩＡＥＡ）などの国際機関に対する中国側のカウンターパートとしての役割も果たしている。

安全面に関しては国家環境保護部の内局として設置されている国家核安全局（ＮＮＳＡ）が所管しており（国家核安全局局長は環境保護部副部長が兼任）、さらに国家核安全局の中に核安全中心（センター）が置かれるとともに、北方、成都、上海、広東、すなわち原子力設備メーカーの所在地と実際に原発が導入されている各地方に地方監督処が設置されている。国家核安全局は一九八〇年に設立され、原発建設の設計機関から設備メーカー、事業運営企業まで原発建設のフルラインで監督にあたっている。具体的な監督方法としては、例えば主要な設備メーカーには検査員を常駐させ、二四時間体制の監視体制としており、設備の出荷時点で仕様を満たすものかどうかを検査した後に、設備の設置段階でも再検査を行っている。ここまでの厳格な検査体制は世界的にも例を見ないものであるとされる(7)。背景には、コストダウンのために安全基準を満たした仕様を無視して、勝手に変更を加えようとするメーカーが少なからず存在するという土壌が指摘されている。

次に企業の事業実施体制について見てみよう。中国では原子力発電事業の運営主体として認められるのは、いまのところ中国核工業集団と中国広東核電集団、そして中国電力投資集団の三つの企業に限定されている。いずれも国有企業である。なかでも代表的存在なのは中国核工業集団であり、前身が一九八二年に設立（第二機械工業部から改組）された核工業部であり、まさに初期の時代から行政機能も含め、原子力開発を担ってきた企業である。その後、一九八八年には核工業部から行政機能が分離され、商業用に原子力利用を推進する機関として中国核工業総公司が設立、さらに一九九九年には総公司が中国核工業集団と中国核工業建設集団とに分かれることとなった。

一方、広東核電集団は一九九四年に大亜湾原発が稼働した際に、その運営を担う主体として中国核工業総公司から資産分割を受け成立、その後嶺澳原発を自ら建設し、運営してきた。表4を見れば、中国核工業集団を上回る設備容量の原発を現在建設中であり、同等の重要なプレイヤーとなっていることが分かる。特にフランスのアレバとの緊密な関係を構築し、技術導入を進めてきた。そして最後の電力投資集団は、二〇〇二年に発送電分離改革が断行された際に、電力工業部の後身、国家電力公司の発電部門は五社に資産分割されることとなったが、そのうちの一社であり、国家電力公司の原子力関連の資産をまとめて継承することとなった。その経緯から元々は中国核工業集団の複数のプロジェクトでパートナーとして参画してきたが、現在建設中の海陽原発のプロジェクトでは遂に事業主体となっている。

中国の原子力産業において、事業主体がこれら三社の企業に限定されているのは、事業主体となる条件として既に原子力発電所の建設、運営に携わった経験があることという規定があるためである。有力な発電企業である華能集団、華電集団など、複数の企業が原子力事業への参入意欲を明らかにし、政府への働きかけを行っているが、規定が緩められる兆しはいまのところない。華能は清華大学や国家核電技術有限公司と技術開発を目的とした実証炉を建設、運営したりするなどして、参入の機会を窺っているものの、福島原発事故によって、事業主体を三社から拡大する見通しはむしろ少なくなったというべきだろう。

最後に技術開発の主体となっている機関についても簡単に触れておこう。原子力技術開発は通常の科学技術と同様、基礎研究は大学と研究所（特に中国科学院）、そしてより実践的な研究は設計院が担っている。特に影響力が大きいのは、中国核工業集団の傘下にある核工業第一設計研究院と同第二設計研究院であり、いずれも一〇〇万kWクラスの第二世代技術の原子炉は完全に単独で設計する能力を有しており、稼働済の原発はもとより、建設中の原発の多くもこの二つの設計院が関与している。これに対し、広東核電集団公司は自ら独自の設計能力を持つことを目的として、二〇〇五年に核電設計公司を傘下に設立しているが、原子炉圧力容器の設計能力はまだ不十分であり、第一設計研究院および第二設計研究院の支援を受ける必要があるとのことである(8)。

技術開発に関わる機関の中で、注目に値するのは国家核電技術有限公司である。これは二〇〇七年五月に国務院によって認可され、国家出資六〇％（他に中国核電、広東核電、中国電力投資、中国技術進出口総公司がそれぞれ一〇%ずつ出資）で設立された国有企業である。母体となったのは核工業集団傘下の設計院と並んで有力な上海核工程研究設計院である。上海核工程研究設計院は中国初かつ自主設計の原発である秦山原発の開発にあたった七二八工程設計院を前身とし、圧力容器を含め、原子炉の完全自主設計が可能な技術水準を有しているとされる。上海核工程研究設計院に加え、国家核電力規劃設計研究院、国核工程有限公司、山東核電設備製造有限公司、国家核電技術研発中心などの機関が統合、国家核電技術有限公司として成立することとなった（その後、二〇一一年には上海発電設備成套設計研究院も加わる）。

国家核電技術有限公司はその名のとおり、企業であるが、実態としては上で述べたように、原子力技術開発と原発建設のプロジェクト遂行に関連する有力な国有企業を糾合し、原子力開発を設計から機器製造、プロジェクト管理まで行える態勢を整えた国策会社である。国務院の認可を経て、国家資本を投じてまで設立した目的は、海外の先端的な原子力技術の吸収、さらには原子炉の国産化の実現にある。設立されたのは二〇〇七年、すなわち既に述べたとおり、「核電中長期発展規劃（二〇〇五―二〇二〇年）」が策定され、新規原発の建設着工がまさに一気に開始された年である。この時点では、中国国内の技術レベルでは第二世代技術（具体的にはCNP炉）についてようやく自主設計、国産化が可能な段階に到達していたものの、第三世代技術についてはほぼ知見がない状態であった。これに対し、ウェスティングハウス社（アメリカ）のAP1000技術の技術移転の受け皿となり、国産化に向けた技術吸収を進める戦略の担い手とすることが国家核電技術有限公司の設立の狙いである。国産化を通じて原子力導入のコストダウンを図るという方針が、中国の原子力政策の重要な目的として制度的に位置づけられた意味で注視に値する。

(3) 原子力の競争力向上(コストダウン)に向けた取り組みとその成果

国家核電技術有限公司の設立に表れているように、中国政府は二〇〇七年に原子力開発に対するスタンスを大きく転換し、急拡大路線を進むようになった。その際、中国政府が重視したのが中国企業による海外技術の吸収、そして国産化へと進むことでコストを下げるという方針であった。

そもそも九〇年代に海外技術を輸入した際にフランス、ロシア、カナダと異なる国の企業から技術を導入する決定を下した背景にも、同様に国産化をにらんだ戦略があったと考えられる。海外から原子力技術を導入するにあたっては、特定企業の技術を選定し、システム全体を一括導入するケースが通例である。原子炉の運転、メインテナンスについては高度な技術面での理解が必要であり、異なる企業の原子炉を導入することはそれだけ対応するためのコストがかさむことになる。それにもかかわらず、中国が九〇年代に複数の企業の技術を導入したのは、原子力の本格導入に移行する前段階において、それぞれの技術の値踏みをすることが目的であったのは明白であるが、その検討項目の中には国産化の実現可能性を吟味することもあったのではないかと考えられる。海外企業同士を競わせ、中国企業への技術移転の積極性を引き出すという効果もあったと見られる(9)。中国の厚いエンジニア層を考えれば、複数技術の導入に対応できる人的余力があったという点が他の途上国と異なる点として指摘できよう。

二〇〇七年以降の原発建設の拡大期においても、技術をひとつに絞ることなく、複数の技術を並行して導入する方針は依然として継続している。先の表4の二〇一〇年末時点で建設中の原発を見ると、中国自主設計のCNPが八基、フランスから技術移転を受けたCPRが一四基、アメリカ(現在は東芝が買収)のウェスティングハウス社のAPが四基、フランスのアレバ社のEPRが二基と、依然として炉型はひとつに絞られず、異なる技術を導入する方針は続いている（しかし近年、福島原発事故後になって、遂に技術を絞り込む方向に向かいつつあるようである。この点は後に述べる）。

国産化を念頭に、海外企業に技術移転を促す政府の姿勢は、「以市場換技術」（市場と引き換えに技術を得る）という戦略としてしばしば表現される。これは特に二〇〇〇年代以降、顕著になってきたもので、中国の巨大な市場規模から得られる機会を誘因に海外企業を引き付け、しかし市場参入にあたっては中国企業との協力を義務づけるというやり方である。このやり方は様々な産業において見てとれるが、原子力産業においても、海外企業は単独で原発建設プロジェクトへの入札はできず、中国企業と組むよう条件が課せられている。その結果、GEは哈爾浜電気、アルストム（フランス）は東方電気、ウェスティングハウスは上海電気と提携している。

海外企業との提携がどの程度、具体的に中国企業の国産化に寄与してきたかについては、実証するために必要な情報が十分には得られない。しかし中国企業が着実に国産化を進めてきた事実は確認できる[10]。例えば、東方電気は紅沿河原発において、原子炉圧力容器と蒸気発生器、加圧器、安全システムなどの設備を受注している。上海電気も一〇〇万kWレベルの圧力容器と蒸気発生器、制御棒運転装置などは自ら製造する能力があることを公表している。原子炉の核心設備である圧力容器と一部の安全システムの国産化に既に成功している点が注目に値する。また哈爾浜電気も二〇〇九年には主要なポンプ設備については国産化を達成し、桃花江原発と寧徳原発の蒸気発生器を受注しており、圧力容器については不明であるが、その他の重要な補助設備については自主製造能力を形成していることが分かる。

中国のプラントメーカー三社が国産化を進めていることで、部品設備メーカーの製造能力も向上していることも重要である。なかでも中国第一重型機械集団は、圧力容器や蒸気発生器のように高い強度が必要な鍛造品を生産するための水圧プレス設備を二〇〇六年より開発し始め、鋳造設備も含めて五〇億元以上の投資を積み重ねた結果、一万五、〇〇〇トン、一万二、五〇〇トン、六、〇〇〇トンの水圧プレス設備を有するに至っている。二〇〇九年以前は一万四、〇〇〇トンの水圧プレス設備を擁し、六〇〇〇トンの最大鍛造能力を有していた日本製鋼所が世界の圧力容器の八割のシェアを押さえてきた。中国第一重型機械集団の水圧プレス設備は容量は日本製鋼所のものを上回るものの、最大鍛造能力は四〇〇トンとやや下回る。とはいえ、二〇一二年一二月には国家原子力専門家（核電専家）委員会による審査を受け、中国で当面主力となる第三世代型の一〇〇万kWクラスの原発に必要な品質基準はクリアしたとの認証を受けることとなった。

重要なことは、日本製鋼所の水圧プレス設備は一基であるのに対し、中国第一重型機械集団の場合は既に三基の水圧プレス設備を保有している点である。今後の中国国内の原子力市場の拡大が確実視されていることで、中国第一重型機械集団はさらなる生産能力の拡充に向けた設備投資に踏み切る余力もある。巨大な装置設備であり、かつ買い手が原発に限定されていること、加えて日本国内はもちろん欧米諸国における新規の原発建設の不透明性を考えれば、日本製鋼所がさらなる能力拡張のための投資に踏み切ることは相当に困難であろう。他方、中国第一重型機械集団は建設中の原発建設プロジェクトの四分の三に参加しており、この安定した市場にしっかりと軸足を置いて、今後も競争力強化につながる投資を果敢に続けていくものと考えられる。また上海電気傘下の上海重型機械有限公司が一万六、五〇〇トンの油圧プレス設備を開発導入中であるともされ（最大鍛造能力六〇〇トン）、これが完成すれば日本製鋼所の能力と並

表5　中国の原発建設コストと国産化率

	着工年	炉型	出力（万kW）	国産化率	投資額（億元）	kW当たり投資額（元／kW）
嶺澳2期	2006	CPR1000	108	70%	266	24,630
紅沿河1期	2007.8-2009.8	CPR1000	432	60%	486	11,250
寧徳1期	2008.2-2010.9	CPR1000	324	75%	512	15,802
秦山1期拡張（方家山）	2008.12-2009.6	CNP1000	216	80%以上	269	12,454
陽江1期	2008.12	CPR1000	648	80%	700	10,802
海陽1期	2008.12-2010.6	AP1000	250	1号機：43% 2号機：56%	400	16,000
三門1期	2009.4-2009.12	AP1000	250	1号機：30% 2号機：50%	401	16,040
昌江1期	2010.4	CNP600	130	75%以上	190	14,615
防城港1期	2010.7	CPR1000	216	87%	260	12,037

出所：海外電力調査会資料などにより作成。

ぶこととなる。

　圧力容器や蒸気発生器など、従来輸入に頼っていた部品を生産できるメーカーが育ってきたことで国産化率は大きく向上してきた。表5は国産化率と投資額のデータが得られた発電所について整理したものであるが、国産化率と投資額の相関関係はそれほど強くはないように見える。表からはむしろ同じ炉型であれば出力が大きいほど単位コストは低く、規模の経済性の方が明瞭に見える。紅沿河と寧徳を比較すれば、紅沿河の方が国産化率は低いが、寧徳より規模は大きく、単位投資コストは低い。同様に紅沿河と防城港についても、防城港は大幅に国産化率を高めているものの、出力規模は紅沿河の半分ということもあってか、防城港の方が単位投資コストは若干高い。

実際のプロジェクトで国産化が必ずしもコストダウンにつながっていることが明瞭に確認できないのは、中国の原発建設費用の中で設備費用が占める比率は四割程度とされるため（他には土木コストなどで一割、管理費用などが二割程度と比較的大きい比率を占める）、設備のコストダウンが建設費用全体に及ぼす影響は自ずと限定的であるということかもしれない。[11]しかしミクロ的に、個別の部品ごとに見れば、国産化による設備費用のコストダウンは二〜三割程度に及んでいることが観察される。また規模の経済性が強く働いている可能性について指摘したが、大規模な鍛造品の生産に中国第一重型機械集団が成功しつつある事例が示すように、中国企業の技術水準が向上し、大型の原発に必要な部品も国産化を達成すれば、生産する原発の容量規模の拡大を通じたコスト低減も進む可能性が高いと言えるのではないか。

さらに表5で同じ炉型のCPR一〇〇〇の寧徳と陽江、防城港を比較すると、寧徳と陽江は国産化率に大きな違いはないが、陽江は出力が大幅に大きいため、単位あたり投資コストは非常に低い水準に下がっている。寧徳と防城港との比較では、防城港の方が寧徳よりも出力規模は半分程度とずっと小さいが、単位あたり投資コストは二四％程度低くなっている。これは国産化率が八七％まで大幅に向上しているためと考えることができそうである。

ともあれ、中国で近年建設されている原発の建設コストが次第に下がっていることは、今後の原子力開発への傾倒を一層進める要因のひとつであると言えよう。表5のリスト中で単位あたり投資コストを最も低減することに成功している陽江原発の卸売価格は、表6のとおり、〇・三六四元と相当に低くなっている。この価格水準であれば、近年燃料である石炭価格の高騰により卸売価格が上昇している石炭火力に比

表６　稼働中原発の卸売価格

（単位：元／kWh）

	卸売価格
原子力平均	0.445
秦山Ⅰ期	0.414
秦山Ⅱ期	0.414
秦山Ⅲ期	0.471
田湾	0.455
嶺澳Ⅰ期	0.432
大亜湾	0.41
陽江	0.364

出所：海外電力調査会資料により作成。

して、かなりの魅力があると評価できる。

しかし設備の国産化によるコストダウンがもたらす経済性の向上という原子力開発への追い風も、福島原発事故による安全への懸念から突然やむことになった。この点について、次節で分析してみよう。

4　福島原発事故を受けた対応とその評価

(1)　福島原発事故を受けた対応

福島原発の事故は中国においても深刻に受け止められ、国務院は迅速な対応を行った。事故直後の三月一四日に開かれた第十一回全国人民代表大会第四次会議においては、第十二次五カ年計画が承認され、二〇一五年の発電設備容量を四、〇〇〇万kWに拡大する目標が確定されることとなった。既述のとおり、この四、〇〇〇万kWというのは元々は二〇二〇年時点での達成目標であり、それを五年前倒しにすることを、建設中のプロジェクトが進む中での現状追認とはいえ、明瞭に打ち出した点は原発建設にアクセルを踏む方針が変わらないことを示すかのようであった。この時点では、原発事故に対応して原子力開発政策をどのように修正するか、いまだに方針が固まっていなかったものと考えられる。

しかしその二日後、三月一六日に温家宝首相が緊急国務院常務会議を開催、稼働中および建設中の原発の安全検査の実施と計画中のプロジェクトの審査を停止する措置を講じることとなった。安全検査期間は当初予定よりも長くなったが、二〇一一年八月二一日に稼働中と建設中の原発に関しては安全宣言が出されるに至り、さらに四カ月ほど経った同年一二月には計画中の原発建設プロジェクトの新規建設の認可が再開されることとなった。しかし原子力開発全体の方向性については、それから一年近くが経過した二〇一二年一〇月二四日に開催された国務院常務会議において、「核電安全規劃（二〇一一―二〇二〇）」と「核電中長期発展規劃（二〇一一―二〇二〇）」が公表されたことでようやく明確に示されたと言える。その内容は、二〇〇七年以降の原子力開発に対する前のめりの姿勢を修正し、安全管理体制を整備することを優先するというものであった。以下、中国政府の福島原発事故対応について整理しておこう。

まず過熱していた原発建設目標の下方修正に踏み切ることとなった。二〇〇七年に公表された「核電中長期発展規劃（二〇〇五―二〇二〇年）」では二〇二〇年時点での導入目標が四、〇〇〇万kWであったが、先述のとおり、これは二〇一五年には達成されることが確実であり、事故以前は特に環境保護部が強力な推進派となり、二〇二〇年の目標を八、〇〇〇万kW、なかには一億kWとするよう喧伝する高官もいた。これに対し、新たに策定された「核電中長期発展規劃（二〇一一―二〇二〇年）」では五、八〇〇万kW（建設中三、〇〇〇kW）と二〇〇七年版よりは増えているものの、事故以前の議論では最低水準とされていた八、〇〇〇万kWを大きく割り込む目標となっている。

目標を大きく引き下げたのは、建設許可を下ろすプロジェクトの審査を丁寧かつ厳格に行うためと分析されている。[12] 特に折角国産化にこぎつけた第二世代の原子炉CNPと第二世代改良型のCPRであるが、今後は新規投入を制限し、まだ国産化への取り組み途上である第三世代型炉（APあるいはEPR）を優先的に行う方針が「核電中長期発展規劃（二〇一一―二〇二〇年）」に盛り込まれている。いずれ第三世代型炉についても中国メーカーは再び国産化を進め、コスト低減に成功してくる可能性も高いと思われるが、表5のとおり、第三世代型炉のAPはCNPやCPRと比較すると、投資コストが依然として高く、現状では経済性を犠牲にしても安全を優先した決定であると評価できよう。

また福島原発の事故が冷却水の供給が途絶したことで炉心融解に至り、水素爆発を起こしたことを受け、水不足がしばしば生じる中国内陸部での原発建設への懸念が高まることとなった。そのため内陸部での原発建設に対しては、少なくとも二〇一五年までは凍結する方針が明確に示されることとなった。実際には、既に三つの原発がプロジェクトの初期（土木）段階に入っており、一〇〇億元を超える資金が投じられていたのに加え、さらに今回の決定でサイトの現状維持費用だけで毎年一億元以上の費用がかかることになるとされる。この事例を見ても、場合によっては経済性よりも安全を重視する中国政府の姿勢が示されていると言えよう。

この一年半で安全面での体制整備も大きく進んだことも注目される。一九九四年に二基の原発が導入されたことで中国の原発建設の歴史は始まるが、実は二〇一二年まで原発運転に関わる安全管理に関する法律制度は未完成で、実務的に必要な基準などは二〇〇七年前後から断続的に策定されてきたが、ベースとなる基本法すら存在しない状況であった。これに対し、「核電安全規劃（二〇一一―二〇二〇年）」が公表され、「核安全・放射性汚染防止〝十二五〟規劃および二〇二〇年の遠景目標」と合わせて法制度面での整備が進むこととなった。

以上のように、二〇一二年一〇月に出された今後の原子力開発の新たな方針はこれまでの過熱した原子力開発にいったんストップをかけ、安全管理体制の整備を優先するものであった。その結果、短期的には中国の原発建設スピードは若干減速することとなったが、中長期的に着実に原発建設を進めていく上ではプラスであると考えられる。微博（中国版ツイッター）をはじめ、人々の間での自由なコミュニケーションが急速に拡大している現状において、中国の原子力産業には今後ますます国民の信頼性を得るべく配慮する必要が出てくるはずである。内陸部の原発建設の凍結も、安徽省で起こった江西省彭澤発電所建設に対する反対運動が主たる影響を及ぼしたものであり、また二〇一三年七月には広東省で核燃料工場の建設計画が周辺住民の抗議行動で中止となった。安全管理の強化は二〇二〇年以降に原発建設を拡大していく上で必要不可決の条件となりつつある。

(2) 依然指摘されている諸問題

以上のように、中国は福島原発事故を他山の石とし、事故後一年半余りの時間を有効に使って、これまで未完成であった法制度の整備や安全管理能力を超える過熱気味の建設目標を修正するなどの措置を講じてきた。これはむしろ、中長期的に安定した原子力開発を進めるための基盤づくりに資するものであったと言えよう。しかし当然ながら、中国の原子力開発に関連する少なからぬ問題が依然として存在する。以下、いくつか指摘していこう。

①安全管理体制の脆弱さ

原発の安全管理については環境保護部の内局の国家核安全局が管轄することとなっている。これまで原発を大々的に推進してきた環境保護部の影響下に安全管理部門があるということになり、我が国の経済産業省―原子力保安院の関係を想起させる。我が国が事故後、原子力規制委員会（そしてその事務局である原子力規制庁）として安全管理部門を独立させたのと同様に、中国でも独立の規制官庁を設立することが望ましい。福島第一原発の事故を受けてそうした方向での原子力関連の行政組織改編が試みられたようであるが、初期の段階で関係省庁の猛反発を受け、消え去ったようである。[13]

環境保護部は、環境政策の一環として原子力の大幅な導入を推進する姿勢を依然として崩しておらず、国家核安全局が安全管理上、原発建設プロジェクトにストップをかけないといけなくなった場合に、本体である環境保護部が規制を緩めるように圧力をかけることを排除できるかどうかは、国家安全局が独立した地位を持たない限り、完全には担保できないだろう。そもそも二〇一〇年頃からは、環境保護部の原子力開発の強力な推進姿勢に対し、国務院や国家能源局は抑制をかけようとしていたものの、事業者の強い投資意欲にも押され歯止めがかからない状態であった。強い権力を持つ国務院や国家発展改革委員会の内局である国家能源局でさえ、抑えきれなかったことを考えれば、やはり国家核安全局に独立の強い権限が与えられるべきであろう。

他方で、国家核安全局はこれまでも地味ながら適切に監督業務を行ってきたというのも高く評価されている。[14]しかし予算、人員数の面で相当厳しい状況であることも指摘されている。二〇〇七年時点で中国に存在していた三七の発電機に対し、三〇八人が一、二五〇万ドルの予算で監督業務にあたっていたが、日本は五四機に一、五〇〇人、四億ドル、アメリカは一〇四機に三、八〇〇人で八・二億ドルと、中国の監督態勢に人的、予算的な大きな制約があることが明瞭であろう。なおさら厄介なことに、中国の原子力関連機器メーカーの中にはコスト削減のために作業工程を省いたり、投入原料を設計より減らしたりする不正が実際に存在しているとも指摘されている。また原発事業者も問題事案が発生した際に安全局に報告を上げた場合に生じる工期遅れによる経済損失を嫌って、社内で極秘に処理しようとすることが往々にしてあるとされる。外国と比べて、監督業務態勢が貧弱であるのに、監督対象者は脱法行為に走りやすいという難しい状況にあると言える。

国家核安全局の規制能力の制約は、ひとつには近年の原発建設スピードが急激でありすぎたために、予算と人員の拡充が追いついて来なかった面は確かにあるだろう。大学などにおける原子力関連の人員養成機関の整備が遅れている点は深刻な問題と言える。規制当局に限らず、事業主体となる企業にとっても人員不足が深刻な問題であり、原子力工学などの専攻を卒業した人員はまず企業へと吸収される状況である。この点でも、原子力開発のスピードを減速したことで、国家核安全局を始めとする規制当局の陣容が整うスピードが追いつくことが期待される。

②バックエンド（使用済核燃料処理）のコスト

前段で中国の原子力の経済性は現時点でも既に石炭火力に匹敵し、また中国企業による国産化を進める政策の下、結果として原発の設備投資のコストダウンが進むことで将来的には中国の原子力の発電コストはさらに低下する可能性があることを指摘した。しかし中国の原子力の発電コストは原子力発電によって生じる外部性が反映された「真の発電コスト」であるかどうかという点は改めて吟味する必要がある。

日本でも福島原発の事故が発生する以前（二〇一〇年時点）においては、政府試算による原子力の発電

表7　大島教授試算による電源別「真の発電コスト」

（単位：円／kWh）

	原子力	火力	水力	原子力＋揚水発電
発電コスト	8.64	9.80	3.88	10.13
開発費用	1.64	0.02	0.06	1.68
立地費用	0.41	0.08	0.04	0.42
総コスト	10.68	9.90	3.98	12.23

出所：大島堅一『再生可能エネルギーの政治経済学』東洋経済新報社、2010年。

コストは一kWhあたり五・三円と石炭火力の五・七円、天然ガス火力の六・二円に比べて安価であるとされていた。しかしこの五・三円という発電コストには本来含まれているべき、原発立地自治体に支払われる立地費用（迷惑施設受入費用）、政府の財政支出による技術開発費用、さらに使用済核燃料の処理費用（いわゆるバックエンド費用）が計上されていないという問題があった。

表7は立命館大学の大島堅一教授が電力会社の有価証券報告書をもとに、日本の原子力の「真の発電コスト」を試算したものである[15]。発電コスト自体が先に述べた政府試算よりも大幅に高くなっているが、これは試算の方式の違いによる。政府試算は電源ごとにあるモデルプラントを想定し、運転年数、設備利用率、為替レート、燃料価格の上昇率、割引率に関して一定の仮定を置いて算出したものである。他方、大島教授の試算は電力会社の財務諸表から実績としてかかった費用を電源別に割り振って算出したもので、モデルプラントよりも実態を反映して設備利用率がより低く、営業費用が大きくなっている。表のとおり、実績費用に基づく発電コストにさらに技術開発費用と立地費用を計上すれば、原子力は火力よりも割高であったと試算されている（一九七〇―二〇〇七年度の平均）。

福島原発の事故後、政府も原子力の発電コストの試算を見直し、五・三円からは大幅に引き上げられ、八・九円以上となった。[16] しかし一方で、化石燃料電源については温暖化対策費用などが新たに計上されたことで、石炭火力九・五円、LNG火力一〇・七円と同様に引き上げられ、原子力がより経済性のある電源である点は依然として変わっていないということになっている。大島教授の有価証券報告書をもとにした試算とも依然として大きな開きがあり、日本においても原子力の経済性をめぐる議論はいまだに決着していないというべきであろう。

同様の問題意識を持って中国の原子力の卸売電力価格について、その経済性の妥当性について検討してみる。中国の場合、モデルプラントではなく、各発電機ごとに卸売価格が設定されており、この点は大島教授の試算方式に近く、発電機ごとに実績としてかかるコストを反映した卸売価格となっていると考えられる。中国で原子力の卸売価格の算出にあたって用いられる基準(「定価機制」)を確認すると、発電コストとして認められているのは設備建設費(減価償却費)と燃料費、そして人件費のみとなっている。[17] したがって、原子力の外部性を含んだ「真の発電コスト」とは乖離している可能性が考えられる。

とはいえ、立地費用に関しては、少なくともこれまでは非常に少ない費用であったと考えることができる。中国では土地が国有であり、住民の移転補償費用も非常に安価で済んできたためである。しかし住民の権利意識の高まりからダム建設による移転費用も高騰し始めているとされ、今後は原発についても立地費用はこれまでよりも大きく増加する可能性は高い。他方、原発建設地そのものであれば移転に伴う補償費用を住民は受け取ることができるが、周辺住民および自治体は日本と異なり、補助金などを受け取ることはない。福島原発事故によって中国でも改めて原発事故の可能性が認識されることとなったが、立地反対運動は散発的に起こっただけでほどなく収束した。しかし先に述べたとおり、広東省で核燃料工場が建設中止に追い込まれた事例が示すのは今後立地費用は上昇する可能性があるということかもしれない。

バックエンド費用についても卸売価格には全く反映されていないことが確認できる。ただし、中国政府の方針としては、最終的には核燃料サイクルを確立し、再処理を進める方針を明らかにしている。というのも、現在中国が確保しているウラン燃料は二、五〇〇万kWの原発を四〇年間運転する量にとどまり、国内供給量の増強でさらに二、五〇〇万kW、輸入で一、〇〇〇万kW程度が妥当で、総計六、〇〇〇万kWが燃料供給面の上限との指摘があり、現状の設備投資計画では二〇二〇年以降の新規発電所のウラン燃料供給確保が課題となっている。こうした要因からも再処理を目指して、現状では使用済核燃料は臨時の貯蔵システムで保管される状態となっている。

既に「核電中長期発展規劃（二〇〇五―二〇二〇年）」において、原発建設プロジェクトの実施時に低中濃度廃棄物の処理場の建設が義務づけられていたものの、実際には未着手のプロジェクトがほとんどという現状のようである。高濃度廃棄物については、費用負担を含む態勢のあり方がまだ議論の俎上にも載せられていない。少なくとも現状ではそのために積み立てておかれるべき費用が卸売電力価格に計上されておらず、いずれ国家の関与が必要になる可能性が高い。

核燃料サイクルの下での再処理システムの構築は、日本においても遅々として進まず、使用済核燃料の処置に大きなコストがかかっている。中国における再処理システムの整備状況については今回は調査が進まなかったが、資料が少ないのはあまり実質的な進展がないことを示しているのではないかという感触を持った。ともあれ、日本に比べるとこれまでのウラン燃料の使用量は少なく、バックエンドの費用はいまのところそれほど大きなものではないが、第十二次五カ年計画期間中に大量の新規発電所が運転開始することを踏まえれば、今後は無視できない大きさとなってくることが考えられる。

③寡占構造がもたらす原子力関連産業の硬直化、技術開発にもたらす悪影響

中国の原子力産業において、事業主体となる企業が三社に限定されていることは既に述べた。これは原発建設プロジェクトにあたっては発電所ごとに事業会社が設立されるが、その際、原発建設の経験がある中国核工業集団公司、中国広東核集団有限公司、中国電力投資集団のいずれか一社が「原子力発電投資主体」として必ず五〇%を超えた出資比率とならなければならないとする規定があるためである（残りの資本金は多くの場合、地方のファンド、電力公司などが出資）。この規定によって事実上、この三社に事業主資格を限定し、人為的な参入障壁が形成されている。実際、発電企業大手の華能集団や華電集団によるプロジェクト申請が棄却されたこともある。その結果、原子力発電市場は寡占構造となっている。

しかしこの寡占構造によって、とりわけ中国核工業集団の市場影響力は非常に強く、政府の規制が骨抜きにされる面があると考えられる。一例を挙げれば、二〇〇七年以降、新規原発が続々と建設された際には、政府は当時既に第三世代技術の導入を中心とする意向を有しており、政府は第三世代炉の導入を各企業に働きかけたにもかかわらず、企業側はサボタージュし、第三世代技術による原発の建設申請は一向になされなかったという指摘がある(18)。原子力という高度技術が関連する産業においては、どうしても現場を持っている企業側の技術情報面での優位性があり、さらに強い市場影響力も加わることで、日本でも問題になった規制機関が被規制側の勢力に実質的に支配されてしまうような「規制の虜」の状態に陥りがちな

傾向がある。

この点は、今後の技術開発に悪影響を及ぼす可能性が指摘できる。福島原発事故を受けて、政府は今後新たに建設する原発の炉選択にあたっては第三世代炉（具体的にはＡＰ炉、あるいはＥＰＲ炉）を標準とする規制の導入を検討したものの、その後、企業側の巻き返しで第三世代炉「相当」の安全性が確保できれば今後も新設可能という条件へと変更を余儀なくされたとされる[19]。完全国産化済のＣＮＰは第二世代炉であるためやむを得ないとしても、ほぼ国産化に成功した第二世代改良型炉のＣＰＲについては引き続き、導入を続けたいという企業の思惑がある。ＣＰＲが第三世代炉「相当」の安全性が確保できているのかの判断は二〇一二年一〇月時点ではなされていないようだが、「規制の虜」構造があるとすれば、ＣＰＲの建設が引き続き認可される可能性も少なくないと考えられる[20]。

原子炉の選定は福島原発の事例が示すように四〇年以上の長期間にわたって影響を及ぼす（技術のロックイン効果）。その意味で、経済性だけではなく、安全性への配慮は通常の電源以上に重要である。産業の寡占構造はこうした判断を歪める可能性がある。確かに単純に自由化して競争構造を持ち込めばいいというわけでもない。過度の競争はむしろ、経済性が優先され、安全性が軽視される結果に陥る可能性があると中国のこれまでの状況から予想できる。また安定した寡占構造の方が、特に原子力のように開発期間が長期にわたり、不確実性の高い技術にとっては開発が進むという見方もありうる。とはいえ、現行の三社に事業主体を限定した体制では産業の硬直化を招き、規制の効果が減じられることで技術開発への取り組みが進まない可能性も高い。より多くの企業が相互に競い合うことで健全な発展を促す意味でも、時期を見て参入規制を緩和する改革に踏み切ることが望ましいと考えられる。

おわりに――「隣の原子力大国」中国に対し、我が国はどう対応すべきか

石炭を主要エネルギーとする中国であるが、相対的な経済性の向上によって、原子力の導入は今後一層加速すると考えられる。巨大な国内市場の拡大見通しを背景に中国の原発設備メーカーは最先端設備への大規模投資を今後も積極的に行うことが予想され、また政府は海外企業に中国企業への技術移転を迫る戦略で臨んでおり、設備の国産化が進むことより、原子力のコストダウンが進み、他の電源に対する経済性の点から見た優位性がさらに高まると予想される。他方で、福島原発事故を契機に安全管理体制の整備が進み、中国政府は二〇一二年一〇月に原子力開発目標のペースダウンと安全管理に関わる一連の新たな法規制の導入を進めた。依然として問題は存在するものの、原子力の持続的な開発を可能にする方向に進んだと評価することができる。以上が、本章の分析のまとめである。

最後に、こうして今後も原発建設を進める「原子力大国」中国という存在が我が国にどのような意味を持つのか、私見を述べておきたい。福島原発事故が発生する直前まで、我が国の原子力産業は「原子力ルネッサンス」、特にそのアジアでの展開を踏まえてプラント輸出に大きな期待がかけられていた。事故後もベトナムは日本製プラントを予定どおり導入することを公表したが、率直に言って今後の展望は非常に厳しい。国内の新規の原発建設が恐らく長期間にわたって実現が難しい情勢を考えると、我が国の原子力産業の基盤をいかに維持するかという目的に照らして海外展開は従前よりも一層真剣に考える必要があると思われる。

他方で、信用は失墜したものの、日本の原子力産業の技術レベル自体が低下したわけではない。「原子力大国」として台頭する中国に対して協力を進めることが国内の産業基盤維持の現実的な対策と言えるのではないか。特に個別部品メーカーは積極的に中国市場への進出を進めるべきである。本文で指摘したとおり、中国第一重型機械集団の水圧プレス機の導入のように、早晩圧倒的な規模の投資の前に日本の技術的優位性は失われてしまう可能性は高い。その前にいかにビジネスを立ち上げるか、実際の現場を確保する意味でも中国市場への進出の意義は大きいと考えられる。その際、技術移転が求められる可能性が高いことは本章でも分析したとおりであるが、技術移転そのものをビジネスにする発想への転換が必要であろう。セットメーカーの中国企業との協力の必要性はさらに切実だと思われる。中国製プラントの技術向上に尽力することが他のアジア展開を見据えた上での信用回復につながる確実な道ではないだろうか。いまや我が国は偉そうに言える立場ではないが、「隣の原子力大国」中国の安全性向上に向けて協力を進めることが、我が国の今後の原子力産業の維持、ひいては安全性の確保の上で実はカギとなると考える次第である。

（1）他にもエネルギー価格、とりわけ石炭価格が市場経済化の進展とともに高騰してきたこと、あるいは環境対策技術について中国企業による驚異的なコストダウンが実現したことも重要な要因として指摘できる。この点について詳しくは、堀井伸浩編『中国の持続可能な成長――資源・環境制約の克服は可能か？』日本貿易振興機構アジア経済研究所、二〇一〇年を参照。

（2）この点について詳しくは、堀井・前掲書所収の第1章を参照。

(3) ただし、中国経済の減速が進む中、二〇一二年は石炭需要の六割以上を占める電力、あるいは鉄鋼の産出量が横ばいないし減少したことで、価格が大幅に切り下がっている。本章で主張しているのは供給面で石炭価格の上昇につながる制度変化が起こってきたという点であり、需要面でブレーキがかかった場合は当然価格が下落圧力を受けることを否定するものではない。中国経済が今後も成長を続けるとすれば、省エネや脱石炭化がある程度は進むとしても需要は回復し、いずれ石炭価格は再び上昇軌道に戻る可能性が高いと考えられる。

(4) ただし、この原子力の卸売価格の算定には建設費と人件費、燃料費が算入されているのみで、使用済核燃料の処理費など、いわゆるバックエンド費用が含まれていないことは重々留意すべきである。外部費用が価格に反映されていない中での競争優位であり、歪められた競争で社会的に適正な水準以上に原子力が導入されてしまう可能性がある。この点は後段で更に詳述。

(5) 中国電力規劃編写組『中国電力規劃：農電、核電、風電及科技巻』中国水利電力出版社。

(6) 正確には、石油価格と電力料金に計上される賦課金から毎年八億元の中央財政支出を原子力開発に配分する方針が一九八〇年代には示されていた。しかし同様の制度で石炭火力には一五〇億元が配分されていたことと比較すると原子力の投資資金は圧倒的に少なく、またその後のインフレ状況の下で相対的な意味を低下させることとなった。二〇〇〇年代後半以前は経済性から言っても、また制度的にも（原子力は電力工業部ではなく、別系統の核工業部所管）、原子力は通常の電源として開発されるわけではなかったため、安定的な中央財政投資が十分確保されなかったことは原子力開発の発展スピードに大きく影響したと言える。

(7) 李毅・朱玥・施智梁「中国核電〝安全閥〟」『財経』二〇一二年第二八期、七〇—七一頁。

(8) 李小萍「我国核電産業発展政策分析」『企業経済』二〇一二年第五期、一六四—一六七頁。

(9) 実際、近年議論の焦点となっている第三世代炉の導入に関して、ウェスティングハウス社のＡＰ１０００炉が優位とされているが、その背景に同社が中国企業による改良版の開発に寛容であり、かつその場合の知的所有権を主張しないという契約条件で臨んでいることがあるとされている。他方、アレバ社はＥＰＲ炉についてはＣ

ＰＲ１０００炉と同様、知的所有権は中国企業に移転しないことを条件にしているが、中国政府としては両者を天秤にかけることで中国企業にとって有利な条件を引き出す条件交渉をしているようである。
（10）劉影南「中国の原子力発電産業の現状と課題――政策の転換と国産化の進展を巡って」九州大学大学院修士論文（比較社会文化学府堀井研究室）。
（11）あるいは表で示された投資額のデータを精査する必要があるというべきかもしれない。特に紅沿河原発に関するデータは若干違和感が残る。今後の課題としたい。
（12）朱玥「核電重啓台前幕後」『財経』二〇一二年第二八期、六二―六八頁。
（13）同前。
（14）李毅・朱玥・施智梁・前掲「中国核電〝安全閥〟」。
（15）ただし、バックエンドの費用については一部しか含まれていないことを大島教授自身が注記している。その理由は、将来的な不確実性が大きく、また使用済燃料の再処理を行うのか、放射性廃棄物の管理レベルをどの程度の水準におくのかでコストの変動幅が非常に大きくなるため、現状で決まっている方針に基づくコストしか計上できないためである。その意味では、最低限必要な金額のみ計上されていると言える。また重要な点として、事故発生による賠償金、除染費用などの対応コストについても含まれていない。これは研究がなされたのは福島原発事故以前であり、参照可能な実例がなかったため、やむをえないことだと言える。
（16）事故の対応費用が正確に見積もれないため、まずは五・八兆円を計上し、賠償金などの費用が一兆円増加するごとに発電コストは〇・一円／kWh上昇するとの条件が想定されている。
（17）王世鑫「核電電価機制改革応対対策研究」『中国核工業』二〇一〇年一二期、中国核工業報社。
（18）李小萍・前掲「我国核電産業発展政策分析」。
（19）朱玥・前掲「核電重啓台前幕後」。
（20）筆者にはＣＰＲ炉の安全性を正確に評価できる能力がなく、決してＣＰＲ炉が問題であると言っているわけではない。筆者の意図は、実際に安全かどうかはともかく、企業の意向で規制が修正を余儀なくされる事象が発生している事実を指摘したいということである。

パキスタンにおける核開発の展開と行方
——原発事故報道がもたらしたもの——

近藤　高史

はじめに

パキスタンが核兵器保有国となってから一五年以上が経過した。パキスタンといえば「治安の悪さ」や「テロ」、古くは「日本人はエコノミック・アニマルである」と発言した故ズルフィカール・アリー・ブットー大統領（一九六五年。なお発言当時は外相）など、様々なイメージが浮かぶと思うが、総じて日本では良いイメージをもたれていないのが実情である。その中でも特に、被爆国である日本にとって、一九九八年の核爆発実験がイメージを悪くした大きな要因であることは間違いないだろう。

ただ、日本ではこの実験によって生じた瞬間的なイメージばかりが今なおパキスタンについては先行し、

「なぜ、そのようになったのか」あるいは「その後、どのように変わったか」という視点で眺められることが極めて少ないように思われる。海外の情報はテレビをはじめマス・メディアを通じて入ってくることが通常だが、マス・メディアでは人々の耳目を集めるインパクトの強い現象や言葉が取り上げられることが多い。もちろん、マス・メディアの側にも核兵器の廃絶といった社会的価値を追求する姿勢からパキスタンの核保有を批判する報道姿勢が出てくる点があるのは否定しないが、それが安易な感情論と結びついて、パキスタンという国の公平な理解につながらないとなればそれはかえって真の解決を遠ざけてしまうだろう。この章ではパキスタンが核武装に至る事情を辿ると共に、核兵器開発と原子力「平和利用」との関連がどのように捉えられてきたかを、二〇一一年三月の福島第一原子力発電所での事故報道の影響について特に着目しつつ検討し、日本とパキスタンに横たわる核認識の断層を埋める一助になればと考えている。

1　印パ対立と核開発

パキスタンが隣国インドに続き、一九九八年五月末に地下核実験を実行したことで、南アジアに二つの核兵器保有国が登場することになった。核兵器保有の理由を「自国の安全保障のため」として正当化する国家は多くあるが、パキスタンの場合も例外ではない。その核兵器開発の動機は、通常戦力にして同国の三倍の軍事力を持つ隣国インドに対し軍事的平衡を確保したいという点が大きな比重を占めている。インド・パキスタン（以下、「印パ」と略記）両国は一九四七年八月に英国の植民地支配から独立して以来、三度の戦火を交えていて、何度も両国間の関係改善の試みがなされてきたものの、基本的には信頼醸成措置の域にしかとどまっておらず、改善に向けたさしたる成果をもたらしていないのが実情である。

印パ対立は、両国の国家建設のイデオロギーがもたらした対立であるといってよい。英領インドからの独立に際し、独立運動を指導した国民会議派が政教分離を掲げ、「世俗国家」としてのインド建設を目指したが、一方の独立運動の担い手となったムスリム連盟は「国民会議派の構想通り独立すれば、ムスリムはヒンドゥー教徒が多数派のインドにおいて少数派の地位に転落する」としてムスリム多住地域の分離独立を訴えてパキスタン建国を目指し、結果として印パ両国が別国家として分離独立するに至った。この分離のために移動した人口は約一、二〇〇万人、その最中で犠牲になった人々は一〇〇万人といわれ、今なおその傷は両国の人々に残っている。両者の建国の理念は独立後も引き継がれたが、インドが標榜した世俗主義は、ムスリムを一つの民族とみなすパキスタンの国家理念と矛盾するのは明らかであり、印パ両国の国家理念はお互いのそれを否定しあう関係にある。独立後六〇年以上を経ても続く両国間の緊張関係の根本には、「ヒンドゥー対ムスリムの宗教対立」というような単純な構図ではなく、このような歴史的背景が介在している事実は決して看過されてはならない。

印パ両国で解決されずに残っているカシュミール問題も、両国の国家理念の対立の延長上で理解される必要がある。PAKISTAN（「清浄な国」の意）という国名は英領インド内のムスリム多住地域を集めてつくった造語であり、KはKashmirの頭文字である。ムスリムが住民の多数派を占めるこの地域がインドにとどまればそれはインドの世俗主義を、パキスタンにとどまればパキスタンのムスリムが一つの民族を構成するというイデオロギーをそれぞれ「実証」する意味を持つ。(1) このように考えれば、カシュミール問題は「印パ対立の原因」ではなく、「結果」ということができるだろう。

一九七一年に当時の東パキスタンがバングラデシュとして独立したことは、パキスタン国家にとって単純に国土の二〇%、人口六〇%を喪失しただけでなく、自らの国家理念を大きく揺さぶられる事態を意味した。特にこの戦争はインドが介入したことがその帰趨に大きな影響を与えたため、その後成立したズリフィカール・アリー・ブットー政権は一九七二年一月に核開発着手宣言を行うなど、核兵器の開発計画を強く推し進めていくことになる。これ以後、米国をはじめとする諸国はパキスタンの核開発を断念させようと何度も試みてきたが、そのたびにパキスタンは「我々はインドと対等に扱われるべきで、インドにもパキスタンと同じ条件が適用されなければならない」との条件をつけて抵抗してきた。印パ関係はパキスタンの核武装論の根幹をなしている。

パキスタンは独立以来、多くの軍政を経験してきた。その時期は一九五八―七一年、一九七九―八八年、一九九九―二〇〇八年と政治史の半分近くに及んでいる。しかし、核開発の着手宣言は先述のブットーによってなされ、一九九八年に核実験を行ったのもナワーズ・シャリーフ政権であるように、文民政権も核兵器開発史において重要な役割を果たしている。これは文民政権のほうが軍政よりも好戦的であるというのではなく、核兵器の開発においては文民政権であれ軍政であれ、方針に大きな変化がないことを意味している。それほど対インド関係はパキスタン政治を大きく規定する原因なのである。

2　一九九八年核実験の背景

ところで、ブットー政権による核兵器開発着手宣言よりもかなり早くから、パキスタン国内において原子力開発は進められてきた。その端緒は一九五六年のパキスタン原子力エネルギー委員会（Pakistan Atomic Energy Committee, 以下ＰＡＥＣと略記）設立である。この組織はプルトニウム濃縮技術を用いた原子力の「平和利用」目的で設立されたものであり、一九六三年にパキスタン原子力科学技術研究所を設立して米国から原子炉を購入、また一九七一年にカナダの援助の下、パキスタン南部にある同国最大の都市カラーチーにカラーチー原子力発電所（Karachi Nuclear Power Plant, 以下ＫＡＮＵＰＰと略記）を設立するに至った。ブットー政権下では当然のごとくこれらの施設が核兵器開発における役割の一端を担うことになったが、一九七四年にインドが核実験を行い、南アジアでの核不拡散に対する国際社会の関心が高まると、米国やカナダからの技術移転は困難になった。そこでパキスタン政府はいったんフランスとの間にプルトニウム濃縮再処理施設の建設契約を取り付け、ＩＡＥＡの承認も得るのだが（一九七四年二月）、米国がフランスに働きかけて建設契約を破棄させた。このようにプルトニウム濃縮を通じての核兵器開発が困難である点が明らかになるにつれ、パキスタン政府はウラン濃縮を通じた核兵器開発に路線変更を図っていく。

ウラン濃縮を通じたパキスタンの核兵器開発は、一九七六年、後に「パキスタン水爆の父」と呼ばれるアブドゥル・カディール・ハーン博士がオランダから帰国し、カフータにあるウラン濃縮工場に勤務するようになってからである。この工場は後に同博士の名を冠してハーン研究所（Khan Research Laboratory, 以下ＫＲＬと略記）と呼ばれるようになり、変転の著しいパキスタン政治の動向にかかわらず、一貫して同国核兵器開発の拠点となっていく。このような歴史的背景から、パキスタンでは他の多くの国々とは異なり、原子力の発電利用はＰＡＥＣ、核兵器開発はＫＲＬ、というように、ひとまず別々に進められていくことになった。

ひとえに、パキスタン核開発技術の困難性は国内における資源の欠如にあった。国内にウランの埋蔵はなく、重水製造の施設もなく、資材製造の点において隣国インドとは大きな技術的格差があった。また、既述のような、核兵器開発計画が着手された一九七〇年代の国際環境の問題もあり、自国で完結する核兵器開発のシステムを構築するのは困難であった。ここから、部品一つ一つに至るまで、海外から「核の闇市場」を通じて部品を調達する独自の開発計画が進められていく。こうした海外技術への依存度の高い手法は、隠蔽工作にも留意する必要があり資金を多く要するというデメリットはあったが、別の見方をすれば国内で核兵器開発を進める上では海外に察知されにくいというメリットをもパキスタンにもたらしたのである。一九七九年のソ連が隣国アフガニスタンに侵攻すると、米国はパキスタンに軍事援助を開始すると同時に、この地域への核不拡散に努める姿勢を一時的に後退させ、パキスタンによる核兵器開発疑惑に対しては事実上黙認の状態が続く。こうした米国の一貫性のない、状況応答的な姿勢も手伝って、一九八二年頃にはＫＲＬは核爆発に必要な高濃縮ウランの製造が可能になっていたとみられる。

核兵器開発の次の課題として、運搬手段の開発が必要になるが、こちらに関してはパキスタンと一貫して良好な関係を保っている中国からの技術的影響があった。中国によるパキスタンへの核開発への協力は、二〇〇〇年六月に稼働開始したパンジャーブ州チャシュマのプルトニウム濃縮技術を用いた原子力発電所の建設がよく知られているが、建設計画が始まった一九八七年ごろから中国はＰＡＥＣへのミサイル技術開発の協力も進め、一九八八年四月には早くも地対地ミサイル「ハトフ１」の発射実験が行われた。

現在パキスタンは「ハトフ」「シャヒーン」「ガウリ」というシリーズの核弾頭搭載可能ミサイルを保有

しているが、ハトフに加え、シャヒーンも中国の技術協力で開発されたものである。特にハトフは性能の更新が鋭意進められていて、二〇一二年六月にもハトフ7の発射実験が行われた。

また、ガウリは北朝鮮の技術を利用したものである。パキスタンは一九九三年に、当時の首相ベーナズィール・ブットーが北朝鮮を訪問して以来、KRLが中心になって米国が、資金提供に加え遠心分離機などの核技術を提供する一方、北朝鮮がミサイル技術を提供する関係が強まっていった。元パキスタン陸軍参謀長ハワージャー・ズィアーウッディーンは、両国の取引にパキスタンの軍部が反対しないよう、北朝鮮からパキスタンに贈賄を行ったとも発言している(2)。

このように、一九七〇年代以降核兵器開発と電力開発が並行的に進められてきたパキスタンの核開発は、これまでも継承されているといってよい。だが、高濃縮ウラン製造が可能になり、核兵器の運搬手段の開発段階になった一九八〇年代になると、PAECにも核兵器開発の役割の一部を担わせ、中国―PAEC、北朝鮮―KRLというように核兵器開発路線の複線・多様化を図るという若干の変化が起きている。ここには、核兵器関連技術の供給源の一極依存を避けようとする意思を垣間見ることができよう。

一九八八年にソ連がアフガニスタンから撤退すると、米国政府はパキスタン政府に対し再度核兵器開発停止への圧力を強める政策に復帰するが、一貫性のない米国の対パキスタン外交がパキスタン政府の対米不信を生み、早期に核兵器保有を実現させる意思を加速させたであろうことは想像に難くない。すなわち、パキスタンの立場からすれば、仮に米国との良好な関係を構築できてもそれが自国の長期的な安全保障に結びつくことが期待できないので、自前でインドに対抗しうる手段を確保するために核兵器を保有しようという方向へ傾く。しかも、ソ連のアフガニスタン撤退後の国際政治では一九九五年五月のNPT(核拡散防止条約）無期限延長決定、一九九六年九月の国連総会におけるＣＴＢＴ（包括的核実験禁止条約）採択など、核不拡散体制強化のための締め付けが強まっていた。一九九八年五月のパキスタンによる核爆発実験は、もちろんインドの実験に対抗したものであったが、核兵器保有が遅れるとやがてその道が閉ざされてしまうのではないかというパキスタン政府の危機感が生んだ決定でもあった。安全保障を求め、その手段としての核兵器を核不拡散体制が強化される前に保有しようとしたパキスタン政府の動機は、対中国関係がその根底にあったインドの核武装の動機と皮肉なほど酷似している。

なお、付言しておくと、パキスタン政府はこれと並行する時期、一九九四年には原子力安全条約（Convention on Nuclear Safety）に調印し、一九九七年には議会で承認している。核兵器開発と原子力発電の政策上の分離は、外交にも反映されている。

3　核実験後のパキスタン

一九九八年五月一一、一三日のインドによる核実験直後、パキスタンには国際社会による自制を求める呼びかけが行われたり、国内からも少数派ながら核実験の実施に反対する声もあがったりした。これらは実際にパキスタンが核実験に踏み切ると、いったんかき消されてしまったかに見えた。パキスタンの大半のマス・メディアも対インド関係を根拠に核実験を支持・正当化し、国内でも核実験を支持するデモが繰り広げられたからである。

しかし、直後の反応だけでパキスタン国民が核兵器の保有を支持したと考えるのは早計に過ぎるだろう。

識字率が五〇％に満たないこの社会では一時的に政治的熱狂が醸成されやすいからであり、人々の真の反応は少なくとも数週間～数ヵ月間の時間を経て形成されると見たほうが妥当だからである。実際、経済制裁が同国に科されると核実験後の高揚感は解消して核兵器そのものへの関心は薄まり、人々の主たる関心は経済・生活問題に戻って、やがて国内には対パ経済制裁を実施するであろう海外の反応を考慮せず短絡的に核実験を強行したことに対する批判の声さえ生まれるようになった。核実験と同日に非常事態宣言が出され、市民権の一時的停止措置が行われたことも背景にあった。インドの脅威を訴えて国家の団結を訴える手法は歴代のパキスタン政権がよく採用する手法だが、停滞する経済やガヴァナンスの問題から人々の関心を逸らさせる手法としては限界がある点をはからずも明確にしたといえる。

しかし、当時のナワーズ・シャリーフ政権には、たとえ経済の停滞や社会不安を抑えるために核政策の転換が求められていたとしても、核兵器開発志向の高い軍部と対立することは難しい立場にあった。パキスタン軍は外国がパキスタンの核政策に制約をかけようとすることに抵抗してきた。パキスタンの政策決定者は経済制裁が同国内の内部対立を高めＮＰＴ支持への雰囲気を醸成していることを理解していた。ここから、パキスタン政府は主たる目標を経済制裁の緩和あるいは撤回に置き、核兵器開発政策では妥協しない路線を採用していくことになった。

そのような状況下、パキスタン政府は複合的な外交路線を採用することになる。パキスタンが核兵器を十分管理できる状態にあることを示し、米国の地域内対話への要求にも応えるため、パキスタンはインドとの紛争を解消し、ＣＴＢＴに調印し核による紛争の可能性を減らす意思があると表明するようになった。その結果何度も印パ間で会談がもたれるようになったが、紛争緩和のための効果は表れていない。その際、カシュミール紛争はインドとの緊張緩和の前提条件だという、パキスタンが拘泥し続けている立場は対話の進展を大きく遅らせている。

このようなパキスタンの姿勢は、言うまでもなく核保有国としての現状認知を狙ったものであった。特にこうした姿勢は核問題で米国と交渉する際に顕著になる傾向があり、パキスタンが米国を不信の目で眺めつつも核保有国としての国際的承認の源泉を米国とみなしていたことが看取される。

核実験後パキスタンに科された経済制裁だが、二〇〇一年九月の米国同時多発テロ事件以後、順次解除されていった。結果パキスタンの核兵器保有は事実上承認された形になる。しかし、カシュミール紛争をはじめ印パ対立にはさしたる進展はなく、パキスタンが核兵器を「十分管理できる」という主張までもが承認されたわけではない。しかも、米国による「テロとの戦い」が推進される中、アフガニスタンで多くのイスラーム教徒が犠牲になり、宗教上の同胞を攻撃し続ける米国に攻撃拠点を提供するパキスタン政府への国民の反感は高まり続けている。二〇一三年に総選挙で対米協力を続けたザルダーリー政権が敗北した一因はここにある。こうした国民感情の中でテロ組織がパキスタン国内に分散する核兵器関連施設に加えることへの懸念は今後も強まっていくだろう。また、核技術者によって高度化した核技術がいわゆる「核の闇市場」へ流出することへの懸念も払拭できない。

4　印パ両国の核武装の影響

不明確な部分が多いため、印パ両国が核武装によりどれだけのコストを生み出しているかを正確に判断

表1　1989-98年の印パ両国軍事支出の対GDP比および政府予算内に占める割合

	1989	1990	1991	1992	1993
インド	3.1	2.8	2.6	2.4	2.5
	13.4	12.9	12.7	12.1	12.6
パキスタン	6.6	6.8	6.8	6.7	6.8
	24.5	26.8	27.0	25.5	25.5
	1994	1995	1996	1997	1998
インド	2.4	2.3	2.3	2.3	2.5
	12.3	12.1	11.7	−	13.1
パキスタン	6.2	5.8	5.8	5.3	4.9
	23.8	23.9	−	24.0	24.0

注記：数値単位はいずれも百分率で、上段は対GDP比、下段は政府予算内に占める割合を示す。

することは難しい。特に、印パ両国の核兵器開発のコストは年次軍事支出に反映されないことが、実態把握の難しさに結びついている。例えば、表1に見られるように、一九九八年の核実験に至る時期の両国の軍事支出にも、突出して核開発に大量の資金が投入された年度はないように見える。

それでも、例えば核実験前後の数年間に注目してみると、インド政府が一九九四―九五年度までの一八年間に要した費用は、一九九九年のストックホルム平和研究所（SIPRI）年鑑によると核開発研究費は一五〇億ドルだとされる[3]。しかしとりあえず、パキスタンのほうはこれより四〇―五〇億ドル少なくなっていると考えられている。印パの核開発に対する年次支出は、それぞれ二〇〇〇―二〇〇一年度で一〇―七〇億ドル、三―四億ドルであるとみられるが、この他に核攻撃に対する第二撃能力、警告システム、運搬システムの改良には膨大な費用を要すると考えられる。また核兵器能力の開発以上に、通信、指揮、命令、情報系統の構築に多くの費用がかかることが知られており、両国は結局一九九八年の核実験に至るまでの一〇年間以上、毎年GDPの〇・五％以上の予算をつぎ込んできた。さらにインドはSU－30s、Mig27s、パキスタンはF－16といったように、核兵器の配備のために様々な戦闘機の確保に努めてきた。これらは両国がお互いを十分に標的にできる戦力であるのは言を待たない。

また、核実験後の印パ両国では双方からの攻撃に備えミサイルによる防衛システムが検討されてきたが、ミサイル防衛システムには、①両国国境付近には多くの人々が住んでいて、警告時間が極めて限られている、②構築に巨額の費用を要する、という二つの大きな問題があり、それが有効的に構築される現実性は薄いとみられる。パキスタンの場合、一人あたり所得は世界でも最低の部類に入っていることから、国民にかかる負担は計り知れない。

さらに、こうした経済的な負担以上に、両国による核兵器の保有は両国および周辺諸国に多くのリスクを生み出している。既に述べたように、南アジアの核兵器開発は、インドが中国への抑止力を構築しようとし、パキスタンがインドの核開発に追いつこうとする形で展開されてきた。しかしこれらの長距離ミサイルは中国の大部分のみならず、中東、中央アジア、東南アジアまで射程に収め、南アジアの紛争に直接関係のない国まで不安に陥れている。また、一九九八年の核実験後に印パ間でカールギル紛争が起きたことは、核抑止力が平和をもたらすというのは幻想であることを示したといえる。

核武装により、両国指導層の信頼性の醸成には多くの時間がかかるようになることが予想される。残念なことに両国の指導層は信頼性の醸成にあまり熱心ではなく、両国内の一部の過激な立場をとる宗教勢力はかえって両国関係を過熱させてきた。これらの勢力による不慮の攻撃が起きる可能性も否定できない。

また、両国の野党勢力もわずかな政治的利得のために政治的な雰囲気を緊張させてきた側面がある。このように考えると、一九九八年五月の核実験で、印パ二国は多くの人々を犠牲にする可能性だけを高める危険なプログラムに着手したのである。

5 「フクシマ」はどう伝えられたか

二〇一一年三月一一日の東日本大震災とそれに続いて起こった福島県での原子力発電所事故はパキスタンでも連日報道された。この事件が大きく取り上げられたことで、それはパキスタンの核開発政策に様々な問いを投げかけることになった。そこでこの項ではまず、従来のパキスタン国内における人々の核に対する認識を検討し、その上で「フクシマ」以後の認識がどのように変化していったかを考えてみたい。

資源の乏しいパキスタンにおいて、原子力発電の導入によって電力不足の問題を解消すべきだ、という議論は知識人のレベルではかなり前から存在した。例えば著名なジャーナリストで、パキスタン国内で社会経済問題に多くの提言を行ってきたムシュタク・アフマドはチャシュマで中国からの技術援助の下、原発の着工が始まった一九九三年に、この動きを支持して以下のように述べたことがある。

「我々はエネルギーをどう賄うかの議論に多くのエネルギーを使ってばかりで、解決をどうするか決められずにいた。政府は既存のものであってもなくても、国内資源の活用――その中には原子力も含まれる――によって現在の困難を克服しなければならない。……懸念は廃棄物の処理や健康被害より

表2　パキスタン国内所在の原発の概要

所在地	稼働開始年	技術供与国	公式発電量	IAEA保障適用
カラーチー(KANUPP)	1972年	カナダ	137MW	あり
チャシュマ1号機(CHASNUPP)	2000年	中国	325MW	あり
チャシュマ2号機(CHASNUPP-2)	2011年	中国	330MW	あり

も、高額な建設費である」[4]。

ここに、知識人の間でも、原子力に対するエネルギー問題の解決策として期待感があった一方、核の危険性が深刻に受け止められていなかった当時の事情が読みとれる。

さて、パキスタン国内では表2のように三つの原子力発電所が二〇一二年八月現在稼働中である。このうち、一九九八年五月の時点で稼働していたのはKANUPPのみであった。四〇年間、この発電所では特に目立った事故は起きていない。しかし水力・火力発電が主電力源であるパキスタンにおいて、KANUPPはパキスタン全国で二・五%、カラーチーでの五―六%程度を供給しているにすぎない。二〇〇〇年にチャシュマ原発一号機が稼働開始した後も、二つの原発で供給できる電力は全国需要の二・一五―三%を賄っているにすぎなかった。そのため、民衆レベルでは原発が生活の向上に結びついているという感覚は希薄で、電力開発と核兵器開発が分離されて進められてきたこの国の歴史とも相俟って、核開発に対する支持があるというよりは、人々の生活に根を下ろす切実な問題としてまだ意識されていなかった、というのが当時の現地に滞在した筆者の印象である。

一方、核兵器に関しては、核実験直後、多くの国民はこれを歓迎したが、実はその後核実験場となったバローチスターン州の砂漠地帯チャーガイで核実験の影響と見られる問題が起きていたことはあまり知られていない。同州に本拠を置くNGO、Conscience Promotersによれば、核実験以前はチャーガイ周辺地域の一部には耕作に適した土地があり、遊牧民が放牧を営んでいたが、実験直後は、焦土となった土地の周辺ではそれらが不可能になった。また、放射能を含んだ土塵がチャーガイからマクラン海岸地方に至る広い範囲で観測された。その後のバローチスターン州での旱魃の一因は核実験にあるというNGOは多い。インドが核爆発実験を行ったポカランでも同じような現象が見られたという。これらの報告は政府および科学者らによって強く否定された。核実験以後二、三年以内にはNGO数組織が実験の影響を明らかにするようパキスタン原子力エネルギー委員会に求めたが、公式な回答はなされなかった。まだ十分な研究が行われていないが、全国に散らばる核関連施設が、他国と同様自国民にとっても脅威となりうることは明らかである。しかし、これらの施設から放射能漏れを防ぐためにどのような安全対策がとられているのか、何の情報も出されなかった。また、そもそもパキスタンでは放射性廃棄物をどこに廃棄しているのか全く明確にされなかった。先端科学技術者の中には基本的な安全対策がとられるべきだと主張し、人々への核事故対応教育や、病院や学校でのヨウ素剤備蓄の実施を提案する人々もいたが、これらの声は少数派にとどまった。

しかも特筆すべきことは、これら核による被害を訴えるNGO等も、多くは「このことはパキスタンが核兵器を持つことを禁じるものではない」として、パキスタンの核兵器保有には反対しなかった、という点である。[5] このように、二〇一一年三月以前のパキスタンでは、原子力や放射能被害に対する危険認識は部分的にあったとしても、核開発の推進に対する疑念はほとんどなかった、といえるだろう。

以上のような国内の核への見方を背景にして、パキスタンでは一九八六年のチェルノブイリ原発事故、一九九九年の東海村臨界事故も報じられたが、人々の核に対する警戒心を引き起こすほどではなかった。しかし、その後パキスタンは都市部で数時間の計画停電実施が常態化し、社会各所での不満が高まった。そこで、パキスタンは二〇〇五年一二月にチャシュマ原発二号機の建設に着手し、また電力供給拡大のため、二〇二〇年に一、五〇〇〇MWまで原子力発電の拡大を目指す目標を掲げている。そのため国内各所で原発候補地の選定作業が進められ、人々がその光景を眼にする機会も多かったと思われる。チャシュマ原発二号機が二〇一一年五月に稼働開始予定であったことも含め、こうした急速な原子力発電への傾倒が人々の間に「フクシマ」の原発事故を強く印象づける背景にあった。

「フクシマ」での原発事故がパキスタンで報じられた時に起きた反応は、核そのものに疑問を示すものは少なく、むしろ原発の管理体制や安全性に疑問を向けるものが多かった。そしてそのほぼ全てが人口約八二〇万の最大都市カラーチーの西方二四㎞の海岸線上に位置するKANUPPの危険性への危惧であった。そこではKANUPPが稼働開始以来四〇年たち、老朽化が進みIAEAの調査では七〇・四%の発電力は失われているにもかかわらず延命工事が繰り返されている事実を列挙し、潮風の強い場所に所在するため有事の際に、貧しい人々が脱出から取り残される危険性を指摘していた。そして中には「フクシマ」の例があるにもかかわらず、PAECがKANUPPの一〇年間の安全宣言を行い、再度の延命工事や二号炉、三号炉の建設に取りかかろうとしている事実にまで踏み込んで、巨大都市の近辺にこれだけのリスクを抱えた核施設があること自体を「犯罪行為」と結論づける問題提起が出されたこともあった。

こうした議論を背景に、原子力発電の推進そのものを批判する意見も出されている。それは日本のような高度な科学技術を持つ国でも対策が万全でなかった点や、溶解した原子炉が完全に廃棄されるまでに四〇年近くの時間を要する点を引き合いにし、十分な管理技術がなく、さらにはテロリストの攻撃を受ける危険性もある原発はパキスタンにとって良い結果をもたらさない、というものであった。(6)

しかし、こうした世論が出てきたにもかかわらず、パキスタン政府の立場は、パキスタン原子力規制機関(Pakistan Nuclear Regulatory Authority)が二〇一一年三月一七日に述べたように「福島のような事故はこちらでは起こりえない」、「日本とパキスタンの地理的な違いから、同様な自然災害が国内の原子力発電所の近くで起きる可能性はきわめて小さい」という立場で、(7)原子力開発推進の立場は変えていない。ただ安全基準の若干の見直しが発表されたが、その詳細は明らかにされていない。その中で同年一〇月一八―二〇日にかけてKANUPPで点検中に数百リットルの重水漏れがあったことが明らかになった事故は、人々の政府に対する不信感を大きく深める結果となった。また「原子力事故あるいは放射線緊急事態の対処に関する規則」(二〇〇八年策定)等災害時関連法規では「フクシマ」を踏まえた再検討が進んでいないことへも不満が広まっている。

一方、「フクシマ」を核兵器の廃絶に結びつけようという動きはごく限られていて、自国の核兵器保有に疑問の目を向ける動きは少ない。「フクシマ」が放射能をはじめとする核の恐ろしさに対する認識を広めたことは間違いないが、それが核兵器の危険性に対する認識とは十分結びついていないのが現状といえるだろうか。その背景にはインドに対する長年の不信感が核兵器ナショナリズムに抵抗することを困難にさせている歴史的背景がある。また、この国において原子力発電と核兵器の開発が分離されて展開されてきた事情とも関係があるだろう。

おわりに

これまで見たように、核兵器開発は変転著しいパキスタン政治において、一貫して取り組まれてきた政策である。これまで指摘したような多くのリスクを抱えているにもかかわらず、パキスタンが核武装に至ったのは、同国が隣国インドを「国民統合にとっての大きな脅威」とみなしていて、その優位性を相殺する手段として核兵器が位置づけられているからである。そして、二〇〇一年以後、国際社会の関心は同国の核管理能力と拡散防止に向けられている。

米国をはじめとする経済先進諸国が「核の不拡散」といった大義を掲げて対パキスタン交渉に臨むとき、認識のずれが目立つことが多かった。例えばNPT体制について、前者はこれにパキスタンを加盟させて核不拡散を防ぎ、南アジアの流動化を防ごうという意図であるが、後者はそのNPT体制が自国の安全保障に繋がらないという立場なのである。印パ間のように根深い対立を抱える南アジア地域において非核化が進み、不拡散の実現のためには、大国主導の体制受け入れを迫るのではなく、やはり民衆レベルで核のもつ危険性に対する正しい認識が深まっていく必要がある。被爆国ではないパキスタンでは、核兵器は単に強力な爆弾であるとの認識がいまだ根強い。したがって核兵器の破壊力、放射能汚染による人体への影響、さらには人々の住む場所を奪い、地域社会を破壊してしまう側面がある点については十分顧みられることはなかった。被爆国である日本の経験がこれらの地域にも伝えられていく必要がある。そのように考えると現在は広島・長崎の被爆者から直接証言を聞くことのできる、最後の貴重な時代だといえるだろう。

もちろん、適切な核認識が進まない原因としては、原子力発電・核兵器双方を含めた核開発に関する正確な情報が人々に伝えられてこなかったという問題も指摘されねばならない。「フクシマ」を経て、原発を管理する側にとって都合の悪い情報が流されず、原発の周辺地域で生きる人々がリスクに立たされていくという不条理が日本では浮き彫りになったが、それはパキスタンでも同様である。それに加え、被爆経験のないパキスタンにおいては核に関する情報が人々に伝えられないために人々の核への認識が発達しないという大きな問題がある。

福島県での原発事故は、パキスタンにおいて本格的な核廃絶の流れを創り出すところまでは至っていないようだが、それでもこの事故が報じられたことを契機に、民衆レベルで核や放射能の恐ろしさがゆっくりと理解され始めている。また、核を管理する側の隠蔽体質を露見させるという結果ももたらした。長い道程ではあるが、この事故が人々の意識を変え、原発の意義を問い、さらに核武装自体を問いただす運動へと発展していく可能性はあるだろう。

(1) インドは当時のジャンムー・カシュミール藩王国の藩王からのインド帰属文書署名によりカシュミールのインド帰属は「解決済み」としているが、パキスタンはこの署名がイスラーム教徒の意向を無視して行われたとして無効だとしている。カシュミール問題の埋没を恐れ、この問題に国際社会での耳目を集めたいパキスタンは、国連など外交の場で常にこの立場を強調している。

（2）*Jang*, December 11, 2011, *Dawn*, December 11, 2011. なおパキスタン軍は「この買収計画は失敗に終わった」との立場を示している。
（3）なお、インドの開発研究費には航空機や戦闘機の開発費も含まれている。
（4）当時パキスタンは原油を国産一一％、輸入八九％で賄っていた。パキスタンのエネルギー需要は二万ＭＷであり、それまでの一五年で二倍に上昇していた。しかし発電可能量は九、〇〇〇ＭＷ足らずであった。
（5）その一方、これらの組織の立場はＣＴＢＴにパキスタンは調印すべきだ、と主張する。それは核実験にＣＴＢＴは南アジアに平和をもたらす効力を期待しているわけではなく、ただ核事故の恐怖におびえる人々に安心を与える効果があるからだ、とされる。
（6）*Dawn*, January 27, 2011, *Express Tribune*, March 22, 2011, *Dawn*, April 25, 2011など。
（7）アラビア海に面するカラーチーは一九四五年に津波被害を受けたことがあり、約四、〇〇〇名が犠牲になっている。こうした歴史から、ＫＡＮＵＰＰが福島の原発と同様、津波被害に遭う可能性を危惧する向きもあった。しかし、ＫＡＮＵＰＰが一二ｍの岩礁上にあること、また当時の津波の高さが三ｍであったことから福島県での事故のように大惨事には発展しえない、という理由で深刻に議論されていない。

参考文献

吉村慎太郎・飯塚央子編『核拡散問題とアジア――核抑止論を超えて』国際書院、二〇〇九年。
Ahmad, Mushtaq, 1993, *Pakistan at the Crossroads*, Karachi, Royal Book Company.
Durrani, Mahmud Ali, 2001, *India & Pakistan: The Cost of Conflict and Benefits of Peace*, Karachi, Oxford University Press.
Hussain, Syed Shabbir, 2001, *Ayub, Bhutto and Zia: How They Fell Victim to Their Own Plans*, Lahore, Sang-e-Meel.

Jalal, Ayesha, 1999, *The State of Martial Rule, The Origins of Pakistan's Political Economy of Defence,* Lahore, Sang-e-Meel.

Jalazai, Musa Khan, 2003, *The Crisis of Governance in Pakistan: Kashmir, Afghanistan, Sectarian Violence and Economic Crisis,* Lahore, Sang-e-Meel.

Khan, Fazle Karim, 2006, *Pakistan: Geography, Economy & People,* Karachi, Oxford University Press.

Khan, Jahan Dad, 2001, *Pakistan: Leadership Challenges,* Karachi, Oxford University Press.

Korejo, M. S., 2004, *Soldiers of Misfortune: Pakistan under Ayub, Yahya, Bhutto & Zia,* Lahore, Ferozsons.

Yamin, Tughral, "Nuclear Disaster Management," *IPRI Journal* XI, no.2 (Summer 2011).

Human Rights Commission of Pakistan, *State of Human Rights in 2000.*

Military Balance, 1998-99.

SIPRI Yearbook, 1999.

イラン「核開発」疑惑の背景と展開
――冷徹な現実の諸相を見据えて――

吉村　慎太郎

はじめに

二〇一一年三月一一日の東日本大震災とそれに続く津波被害のなかで、福島第一原子力発電所事故が発生した。それからすでに二年以上が経過した日本で、今後のエネルギー政策の原則として、原発依存を今後も継続していくのか、あるいは脱原発依存に向けて将来的に大きく方向転換をしていくのかが問われ続けている。政界、経済界、マスコミ、さらに当の放射能被害を受けた被災地とその周辺地域の住民、原発産業に依存しなければ破綻することが自明視された地方コミュニティ（山口県上関町のような原発建設計画地域を含む）の間で、原発依存か脱却かをめぐる意見に大きな差異が認められることは言うまでもない。

他方で、ヒロシマ・ナガサキ、そしてフクシマを経験した日本から遠く六、〇〇〇㎞以上も離れた中東の大国、イランの「核開発」疑惑をどう捉えるべきかについて、研究者間でさえコンセンサスがあるわけではない。本章は、日本の原発問題と同様に、議論が分かれるこのイランの「核開発」疑惑を検討するための基本的視座を提示することを主たる課題としている。

ところで、核兵器と原発はまるで「悪魔と天使」のように、相対立する関係のなかで捉えられてきた。世界平和の破壊と人類の破滅さえもたらすダーティーな核兵器に対して、原発は環境問題の一層の悪化を食い止め、また世界の経済発展を約束するクリーンなエネルギー源としてみなされてきた。こうした後者の理解は、「核不拡散防止条約」(Nuclear Non-Proliferation Treaty、略称「NPT」)第四条「原子力の平和利用」という条項に端的に示される。そして、イラン「核開発」疑惑とは、こうした平和利用に基づく原発建設にすぎないとするイランの主張を認めず、むしろ前者の核兵器開発に関わるものとみなす認識の不一致の問題として、簡潔に言い表すことができる。しかし、両者はフクシマ後、共に核分裂と放射能汚染という同じコインの表裏一体的存在にすぎないことが明らかになった。使用済み核燃料の処理を含めた「原発安全神話」の崩壊をそこに見ないわけにはいかない。

こうした現実も踏まえたからこそ、本章には、「冷徹な現実の諸相を見据えて」という副題もあえて付記した。以下検討する「核開発」疑惑の中心であるイランはもとより、この国に圧力と制裁を加える国際社会、それに同調する日本政府、さらに先述した意見分岐の激しい日本社会も、こうした疑惑を正面から「見据える」主体でなければならないとの思いからである。

1 「核開発」疑惑の諸前提

(1) 疑惑の発端

イラン「核開発」疑惑は、二〇〇一年の九・一一(「米国同時多発テロ」)から約一一カ月後の二〇〇二年八月一四日、モジャーヘディーネ・ハルク(「イラン人民聖戦士組織」(Sazeman-e Mojahedin-e Khalq-e Iran)、以下「モジャーヘディーン」)という反体制組織の政治部「国民抵抗評議会」の駐米代表部が行った記者会見発表を直接的契機としていた。モジャーヘディーンは、一九七九年イラン革命の指導者、故ホメイニー(一九〇二―八九)が一躍政治舞台に登場する一九六三年六月蜂起(イランでは、「ホルダード月一五日蜂起」として知られる)後、テヘラン大学の学生たちを中心に結成された、イスラーム・マルクス主義政治組織である。詳述は避けるが、この組織は一九七八年からの反国王運動に積極的に参加しながら、革命後はホメイニー勢力から危険視され、同じく初代大統領職を追われたアボルハサン・バニーサドルと合流し、一九八〇年九月に勃発したイラン・イラク戦争中は、イラクを軍事拠点にホメイニー体制反対のゲリラ活動を展開したこともあった。そして、一九八八年の停戦後は指導者マスウード・ラジャヴィーと妻マルヤムの下で、欧米七カ国から「テロ組織」と認定されるなど、非合法な活動にも従事し続けてきたことで知られている。

ともあれ、モジャーヘディーンが地図1にあるように、イラン政府がナタンズでウラン濃縮施設を、そしてアラークで重水製造施設を秘密に建設中である旨発表したことは、すでにアフガニスタン戦争を通じ

地図１　イラン主要核関連施設の所在

出所：http://www.bbc.co.uk/news/world-middle-east-11927720 をもとに筆者作成。

て「反テロ戦争」を国家的安全保障の一大原則に据えていた米国ブッシュ政権を刺激しないわけはなかった。特に、これに先立つ一月の一般教書演説で、イラク・北朝鮮とともに、イランを「悪の枢軸」として名指しで非難していた米国政府は、「核開発」疑惑発覚から三カ月後の一二月半ば、この情報を確認した後、イランが「核兵器開発に向けて活発に活動している」（米国務省リチャード・バウチャー報道官発言）と結論づけた。これは、直ちに関係する国際原子力機関（ＩＡＥＡ）の注意を喚起したが、折しも北朝鮮によるＮＰＴからの脱退問題に加え、イランの西の隣国イラクに対する戦争がまぢかに迫る緊迫した段階に達していたこともあり、やや対応が遅れたとはいえ、二月末にはＩＡＥＡ事務局長ムハンマド・エルバラダイがテヘランを訪問し、その後問題の施設に対する査察も実施された。そこでエルバラダイ事務局長は建設計画の進捗に驚きを覚えたことも報告されている。

(2) 問題の諸前提

その後の展開については後述するが、ここでその疑惑検討に際しての重要な前提を整理しておきたい。それは第一に、今日まで継続するイランの基本姿勢である。それは北朝鮮と一線を画する点でもある。イランの主張は、NPTの第四条に基づき、「平和目的の原子力の研究、生産および利用を発展させること」が全締約国にとって「奪い得ない権利」であるということにある。したがって、イランには本来原子力の軍事目的としての利用意図はないと主張する。この点は、当時イランのモハンマド・ハータミー大統領だけでなく、最高指導者アリー・ハーメネイーの発言にもうかがえる。例えば、ハーメネイーは核兵器がシャリーア（宗教法）に、さらに信仰に反するとの立場を、金曜礼拝などの場で繰り返し表明している。このような主張は、「いかなる場所であれ、また原爆、長距離ミサイル、生物化学兵器、旅客機、軍用機を含むいかなる兵器であれ、またいかなる組織、国家、個人によって実施されようとも、人間の殺害は非難されるべき」とした、九・一一事件直後の声明とも矛盾しない基本的スタンスといってよい。もちろん、この原則的立場を信じるか否か、という問題にまで突き詰めるとすれば、反論する側はこの原則から明らかに逸脱した確たる証拠を提示しなければならない。しかし、イランの「核疑惑」はそこまで至らないからこそ、「疑惑」としての性格をいまだにとどめているのである。

第二に、指摘されねばならないのは、そうであればなぜ国際的な非難や圧力、そして制裁にもかかわらず、イラン側がNPT第四条に基づき、原発建設に固執してやまないのかという動機の問題がある。これについて、マスメディアでも時に取り上げられる減耗資源としての石油・天然ガスの枯渇への将来的懸念がある。イランの石油埋蔵量については、もちろんデータは様々あるが、一例として一、三八四億バーレル（一バーレル、約一六〇ℓ）がイランの石油埋蔵量として指摘される。それはサウジアラビアに次ぎ、世界の一一・二％を占め、可採年数は八六年程度と見込まれる。しかし、首都テヘランを含めたイランの大都市を訪れれば一目瞭然のように、この国のモータリゼーション化は激しい。統計によると、二〇〇二年の自動車台数（自動二輪、トレーラー、トラック、バス、乗用車など）は約七四万八、〇〇〇台であったが、二〇〇四年には二二七万台以上に達した。自動二輪で六・七倍、トラックで二・五倍、乗用車が一・七倍の伸びを示している。これは無論のこと、将来的には可採年数の縮減と共に、石油輸出量の大幅な減少をもたらす国内消費量の増大にほかならず、直ちに外貨収入の七〇―八〇％を占める石油収入の大幅な減少にも結果する。そのため、政府は過去ガソリン価格の引き上げや自動車一台あたりの供給制限（一カ月一〇〇ℓ）の導入を図ったが、それが激しい社会的反発に遭遇したことも知られている。

他方、天然ガスはロシアに次いで世界の一五・七％とも推定される二七兆八、〇〇〇億立方メートルの埋蔵量であり、可採年数は三〇年前後と見積もられている。しかし、現状ではガス田開発は遅れており、トルクメニスタンからの輸入に依存している状況さえある。ちなみに、エネルギー省管轄下の電力プラントは、もっぱら蒸気、コンバインド・サイクル、そしてガス発電が全電力生産量の九一％程度を占めている。以上の諸点から、今後の天然ガスの開発次第ということもあるが、外部から見るほどにエネルギー資源のゆとりがイランにあるとは言えない現状であることは間違いない。

しかし、こうした点よりもさらに重要なのは、イランの人口に見える政治社会的特性である。世界を驚

表1　イランの年齢別人口構成と比率

年齢層	1986年 人口	(%)	1996年 人口	(%)	2006年 人口	(%)
0～14	22,474,017	(45.5)	23,725,545	(39.5)	17,681,629	(25.1)
15～19	5,192,202	(10.5)	7,115,547	(11.8)	8,726,761	(12.4)
20～29	7,846,021	(15.9)	9,931,136	(16.5)	16,236,374	(23.0)
30～39	5,045,159	(10.2)	7,551,845	(12.6)	10,474,655	(14.9)
40～49	3,240,749	(6.6)	4,825,126	(8.0)	7,611,919	(10.8)
50～59	2,936,764	(5.9)	2,895,806	(4.8)	4,643,401	(6.6)
60～	2,710,098	(5.5)	4,010,483	(6.7)	5,121,043	(7.3)
総人口	49,445,010		60,055,488		70,495,782	

＊一部年齢不明部分を含む。

出所：*Salname-ye Amari-ye Keshvar*, Markaz-e Amar-e Iran, Tehran, 1387, p.95.

愕させた一九七九年イラン（・「イスラーム」）革命を知る国民の年齢層を、例えば二〇〇六年で見た場合、そして幼少期を除くことを前提に考えれば、表1の三〇歳以上に設定してあながち間違いはなかろう。逆に言えば、厳しい政治社会的な現実を直視しつつ、現体制に強い不満を持つのは、全体として総人口の三五％以上を占める一五～二九歳の「革命を知らない世代」である。さらに、四〇歳代までの年齢層も革命直後の一九八〇年九月から約八年にわたって継続したイラン・イラク戦争期に青春時代を過ごした点で、革命後のイランに対する「失望世代」として捉えることが可能であり、それゆえ現状に否定的な年齢層に加えることもできるかもしれない。

このように見れば、いまだ数十年後のエネルギー枯渇への懸念に加え、かかる点も「イスラーム法学者の統治」(Velayat-e Faqih) 体制を根底から覆しかねない危険性に連動する深刻な問題であると理解できる。というのも、それら青年層は特に都市部において、たとえ大学や大学院卒という高学歴であっても、十分な就業機会に恵まれず、したがってまた結婚による家族形成の機会もおぼつかない、政治社会的、さらに経済的不満を強く抱く社会層となっているからである。そして、政権指導部は、エネルギー資源の輸出拡大で得た収入をかかる青年層の就業機会創出に繋がる産業基盤拡大に充当しなければならない。これとの関連で、二〇〇九年六月、大統領選挙結果が「不正選挙」であるとして、テヘランを中心に大規模な抗議運動が展開され、流血の事態さえ生じたことは記憶に新しい。結局、政府当局の厳しい弾圧・取り締まりによって、運動は鎮静化を余儀なくされたが、それで何ら問題が解決したわけではない。むしろこの事件は、現体制指導部の危機意識を一層強化したに相違ない。石油・天然ガスの収益拡大のために原発建設を急ぐ事情はこうした点にもある。

さらに、青年層の不満を吸収し、政治運動に転化するうえで重要なこととして、党派対立の激化にも着目する必要がある。一九八九年に最高指導者ホメイニーが死去した後、特に顕在化した党派対立は当初後継者ハーメネイーを支持する「保守派」・「現実派」連合と、イ・イ戦争中に内閣を率いたミール・ホセイン・ムーサヴィーや内相モフタシャミー（当時）に率いられた「急進派」の対立であり、そこでは政権指導部内の対立的性格が濃厚であった。しかし、イ・イ戦争終結から一〇年近くが経過しても、戦後経済復興が眼に見える成果を上げないなかで、都市青年層を中心に多くの有権者が「保守派」代表のナーテグ・ヌーリー（当時、イスラーム議会議長）候補ではなく、「イスラーム体制下の社会的自由、政治的寛容、女性の権利拡大」に基づく「より良い明日」を公約に掲げたハータミー候補を選択した。この一九九七年大統領選挙段階から、社会を巻き込んだ党派対立に発展した。以来、「保守派」対「改革派」という党派対立が顕在化した。そこでいう「改革派」には、ラフサンジャーニー元大統領（在任、一九八九—九七年）の「現実派」だけでなく、現体制のあり方に批判的な組織や社会層も支持を寄せたゆえに、広い意味での緩やかな「反保守派」連合と考えられる。イスラーム体制を嫌う青年層の支持を集めた「改革派」という存在も考えれば、政権を担う「保守派」が、一層の危機意識を持ち、国家歳入の拡大を主たる目的に、原発建設の推進を図っても不自然ではない。

さらに「改革派」の支持層が欧米文化に対する憧憬を抱く傾向にあることから、米・イラン関係も問題の前提として指摘しなくてはならない。一九七九年革命以来、イランは「東西不偏」(na gharb na sharq) を外交原則として掲げてきた。しかし、一九八九年のソ連のアフガニスタンからの撤退と、その二年後の崩壊、そしてポスト冷戦下でのイランの対ロシア接近という事態から、大国主義に対するイランの立場は「米国に死を」(marg bar Amrika) というスローガンに象徴的な反米スタンスに集約されるようになった。もちろん、水面下での秘密交渉は、イ・イ戦争中の「イランゲート」・スキャンダル(米国レーガン政権による対イラン秘密武器取引)や、二〇〇一年一〇月のアフガニスタン戦争後のターリバーン政権崩壊前後にも見られた。しかし、後者が九・一一という衝撃的事件によってもたらされた反米感情の緩和とイランの反ターリバーン姿勢、さらにアフガン難民の大規模流入への懸念を反映した限り、一時的な国益確保の動きにすぎず、最終的にはイラン指導部側から暴露された前者のスキャンダルと共通する性格を有している。その限りにおいて、歩み寄りも一時的なものであり、根本的な両国関係の改善には至らなかった。

実際、ポスト・ホメイニー体制を率いたラフサンジャーニー政府は「現実主義」外交に訴えたが、対米接近には慎重にならざるを得なかった。他方、米国クリントン政権(一九九三―二〇〇一年)は、イラン封じ込め政策を採用した。一九九五年四月の「対イラン通商投資禁止措置」のほか、翌年八月には「イラン・リビア制裁法」を導入した。これらはいずれも、イランの戦後経済復興を無条件では許さない姿勢を強く示すが、そこに常に見え隠れするのは、米国＝イスラエル公共問題委員会（America Israel Public Affairs Committee、通称「ＡＩＰＡＣ」）などを中心としたイスラエル、ないしはシオニスト・ロビーの影響である。特に、パレスチナを継続的に占領支配するイスラエルに反対する、革命以来のイランの徹底した政治姿勢から、イスラエルはそうしたロビー団体を通じて、常に米国政府への働きかけを行ってきた。

イランの「核開発」疑惑は、二〇〇二年に急浮上し、国際的に緊張化を遂げた。しかし、そこに至る背景、そして緊張化するプロセスでは、これまで概観してきたように、エネルギー資源枯渇への見通しだけでなく、国内的な石油消費の拡大傾向、「革命を知らない」若年齢社会の存在と反体制的な不満噴出の危険性、それと密接に連動する国内党派対立の激化、さらにはパレスチナ問題の延長線上にある米・イラン関係（直接的には、米国政府の反イラン政策の継続）といった問題が、早期に原発建設を実現し、国家再建を図らねばならないとする構想をイラン側に強いる条件として作用してきた。それは問題発生の前提であると同時に、その後深刻化する過程においても、直接間接に影響を及ぼす条件でもあった。こうした複雑な諸層こそが、この疑惑を抜き差しならない、またいつ暴発しても不思議ではない事態を生み出している。以下では、この問題の展開過程を検討していきたい。

2　「核開発」疑惑をめぐる問題の諸層——交渉から国際的緊張化への道程

「核開発」疑惑が急浮上した二〇〇二年から、一〇年以上が経過した現状までを分類すれば、おおむね二つの段階に区分することができる。それらは、イラン政府当局責任者、すなわち大統領の交代によるだけでなく、それに影響されたところでの所謂国際社会の側の対応にも見られる二重の変化に基づいている。ここでは、それらの諸段階で認められる論点を抽出しながら、この問題をめぐる諸層に検討を加えていきたい。

(1) 第一段階――交渉解決の模索

イランの核関連施設建設が問題視されたひとつの根拠として、イラン政府がＩＡＥＡとの保障措置協定に違反し、秘密裏に建設計画に従事していたという非難がある。すなわち、いまだ国王（モハンマド・レザー・パフラヴィー）政権期の一九五八年にＩＡＥＡに加盟し、六八年にＮＰＴに署名（七〇年に批准）したイランがその後革命を経ても、加盟国としてこれらの国際法上の義務から逃れられない。その限りにおいて、「原子力が平和的利用から核兵器製造等の軍事的目的に転用されないことを確保することを目的」とした原子力活動についての査察を含む保障措置を遵守すべきであるにもかかわらず、秘密に核関連施設建設の届け出義務を果たさずにいたことは、軍事転用の意図を隠すために違いないという理解に基づいている。しかし、この点はその後保障措置協定第一四条の（ｂ）の解釈の相違に起因したことも指摘されている。一九九二年段階で、ＩＡＥＡ理事会の理解では、核関連施設建設計画段階で情報提供が当該国からなされるべきとしていたが、イラン側の理解はそれに先立つ従前の認識、すなわち関連施設への核物質搬入半年前までに、それが行われることで、義務を履行したことになるとの判断であったという。

加えて、ナタンズのウラン濃縮施設で採取された環境サンプルから、高濃度濃縮ウランが二〇〇三年夏にＩＡＥＡ査察官によって検出されたことも、イランの原子力の平和利用という主張が虚偽に相違なく、軍事転用の証であるかのごとく、問題視された。しかし、この点も、後にパキスタンから輸入された遠心分離機部品の一部に付着していた可能性が指摘されており、二〇〇五年九月にエルバラダイ事務局長によって、その点は確認されている。

こうした幾つかの疑惑を孕みながらも、重要なことはこの第一段階では積極的な交渉による問題の解決が模索された点にある。特に、二〇〇三年一〇月には所謂「テヘラン合意」がイラン・ハータミー政府とＥＵ－３間で成立した。その内容をかいつまんで言えば、ＩＡＥＡによる核関連施設への抜き打ち的な立ち入りと査察を認める追加議定書への署名と議会による批准手続きの開始、それに先立つ同議定書に沿ったＩＡＥＡとの協力維持、そしてウラン濃縮・再処理活動の自発的な停止を、イラン側が約束する代わりに、ＥＵ－３側では、イランの平和的な原子力エネルギー利用の権利を承認し、協力・対話を促進し、併せて中東での非核化構想を含む域内安全保障と安定促進に関して、イランとの協力関係を推進するというものであった。実際これに従って、イラン政府は同年一二月には追加議定書に署名している。

しかし、翌二〇〇四年に入ると、再び楽観を許さない事態へと急転回した。五月から、ウラン濃縮度約三・五％の六フッ化ウランの生産が転換施設で開始され、これに対して九月開催のＩＡＥＡ理事会で米国が、一〇月末を最終期限として、イランに完全査察の実施と濃縮活動停止を求める修正案を提出し、それまで対イラン交渉を担ってきたＥＵ－３の宥和的姿勢に水を差す立場を明確化したからである。また、国連では同じくイランの動向に強硬に反発するイスラエル外相から、イラン「核開発」疑惑の安保理への付託と制裁討議の考えが表明された。

こうした米・イスラエルの動きに対して、追加議定書の批准を怠ってきたイラン議会は、翌月には核燃料サイクル化を含む「平和的核開発推進法案」を可決した。ここには、それに先立つ同年三月に開催された第七回議会選挙で、「保守派」の牙城のひとつ、監督者評議会（Shoura-ye Negahban）による候補者事前審査と、いっこうに経済改革と政治社会活動の自由化の成果が見られない現状への有権者の不満が蓄積していた影響もあり、ハータミー大統領率いる「改革派」が惨敗するという、イラン国内政治の変化が影響を及ぼしていた。

二〇〇四年一一月には、しかしＥＵ－３との間で新たな合意（「パリ合意」）も成立した。それは、イランが核兵器開発を追求しない誓約を再確認し、またウラン濃縮・再処理活動の停止を約束する見返りとして、ＥＵ－３側では前記の活動停止があくまでイランによる自主的な決定によるものであることを確認しつつ、世界貿易機関（ＷＴＯ）加盟交渉の再開支援に協力するという内容である。これらを前提に、両者の間での具体的な交渉に着手するための運営委員会や作業部会の設置、「テロとの戦い」と合法的なイラク政府樹立に向けた政治プロセスへの協力も提起された。しかし、もはやこの合意が突き崩される二つの要素が、この第一段階の末期に顕在化していた。すなわち、先述のイラン議会選挙結果に見られた「保守派」政治勢力の復権と、他方でイランに対する強硬姿勢を堅持する米国とイスラエルによる疑惑問題への介入である。したがって、これまで積み重ねてきた交渉による問題解決への枠組みが早晩解体していく可能性も二〇〇四年後半には明らかになりつつあったということができる。

(2) 第二段階――国際的緊張への道

二〇〇五年六月に開催された第九回大統領選挙は以上のような内外変化を前提に、大方の予想を覆す結果となった。「保守派」と「改革派」から計七名が乱立する第一次投票で過半数得票者が出ることがなく、上位二名の得票者、すなわちラフサンジャーニー元大統領と、ほとんど無名に近い存在であったテヘラン市長アフマディーネジャードの間で第二次決選投票が争われることとなった。そして、前者(得票総数約一、〇〇〇万票、得票率三五・九%)に対して、後者が七〇〇万票の差(得票率六一・二%)をつけて当選した。言葉ではなく、実行力ある強力な政府への期待が「保守派」の組織選挙の成果とあいまってこうした結果を生み出したと考えられる。柔軟かつ親欧米的な「改革派」がイラン政治から大きく後退し、代わって強硬かつ反欧米的なアフマディーネジャード政府が成立したことは、イランの「核開発」疑惑とそれをめぐる国際社会の動向に暗い影を落とす結果となった。

この大統領選挙結果との関連で、イランの党派対立だけでなく、二〇〇三年三月のイラク戦争の強行によるサッダーム・フサイン政権の崩壊といった、その他の影響も指摘しなくてはならない。言うまでもなく、戦争はロシアやフランスの反対に直面しながら、大量破壊兵器の開発・保持、国際テロ組織との関係、さらに長期独裁政権としての性格が問題視され、米国ブッシュ政権主導で強行された。後に、前二者の主張に根拠がなかったことが判明し、それゆえにこそ米国政府はこの戦争を経て、「中東民主化」構想を提起している。したがって、先のイラン大統領選挙でも、ブッシュ大統領から「二五年の圧政」を打破すべく、イラン国民に選挙ボイコットを支持する声明も発出された。しかし、投票率が五九・八%(投票総数二、七九六万票)という政府発表を額面どおり受け取れば、米国が期待したようには事態が進まなかったことは間違いない。

ともあれ、このブッシュ政権の「中東民主化」構想は、イスラエルにとっての域内「脅威」論と見事にドッキングするものでもあった。詳細な説明は省かざるを得ないが、遡れば一九七九年三月の和平条約の締結によって、西のエジプトの脅威から解放されたイスラエルにすれば、一九八〇年代以降の主たる脅威はシリアに加え、イランとイラクであった。その意味で、八〇年九月から約八年に及ぶイ・イ戦争は、イスラエルには歓迎すべき戦争でもあった。それゆえ、八〇年代半ばに戦局劣勢にあったイランへの兵器・スペアパーツを供与するという「イラン・コントラ」(別名「イランゲート」)スキャンダルにおいて、イスラエルが米国(レーガン政権)とイラン政府間の仲介役を担った。そして、一九九〇年の湾岸戦争後も存続したサッダーム・フサイン政権が二〇〇三年に崩壊したことは、したがってイスラエルにとって、ひとつの脅威の消滅にほかならず、残る一方のイランがさらに打倒されるべき脅威ある存在として位置づけられた。この点で付言すれば、二〇一一年から激化しているシリア内戦は、それに先立つチュニジア、エジプト、リビアへと連なる革命との延長線上で捉えられがちだが、それがイランに対する国際的制裁と圧力が手詰まり状態に陥るなかで、イランと同様に脅威として残るシリア・バアス党政権に反対するイスラエルの戦略に適った内戦であることも、看過されるべきではない。

それはともあれ、このような米国ブッシュ政権主導の「中東民主化」構想とイスラエルにとっての「脅威」論の接点に位置したイランの「核開発」問題は、第一段階とは様相の異なる展開を見せることとなった。それは、対米穏健・柔軟路線を採用してきたハータミー(「改革派」)政府から、反米・反イスラエル強硬路線をとるアフマディーネジャード(「保守派」)政府への交代にとどまらない。それまでのIAE

Ａ・ＥＵ－３から、イスラエルを中東における強固な同盟国とする米国が大きな発言力を有する国連安保理へと、イランが対峙する交渉相手が変わることにもなったからである。こうした二重のアクターの交代は交渉による問題解決の模索から、安保理による制裁発動による圧力行使へ、さらに軍事的緊張を孕んだ問題への対応にも影響を及ぼす結果となっている。

(3) 相互不信の拡大

以上のごとき様相をすでにまとっていたからこそ、選挙から二カ月後に大統領に就任したアフマディーネジャードの発言は極めてその点を意識し、挑発的であった。まず九月の国連総会では従来どおり、核兵器開発を追求しないとの立場を繰り返しつつ、イランの平和目的の原子力開発の権利を認めないのは、「核のアパルトヘイト」であると強く主張した。これは選挙後の七月にＥＵ－３が米国の要請を受け、イランに核燃料サイクルの放棄を要求したことと無関係ではない。そして、交代直前のハータミー政府がウラン濃縮活動停止措置の一部解除とエスファハーンでのウラン転換施設の活動再開を通告し、先述した「パリ合意」も事実上有名無実化していた。加えて、「イスラエルは地図上から抹殺されるべき」（一〇月）や、ナチ・ドイツのホロコーストを「神話」と呼ぶ発言（一二月）など、相次ぐアフマディーネジャード発言も、欧米社会とイスラエルを著しく刺激し、イランの「核開発」疑惑が国際社会でなお一層問題視される事態を作り出した。しかし、彼のかかる発言が中東の現地社会で強く支持されたことは、そこにパレスチナ問題をめぐる認識のギャップを見ないわけにはいかない。

それはともかく、こうした相互不信の高まりから、二〇〇六年二月にはＩＡＥＡ理事会は安保理への審議付託を決定した。その一方で、四カ月後の六月には軽水炉建設を含むイランの平和目的の原子力エネルギー開発計画への支持、交渉再開と同時の安保理での審議中止の約束、それと引き換えにしたIAEAへのイランの全面協力やウラン濃縮・再処理活動の停止の約束といった「包括的見返り案」が安保理常任理事国とドイツからイラン側に提示されている。これについて、当初ラーリジャーニー最高安全保障委員会事務局長（前任者はハサン・ロウハーニー）より、前向きに検討されるとの報道もあったが、最終的には「四歳児に胡桃とチョコレートを差し出し、代わりに金を出す」よう要求するに等しいと主張したアフマディーネジャードによって拒絶された。こうした強固なイラン側の姿勢を受け、安保理では以後繰り返し対イラン制裁決議が採択されていく。

(4)　相次ぐ安保理決議と米国・イスラエル

二〇〇六～一〇年までにイランに対して計六本の安保理決議が採択されている。まず二〇〇六年七月には、今後必要な追加的措置を行う旨の警告を発した一六九六号を皮切りに、同年一二月には一七三七号が採択された。ここでは、ウラン濃縮活動をはじめとする核拡散防止上機微な核関連活動の停止をイランに義務づけつつ、イランの当該関連活動に資する資金・物資・技術の移転防止をすべての国連加盟国に呼びかけたほか、核・ミサイル計画と関連のあるイラン政府関係者一二名の海外渡航の自主規制および同関連組織の資産凍結が盛り込まれた。そのわずか三カ月後の翌二〇〇七年三月には、イランとの間での武器・核関連物資の輸出入禁止、イランへのミサイル等兵器への技術・金融支援の制限、人道・開発目的を除く対イラン経済支援の自主規制、セパ銀行（Bank-e Sepah）を含む一三の金融機関ならびにイラン政府関係者一五名と政府一三機関の資産凍結を主たる内容とする安保理決議一七四七号も可決され、対イラン制裁はさらに強化されている。

ここでその後一年間の米国とイスラエルの主な動向を見ておけば、二〇〇六年にすでにイラン輸出銀行(Bank-e Saderat)への制裁措置を発表していた米国では、二〇〇七年九月に上下両院が別個に対イラン制裁措置を可決したのに加えて、革命防衛隊(Pasdaran-e Enqelab-e Eslami-ye Iran)を「テロ組織」に指定する決議をその翌月に可決し、側面から上述の安保理決議を強化した。また、同年一二月にはイランの民主化・人権擁護促進を目的に六、〇〇〇万ドルの予算が米国議会を通過している。一方、イスラエルはこうした米国の対イラン圧力を横目に、同年九月に核関連と疑われたシリア北部の施設に対する空爆を実施している。もちろん、イランとともに脅威とみなされたシリアへのこうした軍事攻撃はブッシュ政権が用いた「先制攻撃」論を踏襲したものということができる。そして、イラン「核開発」疑惑が国際問題化するなかで発生したこの事件は、安保理において取り立てて問題視されなかった。このような米国とイスラエルの強硬姿勢や安保理の相次ぐ制裁を観察しながら、「新たな制裁や軍事行動は事態を悪化させるだけ」としたロシア・プーチン大統領とともに、エルバラダイ事務局長も、米国の反イラン的なレトリックの増大に懸念を表明していた。

しかし、二〇〇八年三月、一年ぶりとなる制裁決議一八〇三号が安保理で採択され、イラン核・ミサイル関係者の海外渡航全面禁止、禁輸物資輸送の疑いのある船舶への臨検措置、さらにイラン最大手のメッリー銀行(Bank-e Melli)と輸出銀行の本支店・海外子会社との取引に対する警戒措置が新たに盛り込まれた後も、米・イスラエル間の協調的、かつ強硬な反イラン姿勢は決して緩むことはなかった。特に、イスラエル首脳部や与党カディマ議員などから、イランの「核開発阻止」に向けた軍事攻撃実施を主張する発言が相次いだ。そして、イランに対する過去三度の安保理決議の継続実施を謳った一八三五号の採択から三カ月後の二〇〇八年一二月、イスラエルはイランからの物的支援を受けていたことで知られる「ハマース」(イスラム抵抗運動、Harakat al-Muqawama al-Islamiya)統治下のパレスチナ・ガザ地区に対する大規模空爆を実施している。これにより、翌二〇〇九年一月初めまでに、子どもを含む五二〇人以上が死亡し、二、五〇〇人以上が負傷するという惨事となった。こうした事件がパレスチナで発生するなかで、前年の大統領選挙で勝利したオバマ民主党政権が発足した。

(5) オバマ政権とイラン

イラン「核開発」疑惑について、前政権と異なる対話重視の姿勢が当初オバマ政権から訴えられた。また、日本でも話題となったプラハ・フラチャニ演説で「核兵器のない世界の平和と安全」を追求する姿勢も表明された。米国シンクタンクから今後二年以内のイスラエルによる対イラン軍事攻撃の可能性さえ報告されるなかで、こうしたオバマ新政権の柔軟姿勢には期待も寄せられた。しかし、一方でイラン側から四月にエスファハーンでの核燃料製造工場の完成が発表され、その二カ月後に既述のイラン大統領選挙におけるアフマディーネジャード再選、それに続く改革派主導の抗議運動と弾圧、さらに新たに二つのウラン濃縮施設の建設計画がIAEAに通告され、九月に入るとイラン「核開発」疑惑に関連して「あらゆる選択肢を排除しない」旨、オバマ大統領の姿勢も徐々に変化を見せ始めた。

この点は、特にイランがウラン濃縮二〇%の生産成功を発表した二〇一〇年二月以降、険悪な米・イ関係が容易に打開できないことを今一度知らしめた。例えば、三月にイランへの「対話を求める方針に変更はない」旨のオバマ発言に対して、欧米が指摘する核兵器開発の意図を改めて否定していたハーメネイー最高指導者からは、「関係正常化を訴えながら、実際の行動は逆」であるとの批判が寄せられた。そして、四月には米国防総省から発表された「核態勢見直し報告書」（Nuclear Posture Review Report）では、NPTに反する形で「核開発」を継続する北朝鮮やイランに対する核攻撃の可能性は排除されないものとされ、それに続く米・ロ間での戦略核の保有数を一、五五〇発まで削減する核軍縮条約が署名されたこともイラン指導部を刺激した。そのことは、米国（議長国）や日本（ホスト国）を含む四七カ国が参加したワシントンDCでの「核保安サミット」（Nuclear Security Summit）に対抗して、「反核兵器国際会議」がテヘランで開催されたことに象徴的に示されている。

イラン政府発表では約六〇カ国の政府・非政府組織関係者が出席したというこの会議の開会演説で、アフマディーネジャード大統領は、「戦争、侵略・占領、核、大量破壊兵器の貯蔵」の現状から、「すべての社会がこれまでになく脅威と危険にさらされている」と指摘し、そのうえで幾つかの提言を試みている。その第一は、核軍縮と核不拡散プロセスを立案・監督する国際的に独立した組織の設立である。それに必要な全権は、核保有国が常任理事国を構成する安保理ではなく、国連総会に委譲されるべきであるという。また、核保有国のIAEA加盟資格の停止も併せて提案された。NPTの法的責任の適正な履行が過去、既存の核保有国によって阻害されてきたとの認識がそこにはある。その他、非核主権国家によるNPTの再検討、国連安保理の再構築に向けた努力、国際的な軍縮プロセスのための作業部会の立ち上げと、イランによる積極的な情報提供と協力も提言の一部となっている。

明らかに軍事的、経済的な圧力を加える反イランの中心的存在としての米国とイスラエルを批判的に意識したかかる会議開催に加え、イラン政府はこの時期、ブラジルやトルコの仲介で、保有する五％未満の低濃縮ウラン一・二トンをトルコに搬出する代わりに、外国が提供する加工ウラン燃料（濃縮度約二〇％）を受け取るという方式に合意した旨を、ＩＡＥＡに正式に通知している。折しも、五月にパレスチナ・ガザ向けのトルコの「民間人道支援船団」がイスラエル軍により急襲され、トルコ人乗組員など一〇名以上が死亡するという事件が発生したことは、急激にイスラエル・トルコ関係を悪化させていた。しかし、六月には第三国でのイランのウラン開発阻止、戦車など通常兵器八項目の禁輸リストへの追加、公海上での核・ミサイル開発関連物資輸送に疑いのある船舶の臨検措置、核開発や弾道ミサイル関連計画に関与する四〇法人や個人一名の国外資産の凍結と渡航禁止リストへの追加などを定めた安保理決議一九二九号が賛成多数で可決された。

以上概観してきたように、この第二段階は第一段階と比べれば、裏返しの関係にある。柔軟な姿勢を特徴としたハータミー政府から強硬なアフマディーネジャード政府への交代、九・一一後に反イラン姿勢を一層強化するブッシュ政権から当初対イラン政策の見直し・核軍縮を取り込んでスタートを切ったオバマ政権の成立へという点で、米・イ関係には明らかに不幸な出会いが存在した。しかし、そこには反イラン姿勢を貫き、米国に影響力を行使するイスラエルの存在と、既にブッシュ政権期に積み重ねられてきた安保理制裁決議がイラン側に一層硬直した姿勢を植えつけていた。その結果、二〇一一年一月には安保理常任理事国五カ国プラスワン（ドイツ）とイラン間の協議が物別れに終わり、紛争の勃発さえも極めて憂慮される緊張した事態がさらにイランの「核開発」疑惑を徐々に覆い尽くすようになる。

3 「フクシマ」後の現段階

(1) 抜き差しならない状況

東日本大震災に寄せて、イラン新月社から医薬品・衛生用品・食糧などの支援物資の提供が決定され、また日本の被災者に対してイラン外相や国会議長から哀悼のメッセージが寄せられた。そして、福島第一原発事故からの放射能漏れについてはイラン原子力庁より、日本からの乗客と貨物への放射能検査を行う旨発表された。こうした矢継ぎ早の対応はしっかりと確認しておく必要はあるが、一方で原発安全神話がいかに脆いかはイラン政府当局者に十分認識されなかったようである。そのことは二〇一〇年八月に燃料棒の搬入を終えていた加圧水型軽水炉ブーシェフル原発（出力一〇〇万kW）がやや遅れながらも、二〇一一年九月に大々的な行事のもとで予定どおり運転を開始したことにも、また二カ月後にはブーシェフル原発に新たに二基増設するほか、二〇二五年までにイラン全土に一〇カ所以上の原発を新設する構想が相次いで発表されたことにも示されている。フクシマの教訓は、すでに述べた理由からロシアの協力を得て原発建設に積極的にならざるを得ないイラン政府当局に方針の見直しを迫る材料とはならなかった。

この間、国連安保理はイランに対する経済制裁の監視をさらに一年継続し、専門家パネルによる情報収集と分析、中間・最終報告書の提出を義務づけた決議一九八四号（二〇一一年六月）を採択している。また、ＩＡＥＡからはイラン「核開発」に軍事利用の意図があることを示唆する報告書が発表されている。これに対して、イラン側はこの報告書が「親欧米的な偏見」によるものであると非難し、いっこうに妥協する姿勢を示すことはなかった。それゆえ、安保理が制裁による影響とイラン国内情勢の様子見に向かうなかで、米国議会は年末にイラン中央銀行と取引する金融機関に対して、米国の金融システムの利用を制限する法律を可決した。これはイラン産原油を輸入するヨーロッパやその他日本を含むアジア諸国にイランへの経済制裁に同調するように求めたものであり、イラン政府指導部をさらに刺激しないわけはなかった。

例えばラヒーミー副大統領は、こうした原油輸入制限に繋がる制裁継続の場合には、「世界の原油四〇%が通過するホルムズ海峡封鎖」もあり得る旨直ちに反応した。また翌二〇一二年二月にワシントン・ポストなどを通じてイスラエルによる対イラン攻撃の可能性が数カ月後に迫っていると報道されたことにより、金曜礼拝説教でハーメネイー最高指導者は、「攻撃の脅しに対抗する独自の手段がある」旨表明した。他方、オバマ大統領はＡＩＰＡＣでの演説で、米国の国益が危険にさらされた場合、対イラン軍事攻撃を躊躇しないと述べるなど、一触即発の危機的状況が鮮明化した。また、二〇一〇年一一月の原子力工学の専門家を筆頭に、二〇一二年一月までに「核開発」に関与していたとみなされた核科学者・技術者五名が相次いで殺害され、イラン政府はそれらの背後に米・イスラエルの工作員・協力者が関与していると厳しく糾弾した。もちろん、両国政府は関与を一切否定したが、こうした事件もなお一層イラン「核開発」疑惑が抜き差しならない状況に至ったことを明示している。

(2) 交渉打開の隘路と変化

他方、軍事的緊張を孕みつつも、開催場所をイスタンブルからバグダード、そしてモスクワへと移しながら、イランと、安保理常任理事国プラスワン（ドイツ）間の交渉は断続的に続けられている。そして、二〇一二年七月には、イランは後者六カ国にウラン濃縮の権利を改めて認め、制裁解除とテヘラン研究用原子炉向けの濃縮ウランの提供、原子力プラントの設計・建設への協力などを申し入れている。しかし、そこにＩＡＥＡとの協力以外に目新しいイラン側の譲歩が見られないからこそ、クリントン米国務長官から「駄目もと」的提案であり、検討の価値もないと位置づけられた。そこにまずはウラン濃縮の即時停止とＩＡＥＡの査察による全面協力がない限り、イランとの交渉再開は一切ないとする強固な姿勢が読み取れる。しかし、米国の発動した禁輸制裁に基づいて、ＥＵ一〇カ国がイランからの原油輸入を停止したものの、この交渉に参加している中国の場合には、前年度前半の一日当たり平均輸入量の九％増に相当する五九万バーレルをイランから輸入している。また、ロシアも「包括的な国際管理」を前提にイランによるウラン濃縮の権利を認める方向性を打ち出した。そのため、安保理常任理事国プラスワンも決して一枚岩でないことは知られている。

他方、イラン国内ではすでに「保守派」の分裂が歴然とし、二〇一二年三月に実施されたイラン議会（定数二九〇議席）選挙ではいまだに不明なところも多いが、同派のなかの大統領反対派が七〇％以上の議席を獲得し、予想どおり大統領支持派が惨敗した。これによって、アフマディーネジャード大統領の残る二〇一三年八月までの任期中、議会がこれまでと同様に彼の政策とは異なるスタンスで対応するかどうかが注目された。また、それ自体は安保理と米国による制裁の影響下で苦しむイラン社会の動向に左右される問題でもある。

実際、ＥＵが七月にイラン産原油の輸入禁止に同調したことは、これまで以上に深刻な打撃をイラン社会に及ぼしている。例えば、二〇一〇年七月初めに一万五〇〇リヤール（一、〇五〇トマーン）前後で推移していた対ドル為替レートは、二〇一二年一月に政府が一万二、二六〇リヤールを公定レートとして設定したにもかかわらず、七月に一挙に二万一、〇〇〇リヤール前後に達した。イラン中央銀行総裁はイラン通貨価値の急落の原因を、「経済的ではなく心理的理由」と説明したが、それに説得力のないことは明らかであった。そして、食糧を含む生活基本物資の多くを輸入に頼るがゆえに、直ちに物不足による価格高騰に直結した。七月初めにはパン（ナーン）の三三％の値上がりをはじめ、鶏肉は二九％、鶏卵が一〇％値上がりした旨報道されている。政府発表では二〇％だが、その後特に七〇％も値上がりした鶏肉価格を筆頭に、実際のインフレ率は六〇％にも達するという報道さえある（例えば、ウォールストリート・ジャーナルの報道）。それゆえ、主婦による意図的買い控えという形での不買運動も発生した。

このような社会不安に対して、例えばテヘラン金曜礼拝導師のアーヤトッラー・ジャンナティーは、これが米国が画策した経済的、政治的戦争に等しいとし、それゆえ国民の倹約と団結を呼びかけた。もちろん、政府はこれまでどおり、総額三〇〇億ドルもの予算の拠出によって物価の抑制に必死となっている。しかし、そうした施策の資金源となる外貨準備高が一、五〇〇億ドルと発表されているところから、またEUのボイコットで一日に一億三、三〇〇万ドルの石油収入が減少しているという状況も続くとすれば、いつまでも物価高へのこうした政策的対応で社会の不満を抑え続けることはできない。

米国と安保理による経済制裁の圧力と効果から、イラン指導部が核開発政策について大幅な見直しと妥協に政策を転換するのだろうか。あるいは、約七、四〇〇万人を超える総人口のうち、都市在住者が七一・四％に達し、急激な都市化が進むイラン社会の側で、今後現体制に反対する大規模な異議申立てや抗議運動が発生するのだろうか。さらに、すでに業を煮やした感さえある米国やイスラエルが対イラン軍事攻撃を今後強行する可能性はどうか。いずれの可能性も否定できないが、現状を検討する限り、イランの「核開発」疑惑はすでに一種の「チキンレース」的様相にまで悪化しているということはできる。そして、事態がいずれの展開をたどるにせよ、イランの将来だけでなく、すでに多くの国が原発建設計画を立案している中東域内にも、そしてその政治社会や国際関係にも深刻な影響を及ぼすであろうことは容易に推測される。そしてNPTを中心とした現行の国際的な核不拡散体制のあり方にも、再考を促すに違いない。

おわりに

他の章でも検討されているごとく、「核兵器」開発は国家間の緊張と対立を「好餌」としてきた。その拡散に歯止めをかけてきたのが、NPTであることも言うまでもない。他方、それと一線を画すように扱われてきた原子力の平和利用の権利から許されてきた原発建設は、経済発展とその維持がその主たる動機づけとなっている。そして、環境問題を誘発している二酸化炭素排出を抑制する点で、原発建設は世界的に注目を集めてきた経緯もある。そして、そこには軍事大国と経済的先進国が「モデル」となり、それに付き従う開発途上国という構図がある。こうした従来型の考え方を根本から問い直し、軍事的にせよ、経済的にせよ、大国や先進国のパワーの源泉を「反面教師」として捉えるべきであるとの警告に、ヒロシマ・ナガサキ・フクシマの教訓があると考えられる。

これまで検討してきたイランの「核開発」疑惑について、最後に指摘しなくてはならないのは、しばしばイランの脅威がことさら強調されるが、逆にこの国から見た脅威が十分に語られていないことである。言うまでもなく、それは本章でしばしば言及したように、イスラエルとその強固な同盟国である米国からの軍事的脅威にほかならない。特に、イスラエルの場合には、一九八一年六月に建設中のイラク・オシラク原子炉を空爆し、先述したようにシリアの施設への空爆も実施している。他方、イスラエルを支持する米国も大量破壊兵器の開発・保有を理由に、二〇〇三年三月に対イラク戦争に踏み切った。一九七九年革命後、パレスチナの不法占領に基づき、こうしたイスラエルとその違法行為を黙認してきた米国に一貫して反対するイランにとって、これら両国からの脅威は何年後といった未来のものではなく、現在進行中の脅威である。ましてや、イスラエルは一九五七年にIAEAに原加盟国として参加しながら、七〇年発効のNPTには加盟せず、さらに二〇〇発以上の核弾頭を現在所有していると確実視されながら、国際社会からの非難を浴びることなく、いまだに「曖昧政策」を採用し続けている。こうした例外的存在が許されるのも、ひとえに米国大統領選挙の結果さえ左右しかねない在米シオニスト・ロビーの影響力の大きさと、イスラーム諸国が多い中東のなかでのイスラエルの戦略的価値にある。このような理解に基づく抜本的な現状の是正がなされなければ、イランの「核開発」問題の解決はおろか、中東における「非核兵器地帯化」構想の実現も難しい。

日本は、こうした現実とともに、さらに現在親米的な中東諸国で原発建設が計画されている将来を見据えていかねばならない。にもかかわらず、日本政治は東アジアの安全保障と引き換えに、米国の核の傘下にあり、またフクシマ後の悲惨な現実をも軽視し、イランを含めて中東に対する政策においても、対米追従路線をいまだに継続している。

有機的に結びついた冷徹な現実の諸層への鋭い観察眼と長期的な視野に立った判断と不条理の是正が日本、さらに核問題への対応を余儀なくされている多くの国々に突きつけられている。日本社会はそのことも視野に収めながら、今や放射能汚染という観点から核兵器・原発という共通の国際的脅威を真剣に再考し、積極的に問題提起を行うことが求められていると考えられる。

主要参考文献

木村修三「中東における核拡散問題――イスラエルの核とイランの核をめぐって」『国際問題』五五四号（二〇〇六年九月）、二九―五〇頁。

小塚郁也「ブリーフィング・メモ　イラン核開発問題の行方――経済制裁の実効性について」『防衛研究所ニュース』一一二号（二〇〇七年六月）、一―四頁。

坂梨祥「核問題をめぐるイラン国内の動き」財団法人日本エネルギー経済研究所中東研究センター編『核開発問題をめぐるイラン・米国関係がイラン並びにペルシア湾岸諸国の安全保障に及ぼす影響に関する調査』（二〇〇六年三月）、三五―四八頁。

立山良治「中東における核拡散の現状と問題点」『アジア研究』五三号（二〇〇七年七月）、五七―七一頁。

テレーズ・デルペシュ（早良哲夫訳）『イランの核問題』集英社（集英社新書）、二〇〇八年、一―二二二頁。

中村直貴「イランの核開発問題――米国の中東政策との関わりを中心に」『立法と調査』二六五号（二〇〇七年三月）、四五―五四頁。

松永泰行「イランの核問題と保守派政権」『国際問題』五五三号（二〇〇六年七・八月）、四二―四九頁。

吉村慎太郎「迷走のイラン内政と対米関係――九・一一事件と『テロ』問題の波及」『地域研究論集』五―一（二〇〇三年）、七三―八一頁。

吉村慎太郎「イラン核問題の底流にあるもの——内外情勢の変容の狭間で」吉村慎太郎・飯塚央子編『核拡散問題とアジア——核抑止論を超えて』国際書院、二〇〇九年、一四九—一七一頁。

吉村慎太郎「イラン核問題とＮＰＴ体制」Hiroshima Research News, Vol.13 No.1（二〇一〇年七月）、三頁。

Afkhami, Gholam Reza (ed.), 1997, *Iran's Atomic Energy Program: Mission, Structure, Politics, An Interview with Akbar Etemad,* Iranbooks.

Ansari, Ali M., 2006, *Confronting Iran: The Failure of American Foreign Policy and Next Great Conflict in the Middle East,* Basic Books.

Chubin, Shahram, 2006, *Iran's Nuclear Ambitions,* Carnegie Endowment for International Peace.

Jafarzade, Alireza, 2008, *The Iran Threat: President Ahmadinejad and the Coming Nuclear Crisis,* Palgrave Macmillan.

Parsi, Trita, 2012, *Single Roll of the Dice: Obama's Diplomacy with Iran,* Yale University Press.

Ritter, Scott, 2007, *Target Iran: The Truth about the U.S. Government's Plans for Regime Change,* Politico's.

Seifzadeh, Hossein S., 2003, "The Landscape of Factional Politics and Its Future in Iran," *The Middle East Journal,* 57(1): 57-75.

Takeyh, Ray, 2006, *Hidden Iran: Paradox and Power in the Islamic Republic,* Holt Paperback.

（要人発言・事実関係について、主に *Iran Times*（英・ペルシア語新聞）に因っていることも付記しておく）

アラブの春とイスラエルの核

宇野　昌樹

はじめに――中東とフクシマの接点

本章は、タイトルにあるように、アラブ諸国において現在進行形で生起している反体制運動＝アラブの春とイスラエルの核兵器保有問題を絡めて、中東情勢をどのように考えるべきなのか論じたものである。ただ、本論に入る前に、まずは筆者の問題関心の所在について簡単に述べておきたい。なぜなら、中東情勢を論じる際、書き手の問題意識の在り処や専門などによっていろいろな視点があるはずで、著者の体験や生い立ちが少なからず論考に影響を与えると考えるからである。

筆者が社会問題に関心を持ち始めたのは、高校一年生の頃で、『この世界の片隅で』(1)を読んだことがきっかけになっている。この本は、原爆投下から二〇年後の被爆者の現状を描いたもので、特に筆者の心を強く揺さぶったのは、被爆者が被爆の後遺症で苦しめられ、被害者であるにも拘わらず、被爆を理由に結婚差別や職業差別を受けている現状に触れていたことによる。ただ、筆者がショックにも似た衝撃を受けたのには特別の理由があってのことだ。それは、筆者の母親が広島で被爆しており、したがって自身が被爆二世であることによっている。今でも鮮明に記憶しているが、この本に出会うまでは、母親が広島で被爆していることを何のわだかまりもなく友人たちに語っていたのに、これを読んだ後は語れなくなってしまった。それからしばらく、「なぜ被爆者が言われのない差別を受けなければならないのか」悶々と考える日々が続いたように記憶している。そして、「なぜなのか」を少しでもわかろうといろいろな書物を読んだことが、社会問題への扉を大きく開いてくれたように思う。しかし、筆者が被爆地・広島に本当の意味で向き合うようになったのは、母親が宮崎県生まれ宮崎県育ちでありながら、出身地の看護学校で学んだ後に広島市の日赤病院で看護師として働いている最中に被爆していること、そして父親の方は一兵士として中国大陸、朝鮮半島、そして東南アジアの島々の戦地を転々としていたことを繋げて考えられるようになってからのことだ。つまり、母親は「銃後」の一人であったこと、そして父親は大日本帝国軍の兵士として中国、朝鮮半島へ侵略する側にいたという事実を常に念頭に入れて考えられるようになってからだ。

加害者と被害者という、相対する立場が内在する両親の姿を見て、筆者は広島、長崎への原爆投下は、アジア諸国への侵略戦争の結果であったとの認識を持つと同時に、いかなる状況にせよ原爆という一瞬にして多くの人びとを死に追いやり、被爆してもなお生きながらえた人びとを放射能による後遺症で苦しめ続け、さらにいつ原爆症を発症するかわからない恐怖にさらし続ける非人道的な兵器の存在を許してはならないという強い思いを持っていた。だからこそ、原子力発電も同じ核エネルギーを利用して成り立つものである以上、人間にとっては極めて危険なものであり、「原子力の平和利用」という考えは「まやかし」との思いを抱いてきた。しかしながら、まさか福島第一原発事故のようなことが現実のものになろうとは想像しておらず、自分自身の認識の甘さを思い知らされた。結局、広島や長崎の被爆体験が何ら教訓化されて来なかったことが今回の原発事故を招いたのではないのか。そして、そのことは我々が真正面から自分たちの近現代史に向き合って来なかったことを意味しているのではないのか。

広島、長崎への原爆投下から六八年が経ってなお、世界は核の脅威から解き放たれるどころか、益々その脅威にさらされる状況になっている。日本では福島第一原発事故を契機に新たな被曝者が生まれ、核汚染の終息する目処すら立っていない。それにも拘わらず、日本は原子力発電所の稼働を停止せず、海外へ輸出しようとすらしている。世界へ目を転じると、いまだに核の力を競って手にしようとする国は増える一方だ。なかでも日本のメディアでよく取り上げられるのは北朝鮮やイランだろう。しかし、そのイランのウラン濃縮施設への爆撃が囁かれている国、イスラエルが核兵器保有国であることはほとんど語られないし問題視もされない。そして、このイランとイスラエルに隣接した中東・アラブ世界では何が起こっているかというと、独裁体制打倒＝体制変革を求める民衆運動がチュニジアやエジプトの独裁体制を倒し、他のアラブ諸国へも民衆運動が波及している。

これらの一見別々に見える事象のフクシマと中東が接するところはどこだろうか。筆者はその接点は福島第一原発問題とイランの核開発疑惑問題、イスラエルの核兵器保有問題、そしてアラブの春が表象する変革運動が互いに共振するところにあるのではないかと思う。そして、そこにこそどうすればフクシマを教訓化できるかという問いの答えがあると考える。

1 アラブの「春」

(1) 問題考察の視点

まず、アラブの春を考察する前に、我々日本人が持っているこの地域に対する一般的な見方について述べておきたい。そのことがアラブ世界を正しく理解する助けになると考えるからだ。今我々の一般的な見方と述べたが、実際には経験や関心の度合いによって個人差があるだろう。ただ、一つの集団に属する限り、我々のある特定のものに対する見方、中東世界を例にして言うならば、イスラームとかアラブと言ったものに対する見方は、その集団内の学校教育やメディアに影響されて一つの傾向を示すものである。筆者自身、中東・アラブ世界に一研究者として関わりを持って、三十年余りになるが、これまでこの問題、要するに我々日本人がどのようにこの地域、そしてそこに暮らす人びとのことを見てきたか、折に触れて考えてきた。そして、痛感していることは、多くの人びとが当該地域のことを知らないか、あるいは高校や大学の教育において学び、またニュースを通してある程度の知識を持っていても、総じて他者のフィルターを通して見、考えていることである。

それは次のようなものだ。我々は、欧米や日本が先進諸国だとして、それ以外、例えばアラブ諸国は発展途上の国々だと見なしてはいないだろうか。確かに、一般論ではあるが、工業、産業、経済状況などを見れば明らかなように、欧米や日本はアラブ諸国に比べて近代化されている。しかし、社会生活において経済的な側面だけで、我々のほうが豊かであると言えるだろうか。人間関係の在り方、余暇の過ごし方などにおいても同様に豊かだと言えるだろうか。

次に、もう少し踏み込んで、西欧（欧米）とアラブ世界に対する日本での一般的な見方を考えてみたい。我々は、西欧と言えばキリスト教（社会）、キリスト教と言えば先進的かつ世俗的、その政治体制は先進的かつ世俗的であるがゆえに民主主義国家であり、民主主義は平和をもたらすものである、といったイメージを連想してはいないだろうか。そして、非西欧社会をそれとは対極のイメージで捉えてはいないだろうか。つまり、アラブ世界＝西欧と対峙するもの＝イスラーム社会＝後進的かつ宗教的＝非民主主義（独裁体制）＝好戦的（紛争や対立）といった感じで見てはいないだろうか。ここで筆者は、西欧社会が先進的ではないとか、民主主義社会でもないと言いたいのではない。また同時に、アラブ世界は独裁体制下にあるというのは間違いだと言いたいのでも無論ない。ここで筆者が指摘しておきたいことは、アラブ世界を見る際に西欧世界と比較して、単純に二項対立的に考える見方、それは直ぐ前で述べたものの見方であるが、そのようなものの見方は、わかりやすさがある反面、間違った見方に陥りやすいという側面があるということである。当該地域で起こる問題の本質に迫ろうとするとき、どうすれば当該地域を偏見や先入観を排して見ることができるかが、極めて重要ではないかと考える。

この二項対立的な見方に関連して、もう一点述べなければならないことがある。それは、アラブ世界で起こっている変革運動、いわゆる「アラブの春」を「民主化運動」という言葉で形容していることについてである。民主化運動という表現に、読者の方々は何を考え、連想し、どのような思いを抱かれるだろうか。そのようなことを念頭に、ここでこの呼称について少し考えてみたい。

まず、アラブ諸国において、この変革運動は、やはり民主主義を求める大衆運動という位置づけで報道されてきた。それは若干の表現の違いはあっても、日本で報じられている民主化運動とほぼ同じである。ただ、アラブ世界で語られる「民主主義を求める運動」と、日本で語られている「民主化運動」とは、その言葉の言わんとすることが大いに異なっていると考える。アラブ世界で語られる民主主義を求める運動とは、言論の自由のない、言いたいことも言えない独裁体制を打倒し、自由、平等、人権の尊重、そしてパレスチナ問題の公正な解決を求める運動であり、決して自らの社会が「民主主義の未成熟な劣った社会」であるから、そこから脱却するための運動ではない。増して、彼らが「欧米型の民主主義社会」を求めているわけでもない。

他方、日本でアラブの変革運動を民主化運動と呼称すると、そこには元々アラブ社会が非民主国家で、後進の社会であり、それゆえに民主化を求めている、といったイメージを抱かせかねない。そして、一方ではそのようなイメージを通して、我々欧米型の民主主義社会は先進的な社会である、との思いを抱かせる働きがあるように思う。民主化という言葉によって、我々はアラブ世界の変革運動に対して、誤った見方をするということにとどまらず、我々自身のものの考え方それ自体が歪んでしまうのである。この「民主化」という言説に関して、アラブ文学を専門にし、パレスチナ問題やジェンダーの問題に関しても鋭い切り口で発言している岡真理は、つぎのように述べる。「日本では〈民主化革命〉と言われていますが、〈民主化革命〉というのはこの革命の意味合いを非常に矮小化した表現だと思います。中には、イスラームの国々もこれから民主主義を学んでいくのだ、というような上から目線のコメントもあります（まるで私たちが民主主義の先輩であるかのように[2]」。筆者自身、これまで度々、この変革を求める反体制運動を民主化運動と語り、また記述してきた。これに対する自省の意味を込めて、ここに記した次第である。

最後にもう一点、日本の中東に関する報道のなかで、顕著に見られるある傾向について指摘しておきたい。それは、二〇一二年一〇月一日付朝日新聞朝刊において、同紙中東アフリカ総局長の石合力がシリアの内戦について、在ダマスカス某大使や国連ブラヒミ特別代表などの発言を交えながら次のように論じたコラム『風[3]』である。そのコラムでは、まず欧州のある大使による次のような発言を紹介している。シリア内戦は、『「政権側、反体制側とも決着のつかない戦闘を続け、国民も経済も疲弊していく。双方にとって自殺行為だ」「なぜ止まらないのか。それは、この問題の本質がシリアの背後にいるイランをめぐる勢力争いにあるからだ。各国はいま、シリアという戦場でイランと戦っているのだ」』。そして、これを受けて、「アメリカが軍事介入すれば、ロシアにとっては親米スンニ派とともにイランに仕掛ける地政学ゲームに映る。それを座視できるだろうか」と続ける。そして、国連・アラブ連盟主導の仲介にあたるブラヒミ特別代表が語った『シリア危機は地域だけでなく、世界にとっての危機になりうる』との言葉が現実味を帯びてくるとして、「シリアを発火点とした世界大戦をどう防ぐか。国際社会はそこに知恵を絞る時期に来ている」と結んでいる。

このコラムの指摘するように、確かにシリア内戦にはイランの核開発疑惑が複雑に絡んで、地域情勢がこれまでになく緊張している。そして、この緊張が世界大戦を誘発させかねないとの指摘にも筆者は同感である。しかしながら、この地域情勢の緊張を論じる際に忘れてはならない国が一つある。それは、中東の軍事大国であり、同地域で唯一核兵器を保有しているイスラエルである。この国が現在の中東情勢の緊張化に大いに関わっているにも拘わらず、この記事にはこの国が登場していない。このように、中東の地域情勢の緊張を論じる際にイスラエルが扱われないということは、他のメディアでも見られ、それは今に始まったことではない。なぜイスラエルという国がなかなか登場しないのか。その理由や背景については後ほど改めて述べるが、その大きな理由は、まず日本を含む欧米社会に「反ユダヤ主義」批判に対して過剰な反応があること、つぎに欧米とイスラエルとの特殊な関係から欧米がイスラエルを擁護すること、そして特にメディアにおいてはイスラエルが中東世界で唯一の民主主義国家との認識から、中東・アラブ世界において生起する諸々の問題とイスラエルを切り離して、敢えて同国に触れないという姿勢、換言すれば沈黙するという姿勢をとってきたからではないだろうか。

このように我々の二項対立的な見方で事実が歪められていること、また他方イスラエルに対する「沈黙」の態度によって事実が見えにくくなっている場合もあることなどについて見てきた。これらのことに注意しながら、アラブの春とイスラエルの核について考察を進めたい。

(2) 反体制運動の背景

二〇一〇年一二月、北アフリカのチュニジアで発生したある青年の焼身自殺未遂事件に端を発して、同国で抗議デモが起こり、これが瞬く間に政権打倒を求める大衆運動へと発展した。翌年の一月一四日にはベン・アリー大統領が亡命して強権体制は呆気なく崩壊し、その一一日後には地域大国のエジプトでムバーラク大統領の退陣を求める反体制運動が起こり、その後独裁体制を敷く多くのアラブ諸国で変革を求める大衆運動が起こるに至った。そして、今なおシリア、イエメン、バハレーンなどでは体制の変革を求める大衆運動が続いている。これがいわゆる「アラブの春」である。ここでまず、アラブの春がなぜ起こったのか、その背景について考えてみたい。「今さら背景を論じても……」、と考える読者もいると思う。それは、チュニジアで発生した民衆運動以降大量の情報が諸々のメディアを通して十分に流されたようにも見えるからだ。しかし、筆者は歴史的な背景などについては情報が不十分であったし、前述したような歪められた見方が多々あったように思う。

それでは、ここでまず、アラブ諸国家体制の成立と独裁体制を中心に、民衆革命発生の背景について検証しておきたい。そもそも、アラブの春（民衆革命）が生起している地域は、総じてオスマン帝国が長く支配してきたところである。このオスマン帝国の支配原理について、社会人類学者だった大塚和夫は以下のように述べている。「アラブ世界では、宗教・宗派集団がきわめて重要な社会集団としての役割を果たしてきた。オスマン帝国時代には、圧倒的多数派のムスリムはもとより、ユダヤ教徒、ギリシア正教徒、アルメニア正教徒などが有力なミッレト（宗教・宗派自治共同体）を構成してきた。そこでは言語などの基準によってではなく、信仰の共有にもとづいて共同体が構成されていたのである」[4]。つまり、オスマン帝国の人びとは、アイデンティティの拠り所を民族に求めず、自らが属する宗教・宗派に求め、また帝国の支配者たちは民衆の統合原理として、その根幹にイスラームを置きつつ、それ以外の宗教・宗派集団に広く自治権を与え、統治するというシステムを採ったのである。ところが、彼らの隣人でもあったヨーロッパはどうであったかというと、周知のとおり、一八、一九世紀を通じて、各地で民族主義運動が高揚し、一民族一国家、いわゆる近代国民国家を作り上げるための戦争がいたる所で生起した。そして、この民族主義運動の波は、一九世紀に入ってオスマン帝国領内の特にバルカン半島にも押し寄せ、一八二九年にギリシア、七八年にルーマニア、ブルガリアがオスマン帝国から独立、他方ヨーロッパの大国、イギリス、フランス、そしてロシアなどがオスマン帝国の解体を目論んで、同国への干渉を強めていく。いわゆる、東方問題である。この東方問題の到達点とされるのが第一次世界大戦を挟んで生起したバルカン戦争（一九一二―一三年）とヨーロッパ列強、特に英仏によるアラブ地域の分割（一九二〇年代）である。このアラブ地域の分割を歴史的シリア（シャーム地方と呼ばれていた地域で、ここには現在シリア、レバノン、ヨルダン、イスラエルなどの国々がある）を例に見てみよう。

この地域は肥沃な三日月地帯の一角にあって、古くから東西貿易の中継地として栄え、民族、宗教・宗派を異とする様々な人びとが行き来し、また数々の王朝が興亡を繰り広げたところであった。この地域をオスマン帝国が支配下に置いたのは一五一七年のことで、その後オスマン帝国が第一次世界大戦でドイツと共に破れる一九一八年までその支配は続いた。しかし、既に一九世紀にはシャーム地方の大半が収まる地域であるオスマン帝国支配下のアラブ属州では各地で宗派間の紛争や暴動などが起こり、これにヨーロッパ列強が政治的・軍事的に干渉し、帝国の解体が始まっていた。そして、第一次世界大戦終結二年前の一九一六年に英仏露の三カ国は、オスマン帝国領土のうち、歴史的シリア、メソポタミアなどにおける三国の将来の勢力範囲確定を取り決めたサイクス・ピコ協定を締結（ロシアはロシア革命を契機に離脱）、戦争終結二年後の一九二〇年には連合国側がイタリアのサン・レモで、これらアラブ属州を英仏の委任統治下に置くことを決め、またバルフォア宣言（第一次世界大戦中の一九一七年、イギリスの外相バルフォアがオスマン帝国領であったパレスチナ地域にユダヤ人国家の建設を約束したもの）の承認などが行われた。このようにして、オスマン帝国の解体と、続くアラブ属州の分離と分割支配がヨーロッパ列強の英仏によって行われ、それは同時に「アラブ諸国家」の原型の形成を意味し、しかもパレスチナ問題を生み出す契機ともなったのである。

要するに、元々民族（言語）の違いよりは宗教・宗派の違いによって作り上げられた社会集団を基盤にし、歴史的、地理的に一体であったこの地域が、ヨーロッパ列強の利害から人為的に切り分けられ、その後国境線が引かれることで、形の上ではヨーロッパ型の近代国民国家、つまり民族を統治原理とする国家として誕生した。このように、極めて人為的に形成された「アラブ諸国家」がどのような問題を抱えて国作りを始めたのか、容易に想像できよう。国家成立時に、既にその内部や周辺諸国との間に紛争の火種が埋め込まれ、これらに対応するために軍や警察組織が強大化し、独裁政権が生まれる。国家の枠組み自体が軋んでいたのである。しかも、その地域の中心に人工国家イスラエル＝ユダヤ人国家が形成されたことは、地域情勢を恒常的に不安定化し、その周辺アラブ諸国に「軍国化」を強いた。それによって、独裁政権の成立を促し、またそれを正当化する理由づけにもなったのである。アラブの春は、体制の変革＝独裁体制の打倒に目的が置かれているが、その独裁体制を生み出した背景は、ヨーロッパ帝国主義によって作り上げられた「アラブ諸国家体制」の成立、そして人工国家イスラエルの建国＝パレスチナ問題の発生があり、そのいずれにもヨーロッパ列強が強く関与していたことを指摘しておきたい。

このアラブ諸国家の独裁体制についてもう少し見ておきたい。アラブ諸国は、その政治体制の違いから二つに大別することができる。一つはサウジアラビアなどに代表される王制（あるいはアラブ首長国連邦など、これに類似した首長制を含む）であり、もう一つはエジプトなどに代表される共和制である。しかし、政治制度は異なってはいるが、その体制は共に専制的であり、独裁的である。国王や大統領が絶大な権力を握り、軍事力、警察力によって国民を支配するのである。繰り返すが、これらの独裁体制は、「一見西欧世界とは無縁の体制のように見える。しかし、こうした体制はアラブ諸国がヨーロッパの大国、特に英仏の植民地、保護国、あるいは国連委任統治領として、直接的、あるいは間接的に支配を受けた歴史的事実に深く関係している。何故なら、湾岸諸国、モロッコ、ヨルダンなどの王制国家は旧宗主国などが敷いたレールを利用して支配権を維持してきたからだ。また、共和制をとったエジプト（一九五二年の共和制革命以降）、アルジェリア、リビア、シリア、イラクなどの国々でも、旧宗主国が作り上げ支配体制を利用しつつ、西側で生まれた社会主義や共産主義思想さえも利用して、権力を維持してきた。つまり、アラブ諸国の独裁体制は、西欧世界と不可分の関係にあり、彼らによって支えられてきた面もあることを看過してはならない(5)」。

このアラブ諸国家体制の専制的性格に関して、中東現代史を専門にている栗田禎子は、アラブ諸国の体制は第一次大戦後の英仏植民地支配の過程で形成されたものであるとした上で、これらの国々は抑圧的・非民主的性格を有しており、入植者国家イスラエルと「分業」する形でアラブの民衆を支配・管理していると論じた。そして、『このような支配の構造が時にアラブ諸国の民衆自身によって見抜かれ、民衆が自国の社会を内側から変革・民主化するために立ち上がる局面も訪れるのだが（一九五〇年代のエジプト革命やイラク革命）、こうした「革命」によって成立した諸政権も中東を覆う帝国主義的支配構造のなかでは、絶えず変質・転落して、新たな抑圧体制に転じる危険性を有している(6)』、とした。そして、アラブ諸国の政権は、君主制の諸国にしろ、共和制の諸国にしろ、『いずれもその内実においては等しく腐敗した「アラブ諸国体制」を形成していると言うことができる(7)』旨述べている。アラブの春は「アラブ諸国家体制」政権という共通の「膿」を持っていたからこそ、瞬く間にアラブ諸国へ広がって行ったのだ。

(3) 反体制運動の特徴

このアラブ世界で生起している反体制運動には、次のような共通する特徴があるかと思う。まず、総じて民衆運動が反米・反西欧的側面を持っていることである。そして、独裁体制崩壊後にイスラーム主義勢力がポスト独裁体制の支配的勢力として大きな影響力を持ってきたことである。

まず一つ目の「民衆運動が反米・反西欧的側面を持っている」点であるが、その理由を幾つか述べておきたい。まず、多くのアラブの人びとに、アラブ地域がヨーロッパ列強、特に英仏やアメリカによって植民地主義・帝国主義支配を受け、今もその脅威にさらされているとの歴史認識、現状認識があるからだと考える。前述したように、シャーム地方は英仏帝国主義によって政治的・軍事的干渉を受け、その後委任統治支配下に置かれ、最後には彼らの都合で分割された。湾岸諸国もイギリスの強い影響下に置かれ、エジプトもまたイギリスの保護領に置かれ、アルジェリアをはじめとした北アフリカはフランスの植民地、保護領にされた経験を持つ。これらの植民地、半植民地化された過去の歴史が民衆の間に深く刻まれているのである。

さらに、このような反米・反西欧感情を決定的にしている歴史的事件がある。それは、ヨーロッパの反ユダヤ主義に起因するイスラエルの建国とパレスチナ問題の発生である。アラブの人びとは、元々自他認識する際、民族（言語）の違いよりは宗教・宗派の違いを重視した上で、他の宗教・宗派集団との共存、共生を図ってきた。つまり、アラブ世界では長い歴史を通して、ユダヤ教徒やムスリム、そしてキリスト教徒たちが共存してきたのである。それゆえ、アラブ世界の人びとはなぜユダヤ教徒がヨーロッパ世界で数世紀にわたって迫害を受け、その多くが二〇世紀に至って、ナチス・ドイツによって死に追いやられたのか、その理由や背景について、容易に理解できなかったのではないかと想像する。しかし、一九世紀末頃から始まっていたヨーロッパ系ユダヤ教徒のパレスチナ地方への移住は、徐々にユダヤ人による民族国家建国の流れを生み、一九一七年にはイギリスがバルフォア宣言を行い、その後ナチス・ドイツによるユダヤ教徒への抑圧が強まったことにより、大量のユダヤ教徒がこの地方へ押し寄せ、三六年にはアラブの反乱（〜三九年）が起こる。そして、第二次世界大戦後の四七年、イギリスが国連へ提出したパレスチナ分割決議案が採択され、翌四八年にユダヤ勢力がイスラエルの独立を宣言、その直後第一次中東戦争が勃発して、パレスチナに居住していた多くのアラブ系住民が難民となり、パレスチナ問題発生へ連なっていく。この一連の事象をパレスチナ人に限らずそれ以外のアラブの人びとがどのように受け止めたかは明白であろう。

なぜヨーロッパで起こった反ユダヤ主義のツケをパレスチナ人が払わなければならないのか。そして、なぜ中東・アラブ地域の中心にユダヤ人国家という楔を打ち込むのか。それは、ヨーロッパがユダヤ人を帝国主義の傀儡として使うためではないのか、といった認識を共有するようになったと考える。そして、この認識をより強めたのは、第二次世界大戦後のアメリカの対イスラエル支援政策であろう。このイスラエル擁護／支援政策は、九・一一事件発生の一因であり、またイランの核開発疑惑に端を発する中東地域の緊張にも大いに関係していることである。しかしながら、彼らが欧米を嫌っているかと言えば、決してそうではない。むしろ、発展した国、民主主義の国といった憧れのイメージも同居して、その反欧米感情は屈折したものとなっているのも事実だ。

もう一点のイスラーム主義の高揚について見ておきたい。アラブの春が起こった国々は、変革を求める反体制運動が活発になる過程で、イスラーム主義勢力が伸長し、大きな影響力を持つに至っている。それはなぜなのか。そして、どのように理解すべきなのだろうか。イスラーム主義を掲げて体制の変革や打倒を求める政治運動は、例えばエジプトでは一九二八年にハサン・アルバンナーによりムスリム同胞団が結成され、反体制運動が活発化するなど、その歴史は古い。しかし、時の権力者から厳しい弾圧を受けるなどして、大きな影響力を持つには至らなかった。このイスラーム主義運動に大きな転機が訪れる。それは、アラブ世界内部からではなく、その隣のイランで七九年に起こったイスラーム革命である。それまで揺るぎない体制として知られていたパーレヴィー王朝が、イスラーム主義を掲げて体制の打倒を求める人びとによって脆くも崩壊したのである。

このイスラーム革命は、社会の変革を求めるアラブの若者たちには、社会主義、共産主義では実現できなかった体制の変革が、イスラーム主義によって可能になった、との大きなメッセージを与えることになったのである。一九八七年末にはパレスチナで反イスラエル抵抗運動インティファーダが起こるが、この運動をはじめに組織化したのはイスラーム主義政党ハマース（イスラーム抵抗運動）であり、その後のパレスチナ解放運動に大きな変化をもたらしていく。そして、このイスラーム主義高揚の流れを決定的なものにしたのは、一九八九年のベルリンの壁崩壊とそれに続く九一年のソ連邦の崩壊ではなかったか。歴史的に、アラブ世界では、社会主義、共産主義思想が一部の知識人層や軍エリート層などに浸透し、また反体制イデオロギーとして重要な役割を果たしてきた。しかも、社会主義による変革を掲げて、政権を奪取する、例えばシリアやイラクのバアス党などの政治政党が存在してきた。つまり、世俗主義的政治思想としての社会主義、共産主義が皮肉にもイスラーム主義への傾斜を押さえ込んできたのである。しかし、大衆、とりわけ若者たちの間に変革のイデオロギーとしての社会主義、共産主義によってでは体制の変革が実現できないとの考えが第三次中東戦争の敗北などを通して徐々に広がり、イランでイスラーム革命が起こったことで、その対極にある思想と言っても過言ではない宗教主義としてのイスラーム主義に大きく傾斜するようになったと筆者は考えている。つまり、欧米、とりわけアメリカは、社会主義に打ち勝つためにあらゆる手段を駆使し、その結果ソ連邦は崩壊し、東欧は「民主化」＝自由主義経済体制へ移行した。ところがその帰結として、中東・アラブ世界においては、イスラーム主義の隆盛を後押しする結果となったのである。そして、九〇年の湾岸危機、翌九一年の湾岸戦争を経て、アラブ世界のムスリムの人びとが欧米の横暴に怒り、一部の過激な思想を持つ人たちのその反欧米感情が九・一一事件を生起させた。その後のアフガン戦争、そしてイラク戦争によって、反欧米感情がイスラーム主義に結びついて、益々アラブ大衆の中にイスラーム主義が浸透したのではないだろうか。

アラブ世界に見られるイスラーム主義の高揚に関して、もう一点つけ加えたいことがある。それは、欧米社会に見られる、イスラモフォビア、いわゆるイスラーム嫌悪現象が、アラブ世界において大衆のイスラーム主義への支持を強めているのではないかという点である。欧米社会では、イスラームやその開祖ムハンマドを、表現の自由を盾におもしろおかしく描いて、見方によっては誹謗中傷するといったことが起こっており、この一〇年ほどは頻発しているように思う。そして、その都度ムスリム側からはこれを厳しく批判し、謝罪などを求めてデモが組織され、これが暴徒化して多くの死傷者を出すような事件へと発展することも増えてきている。例えば、二〇一二年九月、米国で制作されたとされる映像がイスラームを冒瀆しているとして、中東イスラーム世界で抗議デモが広がり、アラブの春で独裁政権が倒され、その後も混乱の続くリビアでは、駐リビア米国大使など四人が抗議デモの最中に殺害された。これを報じた新聞記事の中で、「中東では過去の植民地支配やイラク戦争、パレスチナ問題などを巡り、欧米に対する根強い反感がある。また、イスラームでは預言者ムハンマドに対する風刺や批判は絶対的なタブーだ。そうした民衆意識がある中で、欧米で預言者批判につながる動きがあれば、イスラーム擁護と反欧米感情が混ざり合い、激しい抗議が起こりやすい(8)」と簡潔に記している。そして、その一週間も経たない九月一九日、今度はフランスの週刊誌がムハンマドの風刺画を掲載し、この二日後の金曜は集団礼拝の日にあたっていたことから、世界各地で抗議デモが再燃した旨日本の新聞は伝えている(9)。イスラモフォビアがその背景にあることは確かであり、またこのことが相乗効果となって、かえって大衆のイスラーム化に拍車をかけているように思える。表現の自由をめぐるこの種の問題については、本論の趣旨ではないのでここでは論じない。ただ、ここで筆者が強調しておきたかったことは、アラブ世界のイスラーム化現象は、欧米諸国とアラブ世界、イスラーム世界との歴史的な深い関わりのなかで生起しているということであり、このことは常に留意しなければならない。

2　イスラエルの核

(1)　欧米の対イスラエル観

これまで、アラブの春に関して、反体制運動の背景や特徴について概観してきた。このアラブの春は、イランの核開発疑惑に端を発して生起している中東情勢の緊張、それはイスラエルによるイランのウラン濃縮施設への攻撃も辞さずとの発言などによって増長されたものだが、両者はどのように関わっているのか検証する。しかしその前に、イスラエルが欧米や日本でどのように描かれているのか、見ておく必要があるだろう。

二〇一二年四月四日、リベラル紙で知られる『南ドイツ新聞』は、その文芸欄に、『ブリキの太鼓』などの作品で知られ、一九九九年にノーベル文学賞を受賞したドイツ人作家ギュンター・グラスの詩「言わねばならぬ」(10)を掲載した。グラスはその詩の中で、ドイツがイスラエルに軍事用の潜水艦を輸出することを批判しつつ、イスラエルが核開発疑惑の持たれているイランに先制攻撃を仕掛ける可能性があると指摘した。そうなればイラン国民を抹殺するかもしれないと。そして当のイスラエルは、核を保有していながら、その検証も管理もされていないとして、「核保有国イスラエルは、ただでさえ危うい世界平和を危険に曝している」と訴えた。また、こうした発言をする者には「たちまちのうちに刑罰が加えられ、〈反ユダヤ主義者だ〉という烙印が押されることになる」と述べた。

では、この詩に対する日本の反応はどのようなものであったのだろうか。この詩が発表されたちょうど一週間後の四月一一日、朝日新聞が、「イスラエル批判詩　波紋」[11]とのタイトルで、ベルリンおよびエルサレム駐在の特派員の共同執筆による関連記事を掲載した。そのなかで、『……グラス氏がイスラエルの対イラン政策を批判した詩が波紋を広げている。「核保有国イスラエルが世界平和を危険に曝している」という内容に「反ユダヤ主義」との批判が強まり、イスラエルはグラス氏の入国禁止を決定した』旨を伝え、また詩の一節「イラン国民を抹殺する第一撃」を引用して、『イスラエルのネタニヤフ首相は「他国を抹殺しようと脅しているのは、イスラエルではなくイランだ」と激しく非難。ベスターベレドイツ外相が「イスラエルとイランを道徳的に並べるのは馬鹿げたこと」と述べるなど、ドイツでも批判が高まった』とイスラエルやドイツの反応を伝えている。そして、『グラス氏の詩を「言論の自由」と擁護する声も一部にはあるが、…（中略）…ホロコーストの過去を持つドイツにとって、イスラエルに対する批判は国内外から敏感な反応を呼びがちだ。さらに、グラス氏は第二次大戦末期にナチスの武装親衛隊に所属していたことを二〇〇六年になって告白。…（中略）…自らの過去について長年沈黙していたことが激しい論争を呼んだ。そうした過去を持つグラス氏がイスラエルを非難したことで、反発が特に強まった形だ』と締めくくっている。

このように、グラスの詩はドイツ国内や日本国内では「イスラエル批判詩」として捉えられたようだ。しかし、それはごく表面上のものではないだろうか。この詩が掲載されたのは、イランの核開発疑惑をめぐって中東情勢が緊張するなか、イスラエルによるイランの原子力施設への空爆が現実味を帯びてきた頃である。核開発疑惑を持った国が、核を保有する国に攻撃される。この理不尽さを「西側の欺瞞」だと批判したこの詩は、これを訳した三島憲一の言うように「反戦詩」だと筆者は思う。

ここで見られるドイツや日本の反応は、欧米のイスラエル観を如実に表しているのではないかと思う。ヨーロッパではホロコーストに対する「贖罪」意識が根底にあり、イスラエル批判が容易に「反ユダヤ主義」へ転化してしまうという状況がある。それゆえ、欧米、日本のメディアは敢えてイスラエルに触れないようにする（沈黙する）傾向が見られ、特に言論界に対するユダヤ・ロビーの影響力が強いアメリカでは顕著に見られる。そして、もう一つ言えることは、欧米が帝国主義の楔としてイスラエルを中東地域に打ち込んだがゆえに、イスラエルを防衛することは、自分たちの利害を守ることにほかならないということである。他方、日本の対イスラエル観については次の節で詳述するが、日本の対米依存度の増大によってもたらされたアメリカの強い影響力を受けて、我々の世界を見る目がアメリカ目線になってしまい、イスラエル観もそのような形で形成されてきたのではないかと筆者は考えている。

欧米の対イスラエル観について、どうしても触れておかなければならないのは、欧米社会がイスラエルを中東世界において唯一の民主主義国家と考えている、いわゆる「イスラエル民主主義国家」神話のことである。このような見方は、実は日本でも同様にあるのだが、果たしてそう言えるだろうか。

筆者は一九九〇年から三年間ほどイスラエルの日本大使館に勤務したことがあり、その滞在経験から強く感じていることがある。それは、民主主義国家が戦争によって近隣諸国から奪い取った領土を占領下に置き、その占領地内に入植地を多数建設し、しかも占領下に暮らす住民に対して過酷な支配を続けるだろうか、というものである。いかなる理由があったとしても、そのようなことは民主主義国家であればしない。しかしながら、イスラエルは、周知のとおり、西岸地域、ガザ地区、そしてゴラン高原を第三次中東戦争で占領して以来、今日に至るまで占領し続け、そこに暮らす人びとを「管理」という名で占領下に置いているのである。そのイスラエルは、その後も西岸地域では非人道的な「人種隔離壁」でパレスチナ人居住地域を囲い、ガザ地区に対しては二〇〇八年一二月から翌年一月にかけて無差別攻撃を加え、隣国レバノンに対しても二〇〇六年七月に無差別攻撃を行って多くの死傷者を出している。これらの蛮行は、民主主義国家がすることではなかろう。イスラエルを民主主義国家とする考えは、欧米、そして当のイスラエルが作り出した神話ではないのか。そして、その神話は、イスラエルの建国を正当化するためであり、他方西岸、ガザ、ゴラン高原の不法な占領を隠蔽する道具にも使われてきたのではないだろうか。

(2) 日本の対イスラエル観

筆者は、日本の対イスラエル観は、欧米のそれとは少々異なる独自のものがあったように思う。それは、特に日本の経済政策に強く関係して、アラブ諸国との関係を重視し、そのことからイスラエルとは距離を置く、経済優先の外交政策をとってきたからである。しかし、この政策は、一九九〇年の湾岸危機と翌年の湾岸戦争を境に、大きくイスラエル重視へと舵を切る。その背景には、従来の原油の安定供給を目的とした対アラブ関係重視の必要性が湾岸危機、湾岸戦争を契機に急激に薄れ、他方イスラエル重視の外交をとってきたアメリカに、日本がその外交において追従したとしても、アラブ諸国から非難されないとの政治的判断があったことなどが考えられる。そして、それ以降日本は、アメリカの対外政策と益々一体化する道を歩んで今に至っている。そのことは、例えば、イスラエルをアメリカと同じ目線で見る、あるいはアメリカを通して見る、そのような見方に繋がっているように思えてならない。そのような見方が、実はグラスの詩を訳した三島の解説文の中に散見されるので、ここで検証しておきたい。

三島は、解説文のなかで、『グラスの「詩」に含まれる問題性』という章を立てて、そのなかで、『(詩が掲載されて：筆者記）一週間後の四月一〇日の『南ドイツ新聞』は社説で（グラスの詩を：筆者記）「グロテスクな誇張」と形容しているが、そういわれても仕方ない』と述べて、その理由を三点挙げている。まず一点目は、入植地の拡大、イランへの敵対視、パレスチナへの政策などにおいてイスラエル国家、特にネタニヤフ政権の政策に対し、イスラエル内部でも強い批判があることを根拠に、イスラエルは自由な言論国家である、と述べていることである。二点目は、グラスが思う以上に、ドイツや他の西側諸国でもイスラエルの個々の政策には厳しい目が注がれ、それなりの議論もメディアで展開されている、と述べていることである。そして三点目は、少なくとも当面の状況に関しては、核兵器開発に邁進するイランのほうが世界平和を脅かしている、という国際関係上の冷徹な認識をグラスは共有していないことである、と述べていることである。[12]

まず一点目に関し、三島はイスラエル国家が、言論の自由が保障された国家だと述べているが、それはイスラエル国家が民主主義国家の一員だと言っていることに等しい。確かに、このような見方が日本では支配的だと筆者は思う。しかし、民主主義国家がその構成員の一人一人を尊重するものだという前提に立つならば、他国の領土を占領し（イスラエルは、西岸地域の占領を「占領ではなく管理している」と主張）、そこに多くの入植地を建設し、入植者を送り込むような方法で占領地の実効支配を既成事実化できるだろうか。これは、日本が朝鮮半島や中国東北部（満州）を占領して以降に開拓民を入植させたことに極めてよく似ている。次に二点目に関し、イスラエルの個々の政策は、グラスが思う以上に厳しく見られていると述べているが、果たしてそうだろうか。欧米や日本は、イスラエルによるガザ封鎖、ガザへの無差別攻撃、レバノン侵攻、入植地拡張政策に対して、具体的にどのような対処法でもって、抗議、批判しただろうか。対話や制裁などの行動はとられてきただろうか。そして三点目に関し、核を保有し、近隣の核関連施設を攻撃しようとするイスラエルより、核兵器開発に邁進するイランのほうが世界平和を脅かしている、というのは本当だろうか。核兵器の保有より、核の開発疑惑のほうが危険だという論理がまかり通るだろうか。どうやら世界には、核を持っても「良い国」と「悪い国」があるようだ。この判断基準を国際社会からの批判の度合いで推量するならば、前者は核を既に手にした国々で、後者は今まさに開発を目指す国々であろう。後者が核を手にすることで失われるものとは何か。それは、核という力による覇権だ。当然前者はこの既得権を守ろうとするだろう。それでは、アメリカの核の傘に入った日本では、イランの核開発疑惑はどのように捉えられているか、メディアを通してみてみよう。

二〇一二年の一月、二月、三月と、朝日新聞は「イラン核開発」をテーマに社説を掲載している。その社説をそれぞれ簡単に見ていきたい。まず、一月一三日の社説は、「制裁同調もやむなし」[13]とのタイトルで、「イランの核開発の断念を迫るため、アメリカが決めた経済制裁の強化に、日本も協力することになった」として、「イランが核兵器を持つことになれば、中東の安定は根底から揺さぶられる。イランが、国連安保理決議など国際社会の再三の警告を無視している以上、制裁強化はやむをえない」と日本政府の対応を支持する内容となっている。しかし、この社説にイスラエルはもちろん、同国が核保有国であること、そのことが中東地域の安定化にどのような意味を持ってきたのかなど、一切記されていない。

次に、二月一八日の社説では、「外交決着の余地はある」[14]とのタイトルで、「イスラエルはかつて、イラクやシリアの核関連施設を空爆した。武力でイランの濃縮施設などを破壊すれば、今度は中東地域に戦渦が広がる恐れがある」ので、これを食い止めるために硬軟とりあわせた外交が求められているとしている。そして、「イスラエルは事実上の核保有国である。イランに核疑惑があるからといって独断で軍事行動に出れば、国際社会で批判の的になるのは必定だ」、それゆえ、「今後ともイラン、イスラエル双方に外交決着を強く働きかけていくことだ」と締めくくっている。この社説では、イスラエルの核保有が記されているが、やはりなぜイスラエルの核保有が実質的に認められているのか触れられていない。

最後に、三月七日の社説であるが、これは、「非軍事の圧力で止めよ」[15]とのタイトルで、オバマ米大統領とイスラエルのネタニヤフ首相が会談するも、イスラエルはイランの核開発をめぐり双方の意見が平行線を辿ったことを受けて、掲載されたものである。「イスラエルはイランの核武装を阻むために空爆するのではとの観測が出ている。イランの核兵器保持は自国の軍事的脅威であり、その前につぶすという先制攻撃論に立っているためだ」と述べて、イスラエルが強硬論に立っている理由を説明している。

核の力で覇権を手にしてきた国々と同様、それらの国々の核に守られる道を選んだ日本もまたそのパワーバランスが崩れることを阻止しようというのである。本来、核兵器の開発や製造に反対する根拠とは平和を求めるからであって、またそうでなければ核兵器の廃絶は実現しないだろう。しかし、現在行われている新たな核開発の阻止は、既得権を守るためである。この考えは、派生的に次のような考えを生み出した。それは、今から核を持とうとする国は危険な国であって、我々より未熟で劣っているから、管理しなければならない、というものだ。これは、日本が戦争中に同じアジアの国々を自分より劣っているとして侵略を正当化した例を見てもわかるように、極めて危険で浅はかな考えだ。

(3) イスラエルの核兵器保有とアラブ

イスラエルの核兵器保有は、地域情勢にどのような影響を与えてきたのだろうか。当然のことながら、イスラエルの核兵器保有は、周辺の中東諸国に、常に核兵器を所有することで同国に対抗しようとの思いへ駆り立て、実際「一九八一年六月、イスラエルがアメリカ製のF16ジェット戦闘機を使って、イラクのバグダード近郊のオシラクにある建設中の原子炉を爆撃し、破壊するという事件が起こっている[16]」。また、二〇〇七年九月初めには、シリアの核開発の疑惑の持たれている施設をイスラエルは爆撃して破壊している。そして、今度はイランが核保有に繋がるようなウラン濃縮計画を進め、これをイスラエルが核関連施設の空爆をちらつかせて牽制し、中東地域が極度に緊張していることは周知のとおりである。また、このことに加えて、例えばアラブの春によって体制の変革が進む地域大国のエジプトは、「国内に五ヵ所のウラン鉱山を持ち、一九五〇年代から原子力エネルギーの研究開発を進め、八二年にNPT（核不拡散条約）に加盟する一方で、七〇年代から九〇年代初めにかけてウラン濃縮の転換実験をおこなったという[17]」。これらの動きがすべてイスラエルの核保有がもたらしたと断言することはできないが、中東情勢が恒常的に緊張しているなかで、常に戦争に巻き込まれる可能性がある現状を前に、「敵国」イスラエルが核兵器を所有していることは周辺諸国にとって最も大きな脅威であり、これに対抗して自国を守るために核武装を考えるのは自然の流れであろう。

イスラエルの核保有問題を考える際、もう一つ検証しておかなければならないことがある。それは、イスラエルの核兵器使用の可能性についてである。核兵器の使用をめぐって、しばしば引き合いに出されるのは、「イスラエルは中東地域で最初に核兵器を使う国にならない」という文言である。これは、「元々はイスラエル現大統領のシモン・ペレスが一九六三年四月にケネディ米大統領（当時）に述べた言葉で、これを六三年五月一八日にエシュコル・イスラエル首相（当時）が日本の国会に当たるクネセットで公に表明した言葉である」[18]。この文言は、その後もしばしば政府高官から発せられてきている。ところが、イスラエルはこれまでに幾度か核兵器の使用を真剣に検討している。最初は、イスラエルが建国以来最も深刻な危機に直面した第三次中東戦争（一九六七年）に際して、ゴルダ・メイヤ首相（当時）やダヤン国防相（当時）など政府首脳は開戦直後に会談を招集して、三つの決定を下した。「第一、崩壊を続ける軍を再結集して、大規模な反撃を組織する。第二、核兵器を装備して照準を定める。全面崩壊とサムソン・オプション[19]の行使に備えた措置だ。第三、アメリカ政府に核攻撃の意図を伝える。（もしアメリカが）核攻撃による未曾有の被害を避けたいのであれば、全面戦争の長期化を支える兵器と弾薬の補給のために、ただちに緊急空輸を開始するように要求する」[20]。これは、核兵器の使用が単に敵国への威嚇ではなく、実戦で使用することを念頭に置いた決定事項だったのである。

また、それから約二三年後の一九九一年一月にアメリカを主体とした多国籍軍のイラク空爆により湾岸戦争が始まる。その開戦の翌日にイラク軍は、サッダーム・フセイン大統領（当時）が予告したとおりにイスラエルに対して八発のスカッド・ミサイルを打ち込んだが、イスラエルはその際にも核兵器の使用を検討している。ハーシュによれば、「…（中略）…アメリカ政府は…（中略）…重要な事実に気付いていた。九六分で地球を一周する偵察衛星が捉えた映像によって、イスラエルのシャミール首相がスカッドによる連続攻撃に対応して、核弾頭ミサイルの移動式発射台を屋外に移し、イラクに照準を定めて、命令が下り次第発射できる態勢を取るよう命じたことが明らかになったのだ」[21]。このように、わかっているだけでも過去に二度、イスラエルは核兵器の使用を真剣に検討しているのである。

加えて、二〇〇三年三月、米軍がイラクへ侵攻した際、湾岸戦争の時とは違って、イラクがイスラエルへ非通常兵器を使って攻撃するのではないかと懸念されたが、その際「アリエル・シャロン首相（当時）はアメリカのブッシュ大統領と会談した後に、仮に我々の市民が化学兵器、生物兵器、あるいはそれに匹敵する大量破壊兵器を使って甚大な被害をこうむった場合には、イスラエルはこれに応戦するだろうと警告している[22]」。この応戦に核兵器の使用が含まれるのは、容易に想像できよう。

そして、現在イランの核開発をめぐって、イスラエルがその開発阻止を狙って、核関連施設に対する空爆も辞さずとイランを牽制している。もし仮に、イスラエルがウラン濃縮施設などを空爆した場合、イランはその報復としてミサイルをイスラエルへ打ち込むかもしれない。そうなったとき、イスラエルはどのように対応するのだろうか。ハーシュは前掲書『サムソン・オプション』のエピローグに次のようなことを述べている。「中東でまたしても戦争が起こり、…（中略）…イラクがやったように、アラブの国がイスラエルにミサイルを撃ち込めば、核兵器を使うまでに簡単にエスカレートしてしまう可能性が高い。核は今では、最後の手段ではなくなっている[23]」。現在は、イスラエルにミサイルを撃ち込む可能性があるのはアラブの国ではなくイランだが、アラブの国、例えばイスラエルと平和条約を締結しているエジプトでさえアラブの春を経て、そのような国になる可能性もあるのではなかろうか。

(4)　アラブの春とイスラエル

アラブの春がチュニジアで起こって、三年が経とうとしている。この間、チュニジア、エジプト、リビアでは独裁政権が打倒され、どこもいまだ混乱は治まってはいないものの、変革へ向けて動いている。また、シリア、イエメン、バーレーンでは今なお反体制運動が継続しており、特にシリアでは内戦状態になっている。そして、新たにクウェートでも、変革を求める大衆運動が起こっている。この変革を求める大衆運動は、今後他の中東諸国へも波及していくことが予想される。これらの運動は、表面的には日本を含む欧米諸国が求めている「民主化」運動のように報道されてきているが、その本質は植民地支配が生んだ体制の力による支配に対して「Ｎｏ」を突きつけるものだ。欧米は、自分たちに都合の良い体制であれば、それがたとえ民衆を抑圧し人権を無視する独裁体制であっても、それを支えるという立場をとってきた。そして、これから行われる変革に対しても、親米（欧米）か反米（欧米）で国を分け、親米であれば、独裁体制下でもこれを支え、反米であれば、民衆に支持されていてもこれを打倒の対象にする、そのような政策をとろうとするのではないか。

アラブの春は、繰り返しになるが、親米、反米に関係なく、民衆が反体制＝反独裁を掲げて、腐敗した政権の打倒を勝ち取る闘いであり、長く踏みにじられてきた自由や人権を獲得しようとの闘いであり、それは決して欧米型の民主主義の実現を求めているものではない。また、前に述べているように、大きな特徴として、すべての運動において、イスラーム主義が大きな影響力を持ってきていることである。このイスラーム化現象について、アメリカの言語学者ノーム・チョムスキーは、「専門家たちの間では、急進的イスラームの脅威に対しては、実利的な見地から民主主義に反する対処が（やむを得ず）求められるというお決まりの主張が繰り返されている。一理ないわけではないが、こうした定式化には誤りが含まれている。全体として、対米依存からの脱却（independence）こそが真の脅威なのである。アメリカとその同盟諸国は急進的イスラームを常に支援してきたし、時にはそれを世俗ナショナリズムの脅威を抑え込むために利用してきたのである」[24]、と明晰に分析している。

そして、この対米依存からの脱却を加速させる要因にパレスチナ問題がある。実際、これまで親米的であったエジプトなどの国においても、変革のなかで明確に反イスラエルを全面に掲げ、パレスチナ問題の公正な解決を求めている。それは、結果的に、このイスラエルを〝盲目的に〟支えるアメリカへの怒りとなって、激しい反米運動を誘発させている。アラブの春が、力による支配からの脱却である限り、その運動の導く先で、イスラエルという欧米によって打ち込まれた楔が抜きとられようとするだろう。それでも、なおイスラエルがこれまでの対パレスチナ政策を続けるのであれば、益々アラブの民衆は反イスラエルの態度を強め、政治行動を起こしていくことだろう。そのことは、イスラエルをさらに孤立させ、同様にアメリカがイスラエルを支持し、支援し続けるのであれば、アメリカはこれまで以上に反感を持たれるだろう。そして、その先には、一体どのような状況が生み出されるのであろうか。中東現代史を専門にし、イスラエル、そしてパレスチナ問題で積極的に発言している臼杵陽は、イスラエルが直面している危機的状況に関して次のような発言をしている。「今の状況ではイスラエルは間違いなく破綻するので、その破綻を避けるための破綻をつくり出す戦争を行う。つまり新しい形の戦争——つまりアメリカの対テロ戦争が終わって今度はイスラエルが新しい戦争をつくり出す」[25]。ここで想定されている戦争は、欧米に都合の悪い体制を攻撃するものならば、欧米によって容易に支持され、新たな力による支配を生むだろう。そして、それは核兵器の使用をも含む自暴自棄的な破綻へ進む道筋である。筆者も、同じようなシナリオを想定してしまうのである。

おわりに――フクシマをいかに教訓化するか

中東・アラブ世界には、イスラエルの建国によって生み出された幾つもの「膿」のような矛盾がある。そのなかでも最も深刻なものはパレスチナ問題であり、そのことによって繰り返し戦争が生起し、また自国の防衛を名目になされた核武装化もその一つに挙げることができる。これらの矛盾が、アラブの春の発生とその後の展開、そしてイランの核開発問題などと互いに重なり合って、この地域の緊張をこれまでになく増幅させている。そのような中で、二〇一一年三月一一日に福島第一原発事故が発生して、改めて世界中に核がいかに人間存在にとって脅威なのかが示された。それはまるで、中東・アラブ世界の危機と福島第一原発事故が共振して、世界の破局が間近に迫っているかの如くである。

しかし、我々にこのような危機意識は果たしてあるだろうか。改めて原発事故を考えてみよう。どれだけの人がこの原発事故を現実に起こりうると考えただろうか。多くの人が「原発は安全」との漠然とした思い、いわゆる「原発安全神話」を抱き、事故を想定することができなかった。翻って、イスラエルの対イラン核開発施設の空爆、そしてそのイスラエルによる核兵器使用の可能性についてはどうだろうか。日本に限れば、メディアはこの問題について多くを語らず、ほとんど沈黙している。また、多くの人はイスラエルが「中東で唯一の民主主義国家」との思い、いわゆる民主主義神話によって、「イスラエルはそのようなことはしない」と漠然と思い込んではいないだろうか。しかし、そのような思い込みがどれだけ危険なものなのか、今回の原発事故が我々に明示した。これはまさに、フクシマの教訓と言える。

そうであるならば、我々はこの危機にどのように向き合うべきなのか。まず中東・アラブ世界の危機を考えてみよう。現在の危機は、イスラエルによる対イラン核開発施設への空爆と、その後に想定されるイスラエルの核兵器使用を含む戦争へとエスカレートしていくことである。これを食い止めるためには、イランの核開発を中止させること、そのためにはイスラエルの核保有問題に正面から向き合い、また同国に核兵器を放棄させることである。そして、これを導くにはイスラエルの安全が保障される必要があること、またこれを実現するためにはパレスチナ問題の公正な解決、つまり中東和平の実現が不可欠との結論に達する。

それでは、福島第一原発事故を無駄にしないために、この「核問題」にどう向き合うべきなのだろうか。この原発事故がもたらしたものは、放射能汚染による人間存在を危うくする「核の脅威」である。それゆえ、原子力発電がいかに危険と背中合わせなのか、それは例えばイランの核開発がどれだけ危険なものなのかということに等しく、我々がこのことを理解する必要がある。そして、このイランによる核開発の放棄を実現するためには、イスラエル自身が核兵器を放棄する以外に選択肢がないということに繋がろう。そのことは、中東和平の実現が前提になり、中東とフクシマがここで繋がる。そして、その先には地球上から核兵器を廃絶する道が開けてこよう。このことこそが、ヒロシマ、ナガサキを教訓にすることができなかったことへの反省に立って、我々がフクシマを教訓化することではなかろうか。

（1）山代巴編『この世界の片隅で』岩波書店（岩波新書）、一九六五年初版（現在絶版）。
（2）岡真理「予め破綻した戦争の後に」（中東研究者による座談会での発言）『現代思想』特集「〈九・一一〉から

アラブ革命へ」二〇一一年第三九巻第一三号、一〇〇頁。

（3）二〇一二年一〇月一日付朝日新聞朝刊。

（4）大塚和夫『イスラーム的――世界化時代の中で』日本放送出版会、二〇〇〇年、七五―七六頁。

（5）拙稿「アラブの「春」に向き合う」HIROSHIMA RESEARCH NEWS 広島市立大学広島平和研究所、第一四巻三号、二〇一二年三月二六日、六頁。

（6）栗田禎子「エジプト〈民衆革命〉の意味するもの」『現代思想』総特集「アラブ革命――チュニジア・エジプトから世界へ」二〇一一年四月臨時増刊号、五〇頁。

（7）栗田、前掲論文、五〇頁。

（8）二〇一二年九月一三日付朝日新聞。

（9）例えば、二〇一二年九月二二日付朝日新聞。

（10）ギュンター・グラス作、三島憲一訳「言わねばならぬ」『世界』二〇一二年六月号、三九―四一頁。

（11）二〇一二年四月一一日付朝日新聞。

（12）ギュンター・グラス作、三島憲一訳「言わねばならぬ」解説文『世界』二〇一二年六月号、四三―四四頁。

（13）二〇一二年一月一三日付朝日新聞社説。

（14）二〇一二年二月一八日付朝日新聞社説。

（15）二〇一二年三月七日付朝日新聞社説。

（16）拙稿「イスラエルの核をめぐる諸問題」吉村慎太郎・飯塚央子編『核拡散問題とアジア――核抑止論を超えて』国際書院、二〇〇九年、八七―一八八頁。

（17）水本和実「被爆六〇周年だがNPT体制は危機的状況――二〇〇五年の核をめぐる動向と論調」『広島平和記念資料館研究報告』二〇〇七年、七〇頁。

（18）拙稿「イスラエルの核をめぐる諸問題」一七七頁（Cohen Avner, Israel and the Bomb, Columbia University

Press, New York, 1998 より孫引き)。
(19) サムソンとは旧約聖書『士師記』に登場する勇士で、映画やオペラの『サムソンとデリラ』で有名である。敵に捕らえられて万策つきたときに、多数の敵を道連れにして、自らの命を絶った。この勇士の名を冠した「選択」とは、通常兵器での戦闘でアラブ諸国に敗北して国の存続が危うくなった場合には、核兵器を用いて敵と刺し違えるというイスラエルの戦略を意味する:セイモア・ハーシュ、山岡洋一訳『サムソン・オプション』文藝春秋、一九九二年、三八五頁、原書は、Seymore M. Hersh, The Samson Option: Israel's Nuclear Arms Race in the Middle East, I.B. Tauris, London, 1991。
(20) ハーシュ、前掲書、二七二頁。
(21) ハーシュ、前掲書、三七七頁。
(22) 拙稿「イスラエルの核をめぐる諸問題」一八五頁。
(23) ハーシュ、前掲書、三七九頁。
(24) ノーム・チョムスキー「アメリカが恐れているのは急進的イスラームではなく、対米依存からの脱却である」『現代思想』総特集「アラブ革命——チュニジア・エジプトから世界へ」二〇一一年第三九巻第四号、一一一—一一二頁。
(25) 臼杵陽「予め破綻した戦争の後に」(中東研究者による座談会での発言)『現代思想』特集「〈九・一一〉からアラブ革命へ」二〇一一年第三九巻第一三号、九八頁。

ロシアの原子力産業と核兵器生産技術の遺産

角田　安正

はじめに

ロシアは世界で最も早く商業用原子力発電所を開発した国である。原子力発電の設備容量は二〇一二年一月現在で二、四一九万kW。アメリカ、フランス、日本に次いで世界四位である。ちなみに、米仏日の原発設備容量をその順に列挙すると、一億六三二万kW、六、五八八万kW、四、六一五万kWである。[1] また、二〇一二年にロシア国内で原発によって生産された年間の電力量は、一、六五六億kW時。ロシアにおいて原子力発電が電力生産全体（九、一三六億kW時）に占める割合は、一七・八％ということになる。[2]

ソ連は一九八六年のチェルノブイリ原発事故の後、原子力発電所の新規着工を凍結した。この方針は一九九二年、ガイダール・ロシア首相によって撤回されたが、一九九〇年代のロシア経済は極度の不振をかこっていた。ロシアには、実際に原発の新規着工を再開するだけの余力はなかった。新規着工がようやく現実のものとなったのは、ベロヤルスク四号炉の建設が始まった一九九九年のことである(3)。このような事情もあって、一九九〇―二〇〇五年にロシア国内で完成した原発はわずか三基にとどまった(4)。にもかかわらずロシアは、前述のとおり原発の設備容量で現在世界四位の座を保っているのである。ソ連時代から蓄積されたロシア原子力発電の底力は、侮りがたいと評すべきであろう。

このような原子力産業の伝統を持つロシアは二〇〇六年以降、原子力産業の振興策を次々に打ち出した。ロシアはそれに基づき国内で原子力発電所を積極的に増設し、国内電力生産における原子力発電の割合を高めようとしている。ロシアはまた、世界の原子力ルネッサンスの潮流に乗って、海外市場で原子力発電プラントの建設を受注しようと積極的な売り込みを図り、現在、世界の原子力発電プラント建設市場の一六%を占めている(5)。一見したところ、ロシアの原子力産業は好調であるように見える。

ロシアの製造業が全般的に不振をかこつ中、なぜ原子力産業は業績を上げることができるのか。答えを出すには、以下の点を明らかにする必要がある。第一に、国策としての原子力ビジネスの内実。野心的な計画を遂行するために、ロシアはいかなる仕組みを利用しているのか。第二に、海外の、原子力発電に対する需要。それはなぜ、どのように高まっているのか。また、ロシアの側では販路拡大のためにいかなる手法を用いているか。第三に、ロシアの原子力産業を支える技術力。冷戦時代に蓄積された核兵器製造の技術を転用しているであろうことは容易に推測されるが、ロシアはそれに加えて現代のイノヴェーションにも依拠しているのであろうか。これらの点に着目することによって、ロシア原子力産業の実態を明らかにしたい。

1　国策としての原子力産業の振興

(1)　原子力産業の振興に乗り出したロシア

プーチン政権の二期目以降、ロシアは原子力産業の振興に関する長期的な国家プログラムを次々に打ち出している。皮切りとなったのは、ロシア政府が二〇〇六年一〇月六日に承認した連邦特別プログラム「ロシア原子力産業の発展、二〇〇七―二〇一〇年の予定と二〇一五年までの展望」である。同プログラムでは、①二〇一五年まで毎年二〇〇万kW以上の原子力発電所を新設する、②二〇一五年までに原子力発電所の設備容量を三、三〇〇万kWとし、総電力量に占める原子力発電のシェアを一八・六%に引き上げる、③プログラムの予算として、一兆四、七一四億ルーブルを支出することが明記された。このプログラムはまた、高速炉BN－800の建設も謳っている(6)。

原子力産業の振興を図るという方針は、二〇〇八年一一月にロシア連邦政令として採択された「ロシア連邦の二〇二〇年までの長期社会経済発展構想」(以下、「長期社会経済発展構想」と略す)において、改めて強調されている。二〇〇六年後半から草案作成が開始されたこの文書は、経済成長を推進するにあたっていかなる手法を用いるのか、また、いかなる分野を重視するのかを詳述している。したがってこれを読むと、ロシア経済全体の成長戦略の中で原子力産業がどのように位置づけられているのかが分かる。

(2)　ロシア経済の現状——製造業の不振

「長期社会経済発展構想」について説明する前に、まずロシア経済の現状を概観しておこう。ソ連崩壊以降、ロシアは製造業の不振から脱することができずにいる。表1から読み取れるように、ロシアの製造業（全体）の生産実績は二〇〇五年の時点でも、一九九一年と比較してようやく六八・九％の水準まで回復したにすぎない。特に、基幹部門とも言うべき機械・プラントの生産は回復の遅さが目立ち、二〇〇五年の生産実績を一九九一年と比較して四四・九％。低迷していると言わざるをえない。現在でもロシアの製造業は、二〇〇八年の国際的な経済危機の影響もあって、不振から抜け出すことができずにいる。

輸出に目を転じると、事態はもっと深刻である。表2に示したとおり、機械・プラントがロシア全体の輸出額に占める割合は、二〇〇〇年の八・八％、二〇〇五年の五・六％、二〇一〇年の五・七％といった具合に低迷している。一方、鉱物（天然資源）が輸出に占める割合は、二〇〇〇年の五三・八％、二〇〇五年の六四・八％、二〇一〇年の六八・八％へと上昇を続け、今や全体の三分の二を超えるまでになった。全体としてのロシア経済は二〇〇〇年以降、急速に回復を遂げたかに見えるが、それは主としてエネルギー資源の採掘量が増加し、輸出に振り向けられた結果であることが分かる。このようにロシアの経済構造は、地下資源に対する過剰な依存を特徴としており、しかもそれは、解消されるどころか逆にますます強まっている。

天然資源の輸出に過度に依存する国には問題がつきまとう。エネルギー価格が下落すると成長が鈍化するか、あるいはマイナス成長に転じることすらある。典型的な例として、ソ連時代の末期（ゴルバチョフ政権のペレストロイカの時代）、一九九八年の通貨・金融危機、二〇〇八—二〇〇九年の世界金融が挙げられる。[7]

そうであるにもかかわらずロシアはなぜ製造業の振興を目指さなかったのか。一九九〇年代以来の経済全般の不振にあえいでいたロシアにとって、そのような政策に取り組む余裕はなかったというのが実情であろう。ところが二〇〇三年以降の世界的な石油ブームにより、産油国であるロシアは経済的余力を得ることができた。ロシアが前出の「長期社会経済発展構想」に見られるように、イノヴェーションに基づく製造業の再生という方針を打ち出したのも、裏づけとなる経済力を取り戻したという自信の表れであろう。

ロシアの製造業が全般的に国際的競争力を失っているのは、「資源の呪い」によるものとも解釈できる。経済が天然資源（ロシアの場合は石油と天然ガス）の輸出に過度に依存していると、一般的に、輸出志向の製造業の発展が妨げられると言われている。それは以下のようなメカニズムが働くからである。

資源の輸出が増えると所得が増加し、為替レートが上昇する（つまり、ルーブル高になる）。国内産業のうち、非貿易財は為替レートの変動の影響を受けにくい。また、資源産業は輸出産業であるけれども、資源ブームの状況にあれば、為替レートの上昇による収益性の悪化を相殺することができる。ところが製造業を中心とする貿易財産業の場合そうはいかない。為替レートの上昇によって競争相手である輸入財の国内価格が低下し、他方では貿易財の輸出収益性が悪化するからである。貿易財を中心とする製造業はこうして競争力を、そしてさらには市場を失うことになる。結局、石油ブームに頼っていると、その国の経済は工業サービス経済ではなく、石油モノカルチャー経済へと転落していく。こうした現象を「資源の呪い」とか「オランダ病」などと言う。[8]

2005	2006	2007	2008	2009	2010
99.1	101.8	105.2	105.6	105	108.8
111.4	114.4	117.4	117.6	118	121.7
62.2	64.8	67.4	68.2	63.1	67.7
68.9	74.7	82.5	82.9	70.3	78.6
75.2	80.7	86.6	88.3	87.7	92.5
24.8	27.7	27.6	26.1	21.9	24.5
21.5	26.2	26.9	26.8	26.7	31.7
48.5	50.3	54.3	54.2	43	47.9
108.7	116	125.6	126	107.9	114.3
70.8	75.4	77.5	79.7	79.2	83.2
81.9	85.7	91.4	87.2	81.2	93
74.5	90.2	113.2	139	121.5	147.6
51.7	59	63.9	62	45	49.8
87.5	96	100.3	98.1	83.7	94
44.9	50.2	63.6	63.3	43.3	48.6
116.1	133.5	148.1	137.1	93	114.2
52.7	55.1	59.4	59.7	37.5	49.6
90.2	99.1	103.6	101.9	80.8	95.1
86.1	89	88.5	89	85.6	89.1

4-03.htm〉。

2007		2008		2009		2010	
ドル（百万）	%	ドル（百万）	%	ドル（百万）	%	ドル（百万）	%
351,928		467,581		301,667		396,644	
9,090	2.6	9,278	2	9,967	3.3	9,365	2.3
228,436	64.9	326,314	69.8	203,408	67.4	272,840	68.8
20,802	5.9	30,234	6.4	18,708	6.2	25,192	6.3
337	0.1	354	0.1	242	0.1	307	0.1
12,263	3.5	11,560	2.5	8,436	2.8	9,862	2.5
952	0.3	870	0.2	716	0.2	814	0.2
55,963	15.9	61,751	13.2	38,551	12.8	51,326	13
19,667	5.6	22,764	4.9	17,879	5.9	22,582	5.7
4,420	1.2	4,458	0.9	3,761	1.3	4,356	1.1

表 1　ロシアの鉱工業部門別生産指数（1991 年を 100 とする）

	1992	1995	2000
鉱業	88.2	70.7	74.3
エネルギー資源採掘業	94.7	77.8	80.7
エネルギー資源を除く採掘業	71	52.1	60.1
製造業	81.8	47.5	50.9
食品（飲料とタバコを含む）	80	50.2	54.6
繊維・縫製	71.9	22	23.4
皮革・製靴	78	20.8	15.3
木材加工・同製品	78.7	40.7	37.4
パルプ・紙、出版、印刷	88	62.7	81.1
コークス・石油精製品・核燃料	82.8	62.3	60.2
化学製品〔例：肥料〕	79	54.7	69.7
ゴム・プラスチック	79.5	38.5	52.5
非金属鉱物製品〔例：ガラス〕	80.9	46.9	40.3
金属製品	82.3	57.6	66.8
機械・設備〔例：タービン、ポンプ、ボールベアリング等〕	84.4	38.1	32.3
電子・光学製品	79.8	37.3	45.2
輸送機械	85.3	45	53.1
その他の製造業	91.2	60.6	60.3
電気・ガス・水道供給	95.3	80.2	76.9

出所：ロシア国家統計局データ〈http://www.gks.ru/bgd/regl/b11_12/IssWWW.exe/stg/d01/1

表 2 ロシアの輸出（部門別構成）

	1995		2000		2005	
	ドル（百万）	%	ドル（百万）	%	ドル（百万）	%
輸出総額	78,217		103,093		241,473	
食品・農産原料	1,378	1.80%	1,623	1.6	4,492	1.9
鉱物	33,278	42.5	55,488	53.8	156,372	64.8
化学製品・ゴム	7,843	10	7,392	7.2	14,367	6
皮革・毛皮	313	0.4	270	0.3	330	0.1
木材、紙	4,363	5.6	4,460	4.3	8,305	3.4
繊維	1,154	1.5	817	0.8	965	0.4
金属	20,901	26.7	22,370	21.7	40,592	16.8
機械・プラント	7,962	10.2	9,071	8.8	13,505	5.6
その他	1,026	1.3	1,603	1.5	2,545	1

出所：*Российский статистический ежегодник 2011,* стр. 712.

(3) 「ロシア連邦の二〇二〇年までの長期社会経済発展構想」（二〇〇八年）の成長戦略

ロシアは燃料用天然資源の輸出増強に基づく経済発展モデルの潜在力を使い果たした——。そのような認識を見せる「長期社会経済発展構想」は、オランダ病に対する処方箋でもあるようだ。その成長戦略を一言で要約するなら、イノヴェーション（技術革新）に基づいて製造業を再建する、ということに尽きる。そのような方針の前提として、伝統的な商品・資本・技術・労働力などの市場のみならずイノヴェーションを含めた新たな分野で国際競争が起こっているとの認識がある。「長期社会経済発展構想」は、テクノロジー変革の新たなうねりや、社会経済発展におけるイノヴェーションの役割の高まり、さらには伝統的な生産要因の影響力の低下を予想しつつ、ロシアの備えている科学研究の潜在力とハイテク生産施設の活用を訴えている。それに基づいて、一連の重要な分野のテクノロジーについて他国に対する優位を確保し、ハイテク製品および知価サービスの市場において戦略的なプレゼンスの拡大を目指すというのが「構想」に描かれたシナリオである[9]。注意すべきは、収益性よりも海外市場におけるシェアの拡大に重点を置いているのではないかと疑われる点である。このことは海外市場におけるロシア原子力産業の売り込み方と関係があるように思われる。この点については後でやや詳しく説明したい。

(4) 野心的な原発プラント建設計画を強行するための仕組み

「長期社会経済発展構想」が製造業の再建を重視していることについては今述べたとおりである。しかしそれは、製造業全般を均等に振興するという意味ではない。「長期社会経済発展構想」が優先課題と考えているのは、以下のハイテク関連の製造部門である。すなわち、航空機産業、ロケット・宇宙産業、造船業、無線電子産業、原子力産業、情報テクノロジー[10]。いずれも、ソ連崩壊後、国際競争力を失った軍事関係の産業である[11]。ソ連時代からの伝統を蘇らせようとする意向が窺える。

ロシアが原子力産業に寄せる期待は大きい。「長期社会経済発展構想」は、国内の原子力発電の設備容量を大幅に増やす方針を掲げている。それによると、設備容量は二〇一二―二〇一五年までに二、八〇〇万―三、六〇〇万kWへ、二〇二〇年までに五、〇〇〇万―五、三〇〇万kWへと増強される。また、原子力発電が電力生産に占める割合は、二〇二〇年までに二〇―二二%を占めるようになる。この目標を達成するためには、既存の原発のうち廃炉になるものがないと仮定しても二〇二〇年までに、一〇〇万kW級の原発を毎年新規に二―三基ずつ建設しなければならない。野心的な計画である。ロシアの原子力産業は、単に国内の電力需要をまかなうことだけを期待されているのではない。輸出産業の柱としても大いに期待されている。「長期社会経済発展構想」は二〇二〇年の原子力発電所のプラントおよびテクノロジーの輸出を、年間八〇―一四〇億米ドル以上になると想定している[12]。

問題は、ロシアに原発プラントを国内外の両方で建設していく能力は備わっているのか、という点にある。コマロフ・ロスアトム副社長は「ロシアは原発建設を停止したことがない。テンポこそ急速ではなかったが、国内外でプラントを建設してきた」と述べている[13]。確かにロシアでは、チェルノブイリ事故の影響と九〇年代ロシア経済の不振はあったが、海外(イラン、インド、中国、ブルガリア)でのプラント建造が続いていた。諸外国での原発プラントの建設がロシアの原発の建設技術を維持するのに寄与したという見方は妥当と思われる[14]。しかし、この数年発表された原子力発電に関する各種長期計画を遂行するに足る潜在力があるかという点になると、話は別である。

ロシア経済の専門家、杉本侃はロシア（ソ連）がこれまでに五一基（うち二〇基は廃炉）の原子炉を建設するのに五〇年を要していること、チェルノブイリ原発事故（一九八六年）の後遺症で多くの人材や技術が原発離れしていることなどを指摘し、ロシアのあまりにも野心的な原発建設計画の実現性に疑問を投げかけている。(15)

ロシア原子力産業に詳しい西条泰博もロシアの原発建設計画について、輸出分の製造と国内でのハイピッチの建設を両立することは、「今ロシアの持つ工業力で単独では、とてもなし得ることではない」と指摘している。西条によれば、計画を実現するには外国企業の協力が不可欠だという。(16) 問題は、ソ連時代に行われていた経済分業の後遺症にある。たとえば、原子力発電プラントの重要な構成要素であるタービンは、ソ連時代、主としてウクライナで製造されていた。(17) そのためロシアは今でもタービンの生産が得意ではない。したがって高品質のタービンを確保するためには、ロシアはウクライナとの協力関係を復活させるか、あるいはフランスをはじめとする西側のメーカーに頼らざるをえない。

ロシアは、欧米先進諸国との間で積極的に技術提携を結ぶことによって、海外市場で原発の輸出を推進しようと考えているようだ。(18) しかし、そうした技術提携を推進し、原発プラントの構成要素を西側から調達しようとするなら、資金が必要になる。そのような資金はどうやってまかなうのだろうか。出所《でどころ》は国庫である。橋渡しの役割は、国家コーポレーションが担っている。ロシアは二〇〇七年から、主要産業部門ごとに巨大な国家コーポレーションを設立し始めた。原子力産業の場合、連邦原子力庁を改組して国家コーポレーション「ロスアトム」が設立された。(19) 国家コーポレーションは、その部門の一連の関連企業を傘下に収める国策企業である。その設立にあたって、国家の保有する財産や資金が国家コーポレーションに譲渡された[20]。国家コーポレーションの運営資金についても国家がかなりの部分を負担している。二〇〇七―二〇〇八年、国庫から一連の国家コーポレーションの運営資金として拠出された資金は、国家予算の六―七%に上るという[21]。

ロシア指導部が描いている原子力産業振興のシナリオは、おおよそ次のようなものではないか。国庫から拠出された資金[22]を利用して西側の技術や製品を購入し、国外でロシア製原発プラントを売り込むと同時に国内の原発プラント建設を推進する。国内の原発設備容量を増強することによって国内の電力需要をまかない、浮いた天然ガスを輸出に回す[23]。天然ガスの輸出によって外貨を稼ぐ[24]。稼いだ外貨を、ロスアトムを含む各国家コーポレーションを通じて再び重点産業部門に還流させる――。この場合ロシア経済は、基本的に天然資源の輸出に頼ることになるので、「資源の呪い」の作用を免れることはできないだろう。また、原発プラントの建設に欠かせない技術や部品を西側から手っ取り早く調達するとなると、少なくともその点では国内製造業を刺激することはできないであろう。こうした点に照らすなら、原子力産業にロシア製造業の牽引車の役割を期待するのは無理だと思われる。そもそもロシア原子力産業が国庫から多額の資金を注入されているのだとすれば、一見好調に見えるその業績も、それ相応に割り引いて評価せざるをえない。

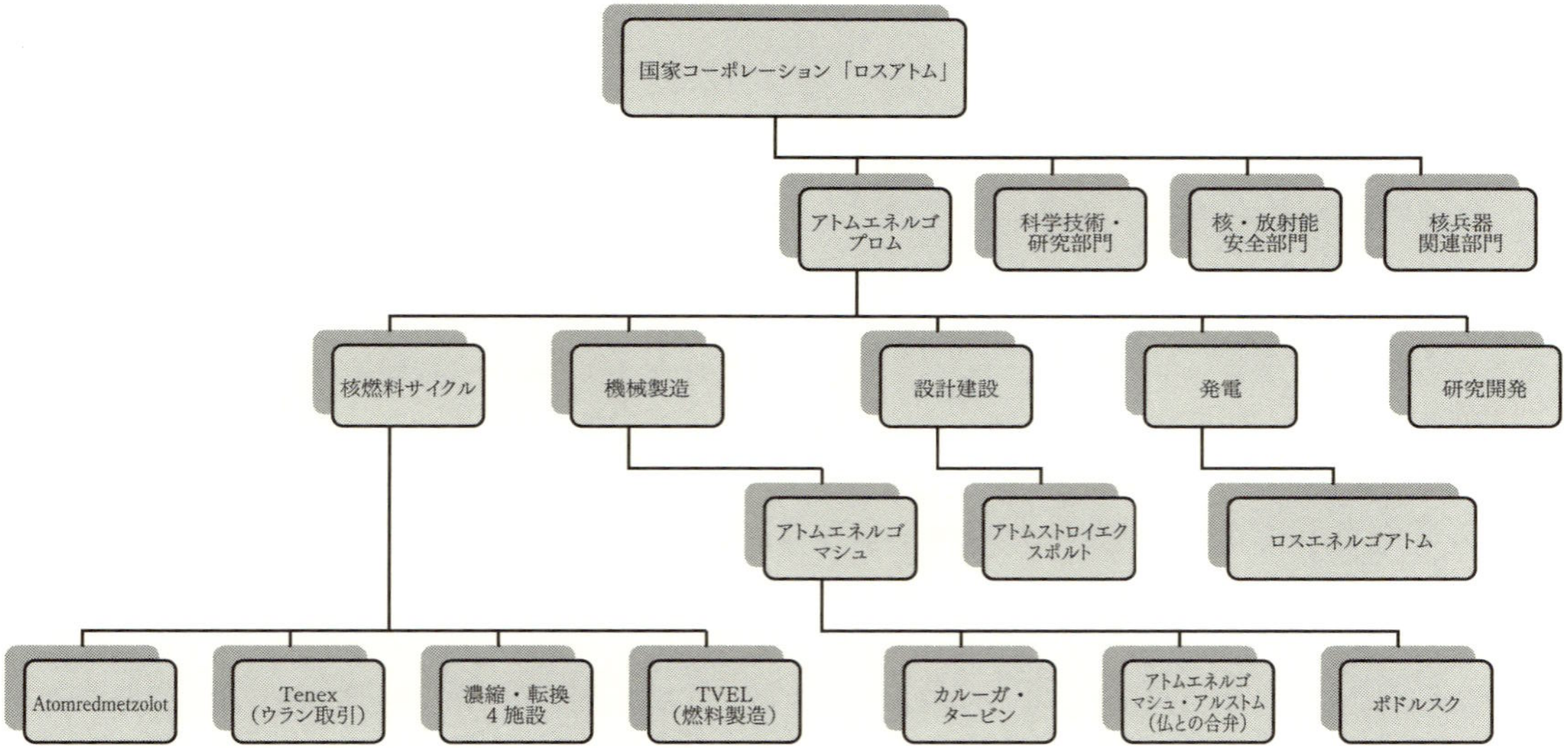

図1　ロスアトムの構成（2007年12月）

出所：一ノ渡忠之氏作成の図（『国際金融』2008・4・1、1187号、37頁）。

2　原子力発電に対する世界的な需要の増大

(1)　天然資源の価格高騰

ロシア指導部が原子力産業に期待を寄せる一因として、二〇〇〇年代に入ってから世界各国の原子力発電に対する需要が高まっているという事実が指摘できる。そうした需要の高まりは、石油および天然ガスの価格高騰に関係している。石油価格は二〇〇三年頃から中国、インド、ブラジルなど新興国の石油需要が増大したことに起因して高騰を続け、それに連動して天然ガスの価格も高騰した。具体的に言うと二〇〇三年頃、原油価格（ドバイ・スポット価格）は一バレル三〇ドル台で推移していたが、その後、それは右肩上がりで上昇を続けた。二〇〇八年の世界的な金融危機によって一時的に急落した後、原油価格は二〇一〇年になると、一バレル八〇ドル前後の水準に戻った。(25) こうした中、資源産出国が資源ナショナリズムを発揮するようになった。資源ナショナリズムとは、資源産出国が自国の資源を自国のコントロール下に置くことにより、輸入国に対する優位性を確保しようとする動きのことである。(26)

結果として、いずれの国においてもエネルギー安全保障が国家政策における優先的課題となり、それにともなって原子力発電への期待が高まることになった。産油国のアラブ首長国連邦（ＵＡＥ）までもが、原子力発電に活路を見出そうとしている。ＵＡＥは二〇〇九年一二月、原子炉（一四〇〇万kW級×四基）の建設を韓国企業連合に発注することを決定した。化石燃料資源以外に特に強力な産業を持たないＵＡＥは、原子力発電に頼ることによって化石燃料資源の温存と油田の寿命延長を狙っているわけである。(27)

以上の世界的な状況は、海外で原子力プラントを建設した経験のあるロシア原子力産業界にとって追い風になっている。表3に示したとおり、この数年ロシアは海外市場で相次いで原発プラント建設を受注している。もちろん、フランスや日本をはじめとする他の原子力大国にとっても条件は同じである以上、世界市場では顧客を求めて競争は続く。しかし、世界市場というパイが全体として大きくなることはロシアにとって好都合である。

前述のとおり、「長期社会経済発展構想」は二〇二〇年の原子力発電所のプラントおよびテクノロジーの輸出を年間八〇―一四〇億米ドル以上にまで引き上げるとしている。この数字はロシアの機械・プラントの輸出額約二二六億ドル（二〇一〇年）に照らすと、非常に大きい。国際市場における需要増がなければ、ロシアはこのような大胆な目標を設定することはなかったであろう。

(2) 福島第一原発事故の影響は？

福島第一原発の事故後も、中国、インド、トルコ、ヴェトナム、ヨルダン、アルメニアなど、ロシアとの協力に基づいて原発開発を計画している国は、計画どおりに事業を進めている[28]。たとえば、トルコのエネルギー・天然資源相は二〇一二年六月の世界経済フォーラムの席上、福島の事件とは関係なく原発建設の計画を推進する、と断言している[29]。バングラデシュのように、原発建設を推進するために新たにロシアと協力関係を結んだ国もある[30]。もっとも、すべての国で原発推進が円滑に行われているわけではない。原発をめぐって国内で摩擦が起こった国もある。たとえばインドではクダンクラム原発の周辺住民が原発反対運動を起こし、警察によって鎮圧されるまで原発の稼働開始が遅れた[31]。しかし、インドの場合も政府は、

表３　ロシアの海外原子力ビジネス

	イラン	中国	インド	ブルガリア	トルコ	ヴェトナム	ベラルーシ	スロヴァキア	ウクライナ	バングラデシュ
1995	イラン・ブシェール原発の建設で契約（総額 10 億ドル）									
1996										
1997		中国との間で田湾原発の建設で契約								
1998										
1999		中国・田湾原発（第 1、第 2 発電ユニット）建設開始								
2000										
2001			インド・クダンクラム原発（VVER × 2 基）の建設で契約成立							
2002										
2003										
2004										
2005										
2006				ブルガリア・ベレネ原発の建設を独仏企業と共同で落札（2009 年以降、独が撤退し資金難に）						
2007		中国・田湾原発完成、試運転開始								
2008										
2009					トルコの原発建設でロシア・トルコのコンソーシアムが落札					
2010			インド・クダンクラム原発第 3、第 4 ユニットの建設準備に関する契約成立							
〃									ウクライナ・フメリニツキー原発 3 号基、4 号基の建設につき政府間協定成立	
〃								スロヴァキア・モホフツェ原発 3 号基、4 号基（1992 年に工事中断）の建設再開につき契約成立		
〃						ヴェトナム・ニントゥアン省の原発ユニット（2 基）の建設工事を受注（ロシア側から 80 億ドル融資予定）				
2011							ベラルーシとの間で VVER2 基の建設を取り決め（ロシア側から 100 億ドル融資予定）			
〃	イラン・ブシェール原発電力供給開始									
〃										バングラデシュとの間で、ループプール原発の建設に関する政府間協定を締結
2012			インド・クダンクラム原発運転開始予定							

出所：坂口泉「ポスト・フクシマのロシア原子力産業の行方」『ロシア NIS 調査月報』2012 年 3 月号、49-51 頁等から作成。

ロシアとの協力によって原発を開発するという姿勢を崩していない。

ロシアの協力を仰いで原発建設を計画している国が、事業の見直しをすることなく原発建設に邁進するのはなぜか。原子力問題の専門家である村上朋子はその一因として、ロシアの原子力産業がターゲットとする市場が、資源もインフラ技術も乏しい国々であることを指摘している[32]。バングラデシュなどはその典型的な例である。これらの国は、ドイツやスイスと異なり、原子力発電を断念するといった選択肢を持っていない。というのも、値の高い石油に頼る余裕はないし、かといって再生エネルギーを開発する技術力も経済力もない。まして、他国から電力を輸入することなど論外だからである。これらの国では経済成長を優先するのであれば、原発のもたらす潜在的な危険性に目をつぶらざるをえない。したがって仮に、民間に環境保護を優先し原発反対を唱える勢力が出現しても、政府は取り合わない。インドにおける反原発運動はまさにその一例である。

(3) エネルギー供給国としての信頼性は？

エネルギー供給国としてのロシアの信頼性には難がある。エネルギー供給（の停止）を外交上の道具として——すなわち、政治的な影響力を行使するための梃子として——利用することがあるからだ。たとえば、二〇〇六年の元旦、ウクライナに政治的圧力をかけようとして、同国向けの天然ガスパイプラインの元栓を締めるという挙に出たことがある。このことはロシアの原発に対する需要を引き下げる方向で作用しないのだろうか。

わが国ロシア研究の第一人者である木村汎は、エネルギーの供給元を多元化すべきとするヨーロッパ各国の反応ないし反省を紹介しつつ、次のように解説している。いわく、「クレムリンの決定と行動から、ヨーロッパ諸国は、以下のことを学ぶことになった。第一に、ロシアの行動様式は予測不可能であり、必ずしも信頼に値しない。第二に、プーチン政権は他国の内政に干渉することに躊躇しない。そのような介入の道具として、同政権はエネルギー資源を用いる[33]」。

ロシアに頼って原子力開発を進めている国は、天然ガスをロシアから輸入するヨーロッパ諸国と似たような立場にある。ロシアが核燃料の供給を停止するか、あるいは停止すると脅しをかけてくれば、核燃料の輸入国はたちまち窮地に陥る。ロシアに代えて第三国の企業に核燃料の供給を求めればよさそうに思えるが、そうはいかない。燃料設計が原子炉ごとに異なっているため、ロシア以外のメーカーにはロシア製の原子炉に見合った核燃料を成型加工することは事実上できないからである。

しかし前述したとおり、原発建設および核燃料の供給をロシアに頼ろうとする国は減るどころか、むしろ増えている。それらの国では、ロシアがエネルギー供給を滞らせる相手が主として旧ソ連の、しかもロシアとの間に政治的摩擦をはらんだ国に限定されている[34]ことに気づいているのかもしれない。あるいは、次のような計算を働かせているのかもしれない。仮にロシアが政治的影響力を行使するために核燃料の輸出停止を繰り返すなら、ロシアは経済的な損失を被る。また政治的には、エネルギー供給国としての信用を失うことになり、長期的には顧客を失うことになろう。したがって、エネルギー供給の停止という手段は実際には行使しづらい――。

念のために付け加えると、ロシアとの協力を進めるにあたって慎重な姿勢を保っている国もある。一例としてヴェトナムが挙げられる。ヴェトナムは二〇一〇年、ニントゥアン省の原発二基の建設をロシアに発注したが、その次の二基は日本に発注した。二〇一一年一一月、日越両国首脳は同年三月の福島の原発事故にもかかわらず、ヴェトナムにおける原子力発電所建設について計画どおりに実施することで合意した[35]。ヴェトナムは、原子力発電においてロシアに過度に依存しないよう注意深く行動しているように見える。

(4) 国際市場への売り込み――融資と値引き

海外市場におけるロシア製原発に対する根強い需要を支えている要因として、ロシアの商習慣も指摘できるだろう。後述するようにロシアは、原発プラント建設の施主（国）に融資するための経済力を備えていると自負している。原発プラントの建設には数十億ドル単位の巨額の資金が必要であるだけに、経済力の弱い国にとって建設費をまかなうのは容易なことではない。石油・天然ガスの輸出によって経済的余力を得たロシアはその点に着目し、建設費を貸し付けるという条件で原発プラントの建設事業を受注している。たとえば、ロシアは二〇一一年一一月二五日、ベラルーシとの間で政府間協定を締結、ベラルーシの原子力発電所（二基）の建設を受注する見返りに、一〇年間で約一〇〇億ドルの資金を供与することになった（償還期間は一五年）[36]。

このような事例はほかにもある。ロシア・ベラルーシ協定が結ばれる直前の一一月二一日、シュワロフ・ロシア第一副首相がヴェトナムのホアン・チュン・ハイ副首相との間で協定に調印、ロシア側はヴェトナム初の原子力発電の建設のために八〇億ドルを融資することになった。また、ウクライナのフメリニツキー原発三号基、四号基も、ロシア政府またはロシア政府系銀行からの融資で完成することが見込まれている。[37]

ロシアは資金を融資するばかりか、原発プラントの輸出に際して事実上の値引きをすることもある。一例を挙げよう。ロシアが一九九五年から建設を請け負っていたイラン・ブシェール原発は二〇一一年九月、ようやく竣工にこぎつけた。ロシア紙『コンメルサント』が報じるところによると、ブシェール原発の建設はロシア側にとって赤字だったという。[38] 赤字にならないとしても利の薄い条件で原発プラント建設を受注するケースもある。ロシアが受注したベラルーシの原発の建設は、ロシアの国内価格で決済されるという。[39] これは一種のダンピングである。戦略的な商品に関しては、ロシアは経済的な利益を犠牲にすることがしばしばある。典型的な例は武器輸出である。ロシアは同盟国（集団安全保障条約機構の加盟国）に対して、武器を特恵価格で提供している。[40] 経済的な利益の追求を必ずしも最優先しないという点で、原発プラントの建設請負には武器輸出と似たところがありそうである。

ロシアはこのように、原発プラントの建設を請け負うにあたって融資を行ったり、値引きに応じたりする。このことは顧客にとって魅力的であり、海外市場におけるロシアの原子力ビジネスの売り込みに役立っている。しかしこのようなビジネスは、ある意味では収益性を犠牲にすることによって成立しているとも言える。ロシアが海外の市場で原発プラントの売り込みに成功しているのは事実だとしても、それが実質的にどの程度の経済的利益をもたらしているのかという点については、改めて検討する必要がありそうだ。

3　供給面におけるロシア原子力産業の強み――核兵器生産技術の遺産

プーチン首相（当時）は二〇一〇年九月の通称バルダイ会議の晩餐会（ソチ）で、ロシアの原子力ビジネスの強みとして、「資金の手当て、原発の建設、核燃料の供給、使用済み核燃料の引き取りの四つの条件をパッケージとして」提示することができるという点を強調している[41]。まず、ロシアの核燃料の供給能力について検討してみよう。

(1)　米ロ軍縮によるウラン濃縮の余力

原子力産業は、単に原子力発電所の建設だけを意味するわけではない。核燃料の供給も原子力ビジネスの重要な構成要素である。核燃料は、ウラン採掘↓精錬↓転換↓ウラン濃縮↓成型加工という一連の工程を経て生産される。完成した核燃料（濃縮ウラン）のコストの内訳は、ウラン原料が四二％、ウラン濃縮役務が三一％、成型加工が八％などとなっている[42]。工程の中で特に重要なのは、高度な技術力を必要とするウラン濃縮である。ウラン濃縮を行う能力のある企業は、世界中に数社しかない。その一つがロシアの国家コーポレーション、ロスアトムである。ロスアトムは現在、世界のウランの濃縮役務（ＳＷＵ）のうち三割弱を引き受けている[43]。

ロシアのウラン濃縮の技術は、もともと原子爆弾を製造するために開発されたものである。ソ連が原爆開発に向けて最初の一歩を踏み出したのは一九四二年の末、国家防衛委員会が科学アカデミーに対し原子力の軍事利用に関する研究を開始するよう指示を出したときのことである。ソ連がこうした方針を打ち出したのは、欧米諸国が原爆の開発を進めているとの内務省諜報機関の情報に刺激されたからであった[44]。その後、一九四五年八月にアメリカが広島、長崎に原爆を投下すると、ソ連は国家防衛委員会において、原爆開発を国策として進めることを決定した[45]。こうしてソ連の原爆開発は本格化した。

原爆の製造にはウラン濃縮の技術が必要不可欠である。ソ連は、ウラン濃縮の技術開発を推進するにあたってドイツ人科学者の経験と知識を利用することができた。一九四五年、対ドイツ戦に勝利した後、ドイツの物理学者および技術者を多数ソ連国内に連行してきたからである。その中にはウラン濃縮技術の専門家も含まれていた。ソ連ではドイツ人研究者をまじえた複数のプロジェクトチームを設け、ウラン濃縮技術の開発を競わせた[46]。こうして開発した濃縮技術に基づきソ連は高濃縮ウランを生産、一九五一年、高濃縮ウランを使った原爆（広島型原爆）の爆発実験に初めて成功した[47]。

冷戦時代、閉鎖都市（秘密都市）だったトムスク－7とチェリャービンスク－65で生産していた高濃縮ウランとプルトニウムは、年間二、五〇〇―三、〇〇〇発の核弾頭を製造するのに足る量だった[48]。しかし冷戦終結後、米ロ間の核軍縮が進むにつれて高濃縮ウランを大量生産する必要はなくなった。各閉鎖都市は、核軍縮にともなってそれぞれ軍民転換を図った。トムスク－7（セヴェルスク）は一九九二年から民需生産へ転換[49]、高濃縮ウランの希釈を行うようになった。それは発電用の低濃縮ウランの原料として、エカテリングブルク－44（ノヴォウラリスク）やクラスノヤルスク－45（ジェレズノゴルスク）に送られている。ちなみにチェリャービンスク－65は、アメリカの支援のもとで、解体核兵器に由来する核分裂物質を長期保管するための拠点となった[50]。ロシアはウラン濃縮の設備容量では世界一で、世界全体のほぼ四〇％を占めている。しかるに、実際に引き受けている濃縮役務量では世界市場の三〇%に満たない。米ロ核軍縮の結果、ロシアは濃縮役務に関してはかなり余力を得たと言えそうである[51]。こうしたウラン濃縮の能力は、ロシアが国内外で原子炉プラントの建設を推進するのに貢献している。ロシアは冷戦時代の核兵器生産の遺産を享受していると言えよう。

(2) ビジネスとしてのウラン濃縮役務

ウラン濃縮役務は手堅いビジネスである。出力一〇〇万kW級の原子力発電所の運転を続けるためには、一年に約二一トンの核燃料(濃縮ウラン)が必要である[52]。二一トンの核燃料を製造するために必要な濃縮役務を引き受けると、どの程度の収入が得られるのであろうか。その計算方法はやや複雑なので結論だけ述べると、(kgSWUの価格を今現在のスポット価格に合わせて一三三ドルと仮定すれば)年一、七〇〇万ドル程度と見積もられる[53]。ロシアが現在世界中で引き受けているウランの濃縮役務は年間合計で約一万tSWUに及んでいる[54]。ウラン濃縮役務によるロシアの年間収入は、註53に示した計算式を当てはめると、一三億ドル超(一三三ドル×一、〇〇〇kgSWU×一万t)と推定される。核燃料サイクルのうちウラン濃縮役務だけでも、ロシア経済にとって少なからぬ収入になることが分かる。

(3) 核兵器の解体にともなう余剰プルトニウム——米ロ・プルトニウム管理交渉

ソ連崩壊後ロシアに集められた旧ソ連の核弾頭は、一九九四年発効のSTARTI(第一次戦略兵器削減条約)、および二〇〇三年発効のモスクワ条約によって大幅に削減されることになった。二〇一〇年調印の新START条約（二〇一一年九月発効）では、展開されている核弾頭を二〇一八年までに一、五五〇発に減らすことが決まった。(55) ソ連が一九九一年の時点で保有していた核弾頭はおよそ三万発。(56) したがって、核軍縮の過程でおびただしい数の核弾頭が解体されることになった。それにともなってロシアでは、高濃縮ウランおよび兵器級プルトニウムの余剰が大量に発生した。ロシアの兵器級プルトニウムの備蓄量は二〇一〇年現在で、処分予定の三四トンを含め一二八±八トンと見積もられている。(57)

高濃縮ウランについては、アメリカによる支援プロジェクト「メガトンからメガワットへ」（一九九三―二〇一三年）のおかげで処理が進んでいる。このプロジェクトに沿ってロシアは、一九九三年から二〇一三年までの間に、余剰の兵器級高濃縮ウラン五〇〇トンを希釈し、軽水炉の燃料としてアメリカに売却することになっている。二〇一一年九月現在で、すでに四三三トンを希釈、売却済みである。(58) もっとも、今なおロシアには、六七〇トン前後の高濃縮ウランが残っていると推測されている。(59)

一九八七年から九二年にかけてソ連（のちにロシア）は、一三基の老朽化したプルトニウム生産炉のうち一〇基を閉鎖した。さらに一九九四年六月、アメリカとの政府間協定（ゴア・アメリカ副大統領とチェルノムイルジン・ロシア首相の合意）によりプルトニウム生産炉の運転を二〇〇〇年までに停止することを決めた。(60)

しかし生産を停止したからといって、すでに核弾頭として蓄積されたプルトニウムが減るわけではない。ロシアでは、右に述べたとおり米ロ核軍縮が進むにつれて解体プルトニウムが大量発生した。ロシアにおける解体プルトニウムは、当のロシアもさることながら国際社会全体にとっても深刻な問題となった。テロリストやならず者国家が原爆の製造を目指して核燃料を盗むという事態が危惧されたからである。アメリカをはじめとする西側諸国は核拡散防止の観点から、ロシアのプルトニウム処理に無関心ではいられなかった。こうして米ロ間で両国の解体プルトニウムに関する協議と交渉が始まった。後で説明するようにロシア側は、解体プルトニウム処理を理由に西側から経済支援および技術支援を受け、それを利用して高速炉の開発を進めたいと考えていた。

プルトニウムの処理は次のいずれかの方法で行われる。①ガラスやセラミックス等で固めて地中深く埋める（ガラス固化オプション）。これは半永久的な処理方法である。②軽水炉または高速炉のためのMOX燃料の原料として利用する。一九九六年にアメリカ・エネルギー省とロシア原子力省（ミンアトム）が合同で両国の解体プルトニウムの処置方法を検討した際ロシアは、②の一環としてベロヤルスクに新型の高速炉BN－800を建設することを提案したが、一四億ドルの建設費をまかなう見通しが立たなかった。結局、ロシアの解体プルトニウムの処理方法として、軽水炉VVER－1000と既存の高速炉BN－600を利用して燃焼処理するというオプションを継続審議することになった。ちなみに、BN－600はもともと濃縮ウランを使ってプルトニウムを生産する原子炉であるが、仕様に手を加えれば、プルトニウムを生産することなく逆に年間一・三トンの解体プルトニウムを高放射能の使用済み燃料に変えることができる。(61)

ロシアが高速炉を使ってプルトニウムを処理する方法にこだわるのはなぜか。プルトニウムの処理方法としては、前記①のガラス固化オプションもある。また、②の処分方法のうち、（高速炉ではなく）軽水炉を利用する燃焼処分もある。しかし、ロシアは解体プルトニウムを処理するにあたってそれらの方法を用いることを好まなかった。高速炉の燃料として利用できるのに、それを犠牲にして廃棄処理するのは不合理だと考えているからである。ロシアの原子力専門家が高速炉に寄せる期待は、異常なまでに大きい。彼らは次のように考えている。高速炉であれば、ウラン濃縮の残滓として大量発生するウラン238をプルトニウムに混ぜて燃料として活用できる。したがって高速炉の利用が本格化すれば、「閉じた燃料サイクルを備えた大規模原子力発電システムの燃料を数百年分確保」したに等しい、と。[62]

ロシアが本格的な高速炉の開発に着手したのは、ソ連時代（一九七〇―八〇年代）のことである。それは、チェリャービンスク－65（現在の名称は生産合同マヤークまたはオジョルスク）にプルトニウム・センターを設けるという構想の一環として計画された。センターの構成要素としては、初装荷用のプルトニウムの生産施設（RT－1）、ウラン・プルトニウムの混合酸化物燃料（略してMOX燃料）の製造プラント、高速増殖炉BN－800×三基が予定されていた。しかしRT－1だけは完成したものの、資金不足のために高速炉の建設は一九八七年に頓挫、MOX燃料の製造プラントの建設も一九八九年、資金不足に加えて環境保護団体の反対運動を招いたために中止に追い込まれた。もう一つのプルトニウム・センターとして期待されたクラスノヤルスク－26（現在のジェレズノゴルスク）では、RT－2プラントすら完成させることができなかった。[63]

このように、高速炉の建設を妨げる隘路は基本的に資金難にあった。一九九〇年代のロシアもソ連時代の末期と同じく経済不振にさいなまれていたので、高速炉の建設を再開することはできなかった。また、仮に高速炉を建設するための資金手当てがついたとしても、MOX燃料の生産にまだ目処が立っていなかった。そのような状況にあったロシアは、米ロ核軍縮にともなって発生した解体プルトニウムの処理を奇貨として、西側に支援を迫った。ロシアのスタンスは、以下に説明するように、プルトニウムを燃焼処理するという名目のもと、西側から高速炉を建設するための費用とMOX燃料の開発のための技術支援を引き出すというものであった。

しかし、ロシアは必ずしも期待どおりに事を運ぶことはできなかった。それは、米ロ両国が二〇〇〇年九月に締結した「プルトニウムの管理および処理に関する協定」（PMDA）にも現れている。同協定により、米ロ双方はそれぞれ解体プルトニウム三四トンを処分することになった。ロシアは、その三四トンをすべて燃焼処分することを認められた。しかしプルトニウムを燃やすための原子炉としては、基本的に軽水炉を、そして一部だけ高速炉（BOR－60およびBN－600）を利用することになった[64]。これは、アメリカが核拡散防止の観点から軽水炉での燃焼のほうが望ましいと考えていたためである[65]。アメリカの懸念はもっともである。というのも高速炉は、運転方法によって、燃焼量を上回るプルトニウムを生産することが可能だからである。また、MOX燃料製造プラントの建設、原子炉運転の費用をどのように手当てするかについては決着がつかなかった。ロシアは西側からの経済的支援を期待したが、G7がロシアに拠出すると約束した資金は八億ドルにとどまった[66]。米ロ協定はこのために結局宙に浮いた。

(4) 高速炉の利用による「閉じた燃料サイクル」と核拡散の防止

このように、ロシアにおける解体プルトニウムの処分に関して米ロ交渉は膠着状態に陥った。両国間にようやく新たな動きが出てきたのは、二〇〇七年のことである。ロシアは同年五月連邦原子力庁（ミンアトムの後身）を通じて、BN－800の建設費を自己負担でまかなう代わりに、プルトニウムの燃焼処分を軽水炉ではなく高速炉によって行うとの方針をアメリカ側に通告してきた[67]。ロシアの新方針はアメリカの同意を得た。両国の合意を成文化したものが、二〇〇七年一一月の米ロ共同声明である。ロシアはプルトニウムを燃焼処分するための原子炉として、運転中の高速炉BN－600は無論のこと、建設中のBN－800が完成した暁にはそれも使うことでアメリカの同意を得ることができた。(68)

ロシアが自己負担で高速炉BN－800の建設に乗り出したのはいかなる事情によるのだろうか。第一に、技術的理由として、MOX燃料の開発に目処がついたということが指摘できる。ロシアはかねてから日本の原子力研究開発機構（JAEA）の支援を得て、MOX燃料の開発を進めていた。MOX燃料でのBN－600の運転実績が蓄積されたことから、ロシアは高速炉によるプルトニウムの燃焼処分を強く望むようになった。(69)

第二に、高速炉の利用に関してアメリカの姿勢が変化した。アメリカは二〇〇六年初め、国際原子力パートナーシップ（GNEP）構想(70)を通じて、プルトニウムの処理に際してみずから高速炉を利用する方針を打ち出した。アメリカはもはや、高速炉によってプルトニウムを燃焼処分するというロシアの方針に反対できる立場にはなかった。ロシアはそれを見越していたように思われる。

第三に、産油国であるロシアでは二〇〇〇年にプーチン政権が発足してから、特に二〇〇三年以降、たまたま国際的な石油価格の高騰という条件に恵まれ、経済が好転した。ロシアは二〇〇六年一〇月、連邦プログラム「原子力産業の発展、二〇〇七―二〇一〇年の予定と二〇一五年までの展望」で高速炉BN－800の建設を謳うなど、高速炉の利用をエネルギー分野の国家戦略の一つとして位置づけるようになった。(71)経済力に自信がなかったならば、ロシアはこのようなプロジェクトを企てる気にはならなかったであろう。

第四に、核拡散防止のメカニズムとして国際核燃料サイクル構想が浮上するのにともなって、高速炉がその構成要素として新たな重要性を帯びるようになった。前述したとおりロシアは一九七〇―八〇年代から、「閉じた核燃料サイクル」を実現するために高速炉の開発に力を注いできた。それは国内のエネルギー需要を満たすことに主眼を置いていた。しかし近年原子力の利用が世界的に広がってきたことから、核燃料サイクルには、核拡散防止のメカニズムとしての利用価値が出てきた。核燃料サイクルを確立すれば、原子力開発に取り組む他国のためにウラン濃縮を請け負い、しかもそれら諸国から使用済み燃料を引き取ることが可能である。そして、それら諸国をこうした国際核燃料サイクルに組み込むことができれば、核拡散を予防しつつ世界市場で原発プラントを売り込むことができるようになる。国際核燃料サイクルを確立するには、使用済み核燃料を処理するための高規格の高速炉が必要不可欠である。ロシアが経費を自己負担してでも高速炉BN－800を建設するという方針を打ち出した背景には、このような見通しがあったからではないか。

ロシアが国際核燃料サイクル構想を提唱するようになったのは二〇〇六年初頭からである。皮切りは、二〇〇六年一月二五日ユーラシア経済共同体の会議におけるプーチン大統領の発言である。同大統領は、国際核燃料サイクルセンターをロシア領内に設立する用意があると述べ、核兵器を保有しない国のためにIAEAの監視下でウラン濃縮を請け負うと説明した[72]。ただしロシアの国際核燃料サイクル構想は今のところ、使用済み核燃料の再処理能力を前提としていない。ロシアは使用済み核燃料を、高速炉が実用化される二〇二〇年代まで保管（備蓄）する方針である[73]。

高速炉の商用化が実現できていないにもかかわらずロシアがこのような構想を打ち出したのはなぜか。

さしあたりの狙いは、独力でのウラン濃縮をもくろむイランを掣肘することにあったのではないかと考えられる。それはアメリカの意向にもかなっていた[74]。プーチン大統領が二〇〇三年九月CNNのインタビューで語ったように[75]、ロシアは自国の南に核保有国が出現することを安全保障上の観点から望ましくないと考えている。そして二〇〇五年末からイランに対し、ウランの濃縮をロシアで行い、使用済み核燃料の保管と再処理も請け負うという提案を繰り返した[76]。この提案を受け入れた場合イランは義務として、ロシアにおいてウラン濃縮テクノロジーを直接使用することをあきらめ、また、イラン国内におけるウラン濃縮を断念しなければならない。国際核燃料サイクルセンター構想は、そのような対イラン提案に具体性を持たせたものとして捉えることもできるだろう。ロシアは二〇〇七年五月、カザフスタンの参加を得て国際核燃料サイクルセンターを設置した。同センターはその事業の一環として、すでにアンガルスク市で国際ウラン濃縮センターの操業を始めている。

ロシアは今のところイランを国際核燃料サイクルセンターに組み込むことができずにいる（すなわち、イランに自力でのウラン濃縮を断念させることができずにいる）。しかし、使用済み燃料の引き取りを前提とする国際核燃料サイクルセンターは、ロシアの原子力ビジネスにとって有力な「武器」となっている。使用済み核燃料の処理に困っている原発所有国を潜在的な顧客として引きつけることができるからだ。潜在的な顧客を顕在化させるためには、米ロ原子力協定を結ぶ必要があった。というのもそのような協定がない限り、アメリカを製造元とする使用済み核燃料は米国原子力法セクション一二三の規定に縛られ、ロシアへの持ち込みを許されない[77]からである。しかしこの障壁は、二〇〇八年五月の米ロ原子力協定が二〇一〇年末に米議会の承認を得たことによって解消された。

(5)「閉じた核燃料サイクル」のもう一つの副産物
——天然ウラン産出国に対する依存度の引き下げ

高速炉の利用によって「閉じた核燃料サイクル」が確立できれば、天然ウランの産出国に対する依存度を引き下げることができる。これはロシアにとって有益である。というのも、ロシアはウラン産出国ではあるが、国内外の需要を満たすのに十分な生産高を確保しているわけではないからだ。ロシアは備蓄の取り崩しや使用済み燃料の再利用など工夫を凝らしているが、天然ウランについては基本的にＣＩＳ諸国などからの供給に頼らざるをえない(78)。最大の協力相手はカザフスタンである。

カザフスタンには旧ソ連時代から存在する燃料成型加工（ペレット製造）および高速炉技術はあるものの、いずれも成熟産業といえる段階にはない。カザフスタンの原子力産業の主たる収益源は依然として、豊富な国内資源を利用したウラン生産である(79)。したがって、ロシアとカザフスタンの関係は相互補完的であって、両国にとって協力関係を維持することは一見したところ、たやすいことのように思われる。

しかし、天然ウランの供給だけに甘んじていたのではカザフスタンの原子力産業は飛躍を望めない。カザフスタン国営原子力会社（カザトムプロム）は豊富な国内ウラン資源をベースに、基幹事業であるウラン生産を拡大する一方、核燃料の供給にかかわる事業を戦略産業として育成しようともくろんだ(80)。同社はカザフスタンの国策企業である。新たな動きを起こすにあたって、ナザルバーエフ大統領をはじめとする国家指導部の承認を得ていなかったとは考えられない。しかしそうであるにもかかわらず、カザトムプロムを陣頭指揮していたジャキシェフ社長は二〇〇九年五月、突如更迭され、その後さらに国家資産横領の疑いで逮捕されるに至った。獄中のジャキシェフはみずからの失脚の原因を、カザフスタンを核燃料分野におけるグローバル・プレーヤーに育てようとする戦略がロシアと衝突したためと説明している[81]。

カザフスタンが核燃料の製造に手を広げるということは、ロシアにとって、核燃料の国際市場にライバルが出現することを意味する。また、カザフスタンがみずから核燃料の成型加工に携わるようになれば、カザフスタンからロシアに供給される天然ウランも減らされるかもしれない。ジャキシェフ社長の逮捕劇は、カザフスタン側の方針を快く思わなかったロシア指導部が、ナザルバーエフ大統領に圧力をかけた結果と見るのが妥当であろう。しかし、カザフスタンの自立志向を今後も抑え続けることができるという保証はない。それだけに、高速炉の開発によって「閉じた核燃料サイクル」を確立することは、天然ウラン産出国に対する依存度を抑えるという点でも、ロシアにとって価値がある。

結論に代えて――好調に見えるロシア原子力産業をどのように評価するか

ロシア指導部は原子力産業の現今の実績をどのように評価しているのだろうか。ロシア全体のイノヴェーション的発展が進まない中で[82]、「原子力産業は例外的に健闘している」と見ているようだ。二〇〇九年五月一五日、メドヴェージェフ大統領は関係閣僚を集めた会議で、経済のイノヴェーション的発展が進んでいないとして、次のように苛立ちをあらわにしている。「基本目標は正しいのに、わが国経済のテクノロジーの水準には、手応えのある変化が何ら起こっていない」。「ロシアのいずれの企業も本格的な成果を上げていない」。「はっきり言ってほとんどのものが紙の上にあるだけだ[83]」。ロシア経済全体に対する認識がこのように厳しいだけに、原子力産業に対する高い評価がよけいに目立つ。メドヴェージェフ大統領は二〇一〇年一一月の大統領教書演説で、ハイテクの発展で成果を上げている分野として原子力部門を特筆している(84)。

確かに、ロシアの原子力ビジネスは海外市場において活発である。しかしそれは、いくつかの幸運な要因が重なった結果であるように見える。ロシアでは一九九〇年代後半から米ロ核軍縮の結果、核兵器のために開発された軍事技術を民生のために転用することが可能かつ必要になっていた。民生のために活用できる軍事技術の典型的な例としてウラン濃縮がある。ロシアがそのような軍民転換の時期を迎えていたとき、たまたま世界各国のエネルギー需要が高まり、原子力発電に対する国際的な需要が増大した。

ロシアにとって有利に働いているファクターは他にもある。それは、世界各国が原子力発電に頼り始めたことにより、核拡散の防止が国際社会の課題として浮上したということである。原発所有国にウラン濃縮をさせないこと、また、使用済み核燃料を持たせないことが急務になった。そうした目的でアメリカが、引き取った使用済み核燃料を処理するのに高速炉を利用するという構想(GNEP)を打ち出したことから、長年にわたり高規格の高速炉の建設を主張してきたロシアは、ようやくおのれの要求を通せるようになった。ロシアはかねがね、解体された核弾頭から発生するプルトニウムの処理方法をめぐって(ガラス固化によって廃棄処分するのではなく)高速炉の燃料として使うという案にこだわってきた。MOX燃料の開発を進めてきたロシアは、いずれ高規格の高速炉によって使用済み核燃料の処理ができるようになるとの自信に基づき、国際核燃料サイクル構想の実現に向けて動き出した。今やロシアは、核燃料の提供と引取の両方ができるというセールスポイントを世界の原発市場で強調するようになった。

このように、ロシアの原子力産業は海外で販路を広げようとしている。しかしそのことは、ロシア原子力ビジネスに問題がないという意味ではない。第一に、ロシアの原子力商法は販路の拡大（すなわち市場におけるシェアの引き上げ）を重視するあまり、収益性を犠牲にしている可能性がある。第二に、ロシアの原子力産業の業績は、ロシア指導部の期待に応えて、イノヴェーションに基づく発展を遂げているのであろうか。疑問である。確かに高速炉の開発、建設にはそのような一面があるが、その実用化はまだ遠い先のことである。ロシアの原子力ビジネスの好調ぶりは、イノヴェーションを原動力としているというよりは、むしろ冷戦時代以来のウラン濃縮技術など、伝統的なテクノロジーに拠るところが大である。タービン、ボイラー、発電機など、原発プラントを建設するのに必要な高度な製造業の技術については、ロシアは日米欧に劣っている。[85]それら製品の製造技術の向上をともなわない限り、ロシア原子力産業の振興をイノヴェーションによる製造業発展の実例と見なすことは難しいであろう。

（1）世界の原子力発電開発の動向（プレスキット）〈http://www.jaif.or.jp/ja/joho/press-kit_world_npp.pdf〉（以下、すべてのＵＲＬは二〇一三年三月二七日現在、アクセス可）。
（2）IAEA PRIS〈http://www.iaea.org/PRIS/CountryStatistics/CountryDetails.aspx?current=RU〉.
（3）角田安正「ロシアの核（原子力）政策」吉村慎太郎・飯塚央子編著『核拡散問題とアジア――核抑止論を超えて』国際書院、二〇〇九年、二〇三―二〇四頁。
（4）西条泰博「回収ウラン再濃縮と新規建設時間短縮など狙う――ロシア側情報から探る背景」『ＥＮＥＲＧＹ』二〇〇九―七、八一頁。
（5）POCATOM〈http://www.rosatom.ru/aboutcorporation/activity/energy_complex/designandbuilding/bild_npp_2/a4418d00463ab5e6b4ddb706967d8838〉.

(6) 一ノ渡忠之「原子力大国復権を目指すロシア――もうひとつのエネルギー戦略」『国際金融』二〇〇八・四・一、一一八七号、三七頁；ФЦП 〈http://fcp.vpk.ru/cgi-bin/cis/fcp.cgi/Fcp/ViewFcp/View/2008/227/?yover=2008〉。

(7) 田畑伸一郎「マクロ経済・産業構造」吉井昌彦・溝端佐登史編著『現代ロシア経済論』ミネルヴァ書房、二〇一一年、六八頁。

(8) 中村靖「石油ブームの経済への影響」田畑伸一郎編著『石油・ガスとロシア経済』北海道大学出版会、二〇〇八年、一二五―一二六頁、一二九頁。ただし中村は、資源ブームが起きたときに個々の経済が「オランダ病」を必ず発症するわけではない、と断っている。

(9) ФЕДЕРАЛЬНЫЙ ПОРТАЛ PROTOWN.RU 〈http://protown.ru/information/hide/7454.html〉.

(10) ФЕДЕРАЛЬНЫЙ ПОРТАЛ PROTOWN.RU 〈http://protown.ru/information/hide/7449.html〉.

(11) 田畑、前掲「マクロ経済・産業構造」六九頁。

(12) ФЕДЕРАЛЬНЫЙ ПОРТАЛ PROTOWN.RU 〈http://protown.ru/information/hide/7449.html〉.

(13) *Аргументы и факты*, 18 апреля 2012 г.

(14) 西条、前掲「回収ウラン再濃縮と新規建設時間短縮など狙う」八一頁。

(15) 杉本侃『２０３０年までのロシアの長期エネルギー戦略――ロシア・エネルギー戦略の詳細な分析・解説』東西貿易通信社、二〇一〇年、七八頁。

(16) 西条、前掲「回収ウラン再濃縮と新規建設時間短縮など狙う」八一―八二頁。

(17) 西条泰博「フォーカス　ロシア原子力業界の垂直統合へ持株会社――ソ連時代の原子力コンビナート復活へ――プーチン大統領、高速炉建設を表明」『ＥＮＥＲＧＹ』二〇〇六―三、一一頁。

(18) Einhorn, R. et al., *The U.S.-Russia Civil Nuclear Agreement: A Framework for Cooperation*, CSIS (Center for Strategic & International Studies), May 2008, p.38.

(19) ロスアトムはロシアの原子力総合企業アトムエネルゴプロムを中核とするが、その他に核兵器関連部門をも傘下に収めていることが注目される。後で述べるように、ロシアは原子力産業の発展のために、冷戦時代に培った軍事技術を大いに利用している。そのことはロスアトムの組織構成にも表れている。

（20）塩原俊彦「国家コーポレーションを探る――ロシアテクノロジーを中心に」『ロシアＮＩＳ調査月報』二〇一〇年九―一〇月号、八四頁。

（21）*Вопросы экономики*, 30 июня 2009 г.

（22）ロスアトムは二〇〇八年、原発建設のために国庫から五一〇億ルーブルを仰いでいる（塩原、前掲「国家コーポレーションを探る」八二頁）。

（23）「２０３０年までのロシアの長期エネルギー戦略」（二〇〇九年採択）には、天然ガスの輸出を増やすとの方針が示されている。以下を参照のこと。杉本、前掲『２０３０年までのロシアの長期エネルギー戦略』四〇頁。

（24）Einhorn, Robert et al., *The U.S.-Russia Civil Nuclear Agreement*, p.35.

（25）石油連盟「今日の石油産業２０１２」〈http://www.paj.gr.jp/statis/data/data/2012_data.pdf〉。

（26）村上朋子『激化する国際原子力商戦――その市場と協力の分析』エネルギー・フォーラム、二〇一〇年、二二頁。

（27）村上、前掲『激化する国際原子力商戦』七一頁；一説によると、ＵＡＥは原発プラントを持つことによって、イランが原子力開発を軍事目的に利用した場合に備えているという（*World Politics Review*, 7/30/2012, p.2.)。

（28）*Независимая газета*, 27 июня 2011 г.

（29）Ramana, M. V., "Nuclear policy responses to Fukushima: Exit, voice, and loyalty," *Bulletin of the Atomic Scientists*, March 2013, Vol.69, Issue 2, p.72.

（30）『ロシア月報』第八二一号、二〇一一年、一一三頁。

（31）Ramana, M. V., "Nuclear policy responses to Fukushima," p.70.

（32）村上朋子「福島第一原子力発電所事故後の世界の原子力政策動向――国際関係の観点から」『国際問題』二〇

一一-一一（六〇六号）三三頁。
（33）木村汎『プーチンのエネルギー戦略』北星堂、二〇〇八年、二一二頁。
（34）以下を参照のこと。Domjan, P. & Stone, M. "A Comparative Study of Resource Nationalism in Russia and Kazakhstan 2004-2008," *Europe-Asia Studies*, Jan. 2010, Vol.62, Issue 1, p.44.
（35）『産経新聞』二〇一一年一一月一日。
（36）*Коммерсантъ*, 28 ноября 2011 г.
（37）*Ibid.*
（38）*Коммерсантъ*, 11 ноября 2011 г.
（39）*Экономические новости России и Содружества*, 18 марта 2011 г.
（40）角田安正「集団安全保障条約機構とその求心力」『アジ研ワールド・トレンド』二〇〇四年五月（第一〇四号）一五—一六頁。
（41）畔蒜泰助「日米同盟の再強化 原子力の地政学②」畔蒜泰助・平沼光『原発とレアアース』日本経済新聞出版社、二〇一一年、一四二頁。
（42）NEI (Nuclear Energy Institute) 〈http://www.nei.org/resourcesandstats/documentlibrary/reliableandaffordable energy/graphicsandcharts/fuelaspercentelectricproductioncosts/〉.
（43）ロシアは、ウラン濃縮の設備容量では世界全体の四〇%を占めている（РОСАТОМ〈http://www.rosatom.ru/aboutcorporation/activity/energy_complex/uraniumenrichment/〉）。しかし実際の濃縮役務に関しては、ロシアの占有率はそれほど高くない。日本原子力研究開発機構が多国籍核燃料企業ＵＲＥＮＣＯのデータとして紹介しているところによると、二〇〇九年の世界全体の濃縮役務四万六、〇〇〇ｔＳＷＵのうち、ロシアの引き受け分は二七%だった（〈http://www.jaea.go.jp/03/senryaku/seminar/s10-4.pdf〉）。なお、ウラン濃縮の技術を持っている企業としては、ロスアトムのほかにＵＲＥＮＣＯ、アメリカのＵＳＥＣ、フランスのＡＲＥＶＡなどがある。

（44）藤井晴雄「ロシアの核燃料サイクル開発の歴史と現状」『ロシア・ユーラシアの経済と社会』二〇一一年三月号（№九四三）、二頁、七頁；藤井晴雄『ソ連・ロシアの原子力開発』東洋書店、二〇〇一年、一二―一三頁。
（45）藤井、前掲『ソ連・ロシアの原子力開発』一五頁。
（46）藤井、前掲「ロシアの核燃料サイクル開発の歴史と現状」八頁。
（47）藤井、前掲『ソ連・ロシアの原子力開発』二三頁。プルトニウムを使った原子爆弾については、ソ連は一九四九年八月に最初の爆発実験に成功している。
（48）Bukharin, O., "The Future of Russia's Plutonium Cities," *International Security*, Vol.21, No.4, Spring 1997, p.137.
（49）藤井、前掲『ソ連・ロシアの原子力開発』三五頁。
（50）Bukharin, O., "The Future of Russia's Plutonium Cities," p.140.
（51）このことは、絶対値からも推測できる。ロシアの濃縮能力は二万四、〇〇〇ｔＳＷＵ／年と推定されているが、世界市場で引き受けている濃縮役務は年間約一万ｔＳＷＵ前後である。ATOMICA〈http://www.rist.or.jp/atomica/data/dat_detail.php?Title_Key=04-05-02-02〉.
（52）北陸電力〈http://www.rikuden.co.jp/atmqa/2_3.html〉。
（53）ＮＵＫＥＭ社のホームページに掲載されている計算機能（〈http://www.nukem.de/#Calculators〉）を使って、たとえば四・四％の濃縮ウラン一kgを製造するのに必要な濃縮役務（kgＳＷＵ）の量を計算すると、六・〇三九という数字がはじき出されるので、二一トンの核燃料を得るために必要な役務量は、六・〇三九×二万一、〇〇〇kg＝一二万六、八一九kgＳＷＵ。したがって、たとえば濃縮役務（kgＳＷＵ）の価格一三三ドルという条件（現在のスポット価格）のもとで核燃料二一トン分の濃縮役務を引き受ければ、一三三ドル×一二万六、八一九ＳＷＵ＝約一、七〇〇万ドルの収入を得られることになる。
（54）ATOMICA〈http://www.rist.or.jp/atomica/data/dat_detail.php?Title_Key=04-05-02-02〉.

（55）戦略爆撃機に搭載されている弾頭を一個とカウントしているので、弾頭数は一、五五〇発以上になる可能性あり。また、配備から外された核弾頭の解体は求められていない（*Global Fissile Material Report 2011*, p.4 〈http://fissilematerials.org/library/gfmr11.pdf〉）。

（56）Noris, R. S. & Kristensen H. M., "Global nuclear weapons inventories 1945–2010," *Bulletin of the Atomic Scientist*, July-August 2010, p.79 〈http://bos.sagepub.com/content/66/4/77.full.pdf+html〉.

（57）*SIPRI Yearbook 2011*, p.356.

（58）*Global Fissile Material Report 2011*, p.8 〈http://fissilematerials.org/library/gfmr11.pdf〉.

（59）*SIPRI Yearbook 2011*, p.355.

（60）Bukharin, O., "The Future of Russia's Plutonium Cities," p.131, 144.

（61）Moses, D. L. et al., "Plutonium disposition in the BN-600 fast-neutron reactor at the Belkyarsk nuclear plant," *Nuclear Instruments and Methods in Physics Research A414* (1998), pp.28-29.

（62）ロスアトム傘下ロスエネルゴアトム社のアスモロフ副社長の発言、「21世紀中期を展望したロシアの原子力開発戦略」『ＥＮＥＲＧＹ』二〇〇八－一一、三九頁。

（63）Bukharin, O., "The Future of Russia's Plutonium Cities," p.142.

（64）米国務省ＨＰ〈http://www.state.gov/documents/organization/18557.pdf〉；*SIPRI Yearbook 2001*, p.454；川太徳夫「ロシア核兵器プルトニウムの平和利用　最も安全で効率的な利用を目指して」『ＥＮＥＲＧＹ』二〇〇五―六、一三頁。

（65）*SIPRI Yearbook 2008*, p.364.

（66）*SIPRI Yearbook 2007*, p.575.

（67）*SIPRI Yearbook 2008*, pp.364-365.

（68）Pomper, M. A., "U.S., Russia Recast Plutonium-Disposition Pact," *Arms Control Today*, December 2007 〈http://

www.armscontrol.org/act/2007_12/USRussia〉.

(69) 舟田敏雄・川本徳夫・千崎雅生「ロシア余剰核兵器解体プルトニウム処分の現状と日本の協力　バイパックスMOX燃料協力の一〇年を振り返って」『日本原子力学会誌』第五〇巻第一一号（通巻五九三号）三四頁。

(70) ブッシュ政権が同年二月に発表した国際原子力パートナーシップ（GNEP）構想の骨子は、次の二点である。アメリカを中心とするコンソーシアムが、ウラン濃縮・再処理技術や施設の獲得を放棄した国に対し、燃料供給を保証するとともに、使用済み燃料の引き取りも行う。また、先進リサイクル技術を開発し、回収した有用物質・有毒物質を燃焼処理するための高速炉システムを実用化する。ATOMICA〈http://www.rist.or.jp/atomica/data/dat_detail.php?Title_Key=14-04-01-44〉.

(71) ФЦП〈http://fcp.vpk.ru/cgi-bin/cis/fcp.cgi/Fcp/ViewFcp/View/2008/227/?yover=2008〉.

(72)『ロシア月報』第七五一号、二〇〇六年、八七頁。

(73) 西条泰博「回収ウラン再濃縮と新規建設時間短縮など狙う」『ENERGY』二〇〇九－七、七八頁。

(74) Freedman, R. O., *Russia, Iran and the Nuclear Question: The Putin Record*, Bibliogov, 2011, p.42.

(75) Aras, B. & Ozbay F., "Dances with Wolves: Russia, Iran, and the Nuclear Issue," *Middle East Policy*, Vol.13, No.4, 2006, p.134.

(76) Aras, B. & Ozbey F., "Dances with Wolves," pp.140-141.

(77) Einhorn, Robert et al., *The U.S.-Russia Civil Nuclear Agreement*, pp.3-4.

(78) 杉本、前掲『2030年までのロシアの長期エネルギー戦略』三四頁。

(79) 村上、前掲『激化する国際原子力商戦 その市場と協力の分析』二一九頁。

(80) Domjan P. & Stone M., "A Comparative Study of Resource Nationalism in Russia and Kazakhstan 2004-2008," *Europe-Asia Studies*, Jan. 2010, Vol.62, Issue 1, pp.56-57.

(81) 畔蒜、前掲「ロシアとの協調模索 原子力の地政学①」九三頁。

(82) 航空機産業やロケット・宇宙産業は「長期社会経済発展構想」の公表後、必ずしも順調に成長しているとは言えないようである。国家コーポレーション統一航空機製造会社では、依然としてその売上の八割を軍用機部門に頼っているのが現状である（『産経新聞』二〇一一年九月九日）。ロケット・宇宙産業にも翳りが見られる。アメリカがスペースシャトルの運用を終えたことから、有人宇宙事業におけるロシアの活躍ぶりが目立っているが、その一方で二〇一〇年一二月から二〇一二年八月までの一年半あまりの間に、軌道に乗せられなかったロシアの衛星は計一〇基に達している（『産経新聞』二〇一二年八月二二日）。ちなみに二〇一一年二月一日、軍事目的の測地衛星ゲオＩＫ２を軌道に乗せることができなかったことから、メドヴェージェフ大統領（当時）は、ロケット宇宙企業エネルギヤの設計部門の最高責任者とロシア連邦宇宙局（ロスコスモス）の次官を解任している（*UPI Security Industry*, 02/02/2011）。

(83) 丸山浩行「ロシア機械工業沈下の危機」『ザ・ワールド・モニター』二〇一一・一一・一五（№２８６）二頁；*Коммерсантъ*, 16 мая 2009 г.; *Независимая газета*, 18 мая 2009 г.。

(84)『ロシア月報』第八〇九号、二〇一〇年、一四二頁。

(85) 畔蒜泰助「『核燃料大国』ロシアとの戦略的パートナーシップ構築の可能性」『エネルギー・フォーラム』二〇〇七－八、二八頁。

核兵器と原子力発電の時代を超えて

小沼　通二

はじめに

核兵器がその姿を現したのは、第二次世界大戦の末期、一九四五年に米国が広島と長崎に原爆を投下した時だった。戦後、米ソ対立の冷戦の中で、核兵器の性能の強化と保有量の増大が続き、核兵器保有国も増加した。一九五七年に打ち上げられた人類初の人工衛星で使われたロケット技術は、直ちに核兵器の運搬手段としてのミサイルに利用された。さらにエレクトロニクスの発展も取り入れて、核兵器の威力は画期的に強化された。冷戦の間に起こった各地の戦争で核兵器が使われることはなかったが、米国は非核兵器国に対して、幾たびも核兵器使用を計画することがあった。ソ連も核兵器使用の威嚇を行った。

一方で、原子力による発電が一九五四年に実現し、米英ソ三国による原子力平和利用の市場獲得競争が進められた。

それにもかかわらず、核兵器への反対、原子力発電への批判は、最初から存在した。核兵器の非人道性が強く指摘されるようになり、核兵器のない世界こそ安心・安全な世界だという認識が広まった。相次ぐ原発事故の実態が分かってきて、原発拡大路線は破たんした。これらの趨勢に対して、核兵器依存継続と原発路線維持を求める強固な勢力は依然として存在する。しかし今や、核兵器と原子力発電の時代は明らかに終焉を迎えようとしている。

1　核兵器と原発の時代

(1)　核兵器開発

一九三八年末のドイツで、ウラン原子の中心にある原子核に中性子を衝突させると、予想外のバリウム元素が発生することが発見された。(自然界には九二種類の元素がある。ウランは一番重い九二番目の元素であり、バリウムは五六番目の元素である。ウランが放射能を持つことは以前からわかっていた。)このバリウムは、ウランの原子核が二つに割れる核分裂によって発生しているということを、オーストリアとドイツからスウェーデン、デンマークにそれぞれ亡命していた二人のユダヤ系物理学者が明らかにした。この発見は世界中の注目を浴び、一九三九年の初めに、核分裂の反応に際して二個以上の中性子と大きな熱エネルギーが出ること、ウランが分裂した破片は必ず放射能を持っていること、この反応によって発生した複数の中性子が別のウランに衝突すると、それぞれで核分裂が起こり、核分裂数が倍・倍と広がる連鎖反応を起こす可能性があることが相次いでわかってきた。同年六月には、ドイツの雑誌に発表された論文の中で、軍事利用の可能性が示唆された。

一九三九年九月初め、ドイツによるポーランド侵攻を契機に第二次世界大戦が勃発し、一九四五年八月まで続いた。

ドイツから米国に亡命していたアインシュタインが、L・シラードの依頼を受けて、ウランによる強力な新型爆弾の可能性とナチスドイツによる研究開発の危険性を警告するルーズベルト大統領宛書簡に署名したのは、開戦直前の一九三九年八月二日のことだった。

米英独日などの諸国が、相次いで原子力の軍事利用を目的とする研究を開始した。日本では、物理学者の仁科芳雄（理化学研究所）と荒勝文策（京都大学）が、陸軍と海軍から委託を受けて、それぞれ原爆の開発を目指す小規模の研究チームを作ったが、日本では十分なウランの産出が見込めず、空襲を受けて理化学研究所の実験設備が焼失したこともあり、この戦争中に完成させることはどこもできないだろうという判断で終わった。

しかし、ドイツから英国に亡命していた二人の物理学者が、一九四〇年二月に天然ウランの中に〇・七％含まれるウラン235を濃縮して利用すれば原爆が実現できる可能性があるというメモを作成した。（天然ウランの九九・三％はウラン238である。数字は重さを示す。）この後、紆余曲折を経て米英の協力体制ができ、それ以前から英国とカナダの協力が進んでいたため、カナダを加えて、原爆開発のマンハッタン計画が始まった。濃縮ウランを使って開発したのが一九四五年八月六日に投下された広島原爆である。

これより先、シカゴ大学で、イタリアからの亡命者であるフェルミらが、核分裂の連鎖反応をコントロール下で継続させることを目指して原子炉を作り、一九四二年一二月二日、連鎖反応の実現に成功した。原子炉を運転させると、ウラン238が中性子を吸収して、自然界には存在しない九四番目の元素であるプルトニウムができる。重さの異なるプルトニウムのうちのプルトニウム239は、ウラン235と同じように、核分裂連鎖反応を起こすことがわかり、マンハッタン計画の中でプルトニウム239の製造とプルトニウム原爆の開発が進められた。構造がウラン爆弾より複雑だったため、プルトニウム原爆については一九四五年七月一六日に米国ニューメキシコ州アラモゴードで史上初めての爆発実験が行われた。これが原爆誕生の瞬間だった。一九四五年八月九日に長崎に投下された原爆はプルトニウム原爆である。これに比べ、広島に落とされたウラン原爆は構造が簡単だったため、事前のテストをすることなく使用された。

(2) 原子力艦船、原発への原子力エネルギーの利用

ウランやプルトニウムの核分裂では、必ず大量の熱を発生する。この熱エネルギーを利用したのが原子力潜水艦や原子力空母などの原子力艦船であり、原子力発電だった。

熱エネルギーを動力や発電に使うのは、決して新しい発想ではない。簡単に言えば、蒸気機関車は、石炭を燃やして水蒸気を作り、この蒸気の力をモーターの回転力に変える装置であり、火力発電所は、石炭、石油、天然ガスを燃やして蒸気を作り、発電機につながる羽根車を回転させ、この力を電気エネルギーに変えているのである。原子力艦船や原子力発電でも、原子炉を運転して発生する熱を使ってモーターや発電機を回転させているという点では同じ原理である。。

潜水艦についていうと、原子力潜水艦以前の潜水艦は、水上航行中はディーゼルエンジンを使って航行と充電を行い、潜航中は、ディーゼルエンジンに必要な酸素を取り入れられないので、充電した蓄電池から動力を得ていた。さらに潜航中に乗組員に必要な酸素が不足すると浮上して酸素を取り入れなければならなかったため、数時間以上潜航を続けることはできなかった。

この点を解決したのが原子力潜水艦だった。原子力による動力には酸素を必要としない。しかも、乗組員の生存に不可欠な酸素は豊富な電力を使って海水を分解して作ることができ、飲料などに不可欠な真水も海水から作ることができる。そのため何か月でも水中に潜航し続けることが可能になった。ただし核分裂の時に必ず発生する放射性物質を安全に隔離し、発熱を常時除去し続けなければならないという問題がある。そのため、原子力潜水艦は、それまでの潜水艦に比べてはるかに巨大化することになった。そして一方で原子炉の小型化が求められた。世界初の原子力潜水艦就役は、一九五四年九月三〇日のことだった。

この潜水艦用原子炉を利用したのが、米国の原発で使われている濃縮ウランの軽水炉である。現在日本の原発の原子炉はすべて米国型の軽水炉である。

(3) 冷戦下の核軍拡

第二次世界大戦は、一九三九年九月、ドイツのポーランド侵攻によって開始された。ポーランドと条約を結んでいた英仏が参戦し、英国内にポーランド亡命政権ができた。ソ連もポーランドに侵攻し、ポーランドをドイツと分割した。その後の独ソ戦によって、ポーランド全土をドイツが占領し、後にソ連が全土からドイツを駆逐した。ポーランドにはソ連の影響下の政権が作られた。

第二次世界大戦は、ドイツの降伏（一九四五年五月七日）と、日本の降伏（同年八月一五日）によって終結した。戦後のポーランド政権をめぐり、英国とソ連は激しく対立した。この当時、ヨーロッパとアジアでは戦勝国も敗戦国も戦争によって疲弊していた。米国は、軍事的にも、経済的にも、世界における唯一の大国だった。米国の仲介によって、英ソの対立は解消され、ポーランドは自由選挙によって将来を決めることになったが、ソ連は強引に社会主義政権を樹立させた。これで戦争中から潜在していた米英とソ連の対立は決定的になり、一九八〇年代末まで続く冷戦が激化することになった。

マンハッタン計画の米英加三国の協力は、戦後解消され、米国は唯一の核兵器保有国となった。核兵器を国際管理下に置く案も出されたが、米国政府は独占を選んだ。

これに対して、ソ連は一九四九年に原爆実験を実施し、核兵器保有国となった。

この時米国は、ウランとプルトニウムの原爆よりもはるかに強力な水素爆弾（水爆）を開発するという途を選んだ。水爆は、核分裂による原爆の力を使って水素の原子核を融合させてヘリウムを作るときに発生する大量のエネルギーを使う爆弾であり、太陽の中でゆっくり行われている核融合反応を、地球上で激しく起こさせようとするものだった。この選択に対し、戦争中に原爆開発の責任者だったオッペンハイマーたちが反対を表明し、議会でも論争になった。（これが元になって、オッペンハイマーは一九五四年に公職から追放される。名誉回復は彼の最晩年だった。）

米国は一九五〇年一月に水爆開発を決定した。一九五二年には、英国が独自の原爆を保有したのに続いて、米国が一一月一日に初めての水爆実験を行った。これに対抗し、一九五三年九月にはソ連も水爆の保有を発表し、実験を実施した。米国が、計画の予想規模を超える威力の水爆実験を行ったのが一九五四年三月一日のビキニ水爆実験だった。この爆発で、危険指定区域外にいた第五福竜丸やマーシャル諸島の住民が被曝した。

一九五七年一〇月四日には、初めての人工衛星打ち上げにソ連が成功し、米国は翌年追随した。この技術は直ちに軍事利用され、地球の裏側まで射程に収める核ミサイル競争時代に移行した。

核兵器保有国は、米ソ英三国に続きフランス（一九六〇年、水爆は一九六八年）、中国（一九六四年、水爆は一九六七年）、さらに公式に発表をしないままでイスラエルが核兵器を保有し、インド（一九七四年）、南アフリカ（一九八〇年代）、パキスタン（一九九八年）、北朝鮮（二〇〇六年）が続いた。

イスラエルの核兵器保有は、一九八六年に核兵器工場に勤務していたM・ヴァヌヌが、英国で詳細な内部告発を行った。これに対し、イスラエル政府は秘密機関を使ってヴァヌヌをローマまでおびき出し、イスラエルに強制連行し、裁判で有罪を宣告した。ヴァヌヌは一八年後に釈放されたが、その後も言論・行動等の厳しい制限下に置かれている。

南アフリカは一九八〇年代に秘密裏に六発の核兵器を製造したが、マンデラ政権発足（一九九四年）前の政権が一九九一年以前にすべて破棄し、非核兵器国となった。

ベラルーシ、ウクライナ、カザフスタンは一九九一年のソ連崩壊によって独立国となったときに、国内にあった核兵器も引き継いだため、核兵器保有国になったが、一九九六年までにすべてロシアに引き渡し、非核兵器国になった。図1を見れば、緊張・対立を抱える国が平均して五年程度の間隔で核兵器保有国になってきたことがわかる。

中国の核保有のあとで、国際社会はこれ以上核兵器保有国が増えないことを願い、一九七〇年に核兵器

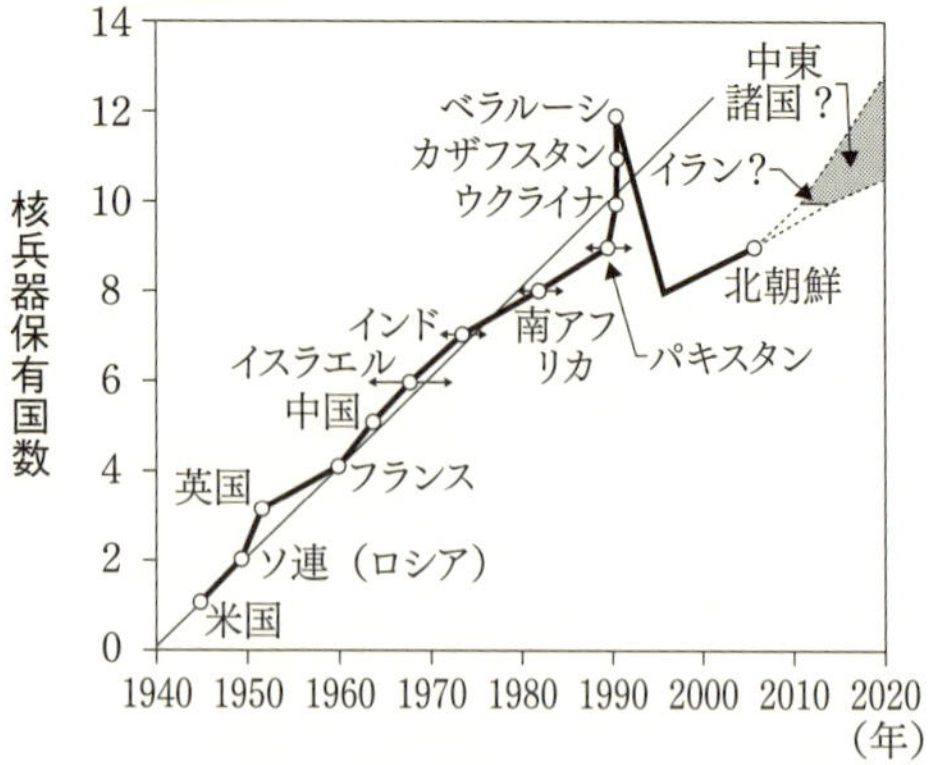

図１　核兵器保有国の増加

出所：S. D. Drell, Working toward a world without nuclear weapons, *Physics Today,* July 2010, p.30.

不拡散条約（NPT）を発効させた。この条約では、それまでの核兵器保有五か国は廃絶に努力する、その他の加盟国は、核兵器を開発しないことを誓約し、平和利用の権利を認められるとした。しかし、イスラエル、インド、パキスタンは最初から加盟せず、北朝鮮は脱退を宣言した。これはNPTの不完全さを示している。

さらに、インドの核兵器実験後、NPTへの非参加国には原子力平和利用の協力はしないとする核供給国グループ（NSG）が米国の提案によって結成された。しかし、その米国が先頭に立って原子力の市場獲得をめざし、インドは民主主義国だから原子力協力を進めてよいとする修正を行った。これは、恣意的な基準の変更であり、世界を二重基準、三重基準で扱おうとするものであって、立場を変えてみれば、不公平、欺瞞の政策と言われてもやむを得ない。

図2を見ていただきたい。中央の点一つは第二次世界大戦中の全爆発力の合計を表している。図の中の多数の点全体は一九八〇年代初めに世界に存在していた核兵器

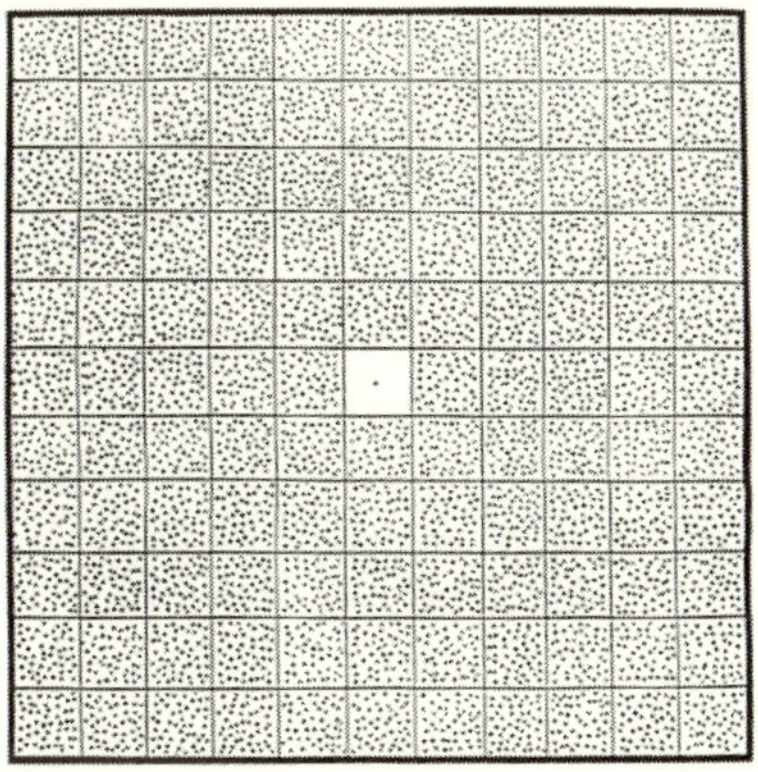

図２　第二次世界大戦で使われた全爆発量（中央の1点、3 メガトン）と 1980 年代初めに世界に存在していた核兵器の全爆発量（すべての点、1 万 8,000 メガトン）の比較。1 メガトンは 100 万トン。爆発量は高性能 TNT 爆薬に換算した値。

出所：American Physical Society, *Physics and Society*, Vol.12, No.4, Oct. 1983, p.12.

の爆発力の合計である。当時の核兵器数は七万発を超えていた。その爆発量は、第二次世界大戦で使われた原爆も含めた全爆発量の六、〇〇〇倍だったのである。当時、世界にこれだけの軍事目標は存在していなかった。これは、核兵器開発が必要に応じて行われたのではなかったことを示している。

(4)　日本の原子力開発路線

話を一九五三年まで戻すことにしよう。この年の一二月に、アイゼンハワー米大統領は、国連で「平和のための原子力」という演説を行った。国際管理の下で全世界の原子力平和利用に協力しようという構想だったが、実際には対立する米ソをそれぞれ中心とする二国間原子力協定による協力ネットワークの形成が進んだ。

ソ連は、一九五四年六月二七日に世界で初めての民需用原子力発電所による送電を開始し、モスクワの地域暖房にも利用され始めたことを発表した。英国、さらに米国があとに続き、それまで秘密裏に進められてきた原子力の平和利用に向けて、米英ソのマーケット獲得競争が開始されたのだった。一九五五年と一九五八年には、国連が原子力平和利用会議を主催した。

日本では、一九五四年度の国家予算に初めて原子力予算が付けられた。必要額を積み上げたのではなく、一九五四年三月一日に突如として「原子炉製造費補助」予算として姿を現した。製造段階ではないから削除するようにという日本学術会議の要請に対して、名称を「原子炉築造のための基礎研究および調査費」と変更しただけで、まったく審議されることなく、自然成立した予算だったため、実際に海外調査などに使用できた額はわずかで、大部分は翌年度に繰り越された。

一九五五年一月には協定を結べば濃縮ウランを提供（貸与）するとの申し入れが米国からあり、学界の意見は割れたが、政府は交渉を開始し六月には仮調印、一一月に本調印して発効と、あわただしく進んだ。

原子力基本法成立はその後の一九五五年末、原子力委員会発足は一九五六年一月一日だった。初代の正力松太郎原子力委員会委員長は、原発導入に向けて勇み足の発言を行い、すぐに取り消さざるを得なくなるのだが、実際には着々と手を打ち、英国の売り込みに米国が後を追う中で、一九五八年六月に、原発導入のための日英と日米の原子力協定が同時に調印された。ところが、この流れの裏で、米国の情報機関CIAと正力が、協力しあい、利用しあって、原発導入の画策を進めたことが、米国の公文書館で秘密解除された文書により二〇〇八年に明らかにされたのだった。

日本で初めての原子力発電は、原子力研究所が米国から導入した動力試験炉によるもので、一九六三年一〇月に運転を開始した。本格的規模の商業発電が始まったのは、日本原子力発電株式会社が英国から茨

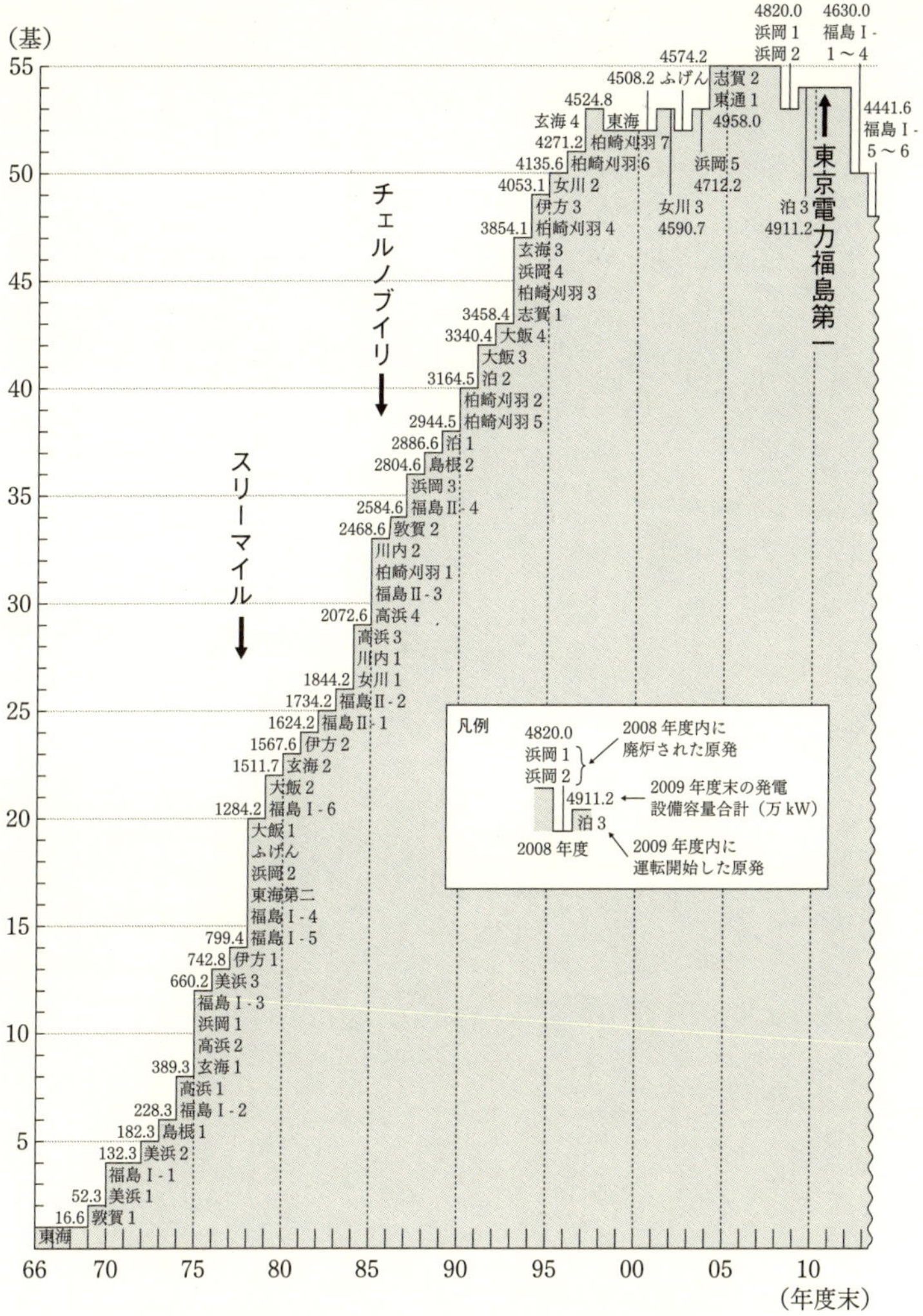

図３　日本の発電用原子炉と発電設備容量合計

出所：井野博満「老朽化する原発―特に圧力容器の照射脆化について」『科学』2011 年 7 月号 658 頁に加筆。

城県東海村に導入したコールダーホール改良型原子炉（電気出力一六・六万kW）によるもので、運転開始は一九六六年だった。同社は続いて、米国から購入した沸騰水型軽水炉（BWR、三五・七万kW）を福井県敦賀市に建設した。第三の原発は、二〇一一年三月に東日本大震災によって壊滅的事故を起こした東京電力の福島第一原発一号炉（四六万kW）のBWR、第四は、関西電力が福井県美浜町に米国から購入した加圧水型軽水炉（PWR、三四万kW）と続き、図3に見られるように、二〇世紀の終わりまで急速な拡大を続けた。一基あたりの発電容量も一〇〇万kW級と大型になった。しかし原発の耐用年数は三〇～四〇年と言われている。二一世紀に入ると、実際に廃炉が始まった。廃炉数を超える新設は行われてこなかったから、原発の伸びは止まったのである。そして二〇一一年三月に東京電力福島第一原発が深刻な事故を起こした。この時点で日本は五四基の原発を持っていた。その後原発の新設はできず、六基の原発を持つ福島第一原発は、四基、二基と相次いで廃炉が決まった。原発数で見ても、発電容量で見ても、一割以上の縮小がすでに決定されたことになる。

後述するが、世界全体の原発を見ると、二〇一一年中に四基増加、一三基減少して、二〇一二年初めに運転中の原発は二九か国、四二七基だったから、日本は世界の原発の一〇分の一以上を抱える原発大国の一つだったのである。

2　核兵器と原発の時代を超えて

(1)　核兵器への反対

マンハッタン計画に参加していた科学者たちは、原爆の威力や使用した場合に起こりうる影響を当然ながら予想していた。彼らは、原爆を作る可能性があると思われていたドイツの敗戦が確実になったので、原爆開発を続ける意味はないと考え、日本に投下すればソ連も原爆開発を進めることを予見した。シラードは原爆使用を思いとどまるよう大統領に進言してもらおうと、一九四五年三月に再びアインシュタインに依頼した。しかしルーズベルト大統領が死去し、後任のトルーマン大統領にアインシュタインの手紙が届けられることはなかった。科学者たちは、投下が避けられないならば無人島に投下すべきだ、事前に予告して避難完了後に投下すべきだなどのアイディアを次々に提出したが、これらが採用されることはなかった。

広島への原爆投下の直後、戦争終結五日前の一九四五年八月一〇日、日本政府はスイス政府を通じ、米国政府に「米機の新型爆弾による攻撃に対する抗議文」を送った。これは核兵器に対する史上最初の抗議文だというだけでなく、その後核兵器批判で基本的問題とされた点が正確に把握されており、次のように核兵器使用放棄が要求されていた。

「……今や新奇にして、かつ従来のいかなる兵器、投射物にも比べることができない無差別性・残虐性をもつこの爆弾を使用したのは、人類文化に対する新たな罪状である。日本帝国政府は自らの名により、又全人類および文明の名において米国政府を糾弾するとともに、即時このような非人道的兵器の使用を放棄すべきことを厳重に要求する。」(著者注―今日の表現に直した。)

日本人として初めてノーベル賞を受賞した湯川秀樹は、戦時中海軍の原爆研究に名を連ねたが、この年に作った「原子雲」と題する和歌に、核兵器が登場したこれからの時代には永遠に戦争のない一つの世界を実現させる以外に道はない、核兵器による人類絶滅を避けなければならないと詠みこんだ。

「今よりは世界ひとつにとことは（わ）に平和を守るほかに道なし」
「この星に人絶えはてし後の世の永夜清宵何の所為ぞや」

被爆者たちの発言も相次いだが、日本を占領していた連合国軍総司令部が厳しい報道管制を行ったため、情報の広がりは限定された。これらの動きが広く知られるようになったのは講和条約発効以後のことだった。

一九五四年三月一日のビキニ水爆実験による被災が明らかになったあと、日本各地で原水爆禁止の要求が草の根からもりあがり、全国的な連絡協議会ができ、翌年から原水爆禁止世界大会を毎年日本で開催する運びになった。（この運動は政治的見解の違いを乗り越えられず、一九五〇年代の末から不幸な分裂を迎えることになる。）

第五福竜丸では降り積もった（放射能を帯びた）白い灰を洗い流したが、流し切れずに付着していた灰の分析と影響の研究がいくつかの大学で行われた。この分析は、放射線障害を受けた乗組員の治療の手がかりを得るためにも不可欠だった。

大阪市立大学の西脇安は、一九五四年五月末に日本分析化学会で行われた各大学と研究機関の報告・討論の結果を持って渡欧し、各地で精力的に実態を報告した。これを聞いたポーランド出身の英国人J・ロートブラットがビキニ水爆の構造を解明した。米国は秘密にしていたのだが、核分裂から核融合を行わせただけでなく、その後で大量のウラン238の核分裂を行わせるという強力なものだった。

また、京都大学のいくつかの分野の研究者が分担して行った分析結果は研究報告書にまとめられ、広く世界各地に送られた。これを引用して、米国の通信社が世界中に大きく報道した。

ロートブラットから水爆の威力を聞いたB・ラッセルは、人類が直面している危険性を世界に訴えるため、アインシュタインや湯川秀樹など世界に影響力のある一〇人の科学者と共に、一九五五年七月九日に、後にラッセル・アインシュタイン宣言と呼ばれる宣言を発表した。核兵器を使う世界戦争が起これば、全人類の滅亡が現実化する、人類の存続のためには核兵器を廃絶しなければならない、さらに、たとえ廃絶できても、国際紛争を戦争によって解決しようとすれば、核兵器が作られ、使われることになるだろうから、戦争自体を廃絶しなければならない、各国の政府は核戦争には勝者がいないことを知るべきであり、世界の科学者はどうすべきかを考える会議を開くべきである、「人間性を心にとどめ、その他のことは忘れよ」——宣言はこう訴えた。

この訴えを受けとめて議論を行うために、一九五七年にカナダのパグウォッシュ村で、ラッセルの招待で世界の国々から個人の資格で集まった二二人の科学者の会議が行われた。原子力の軍事利用と平和利用から起こる障害の危険性、核兵器の問題、科学者の社会に対する責任の問題を討議し、意見の一致を見て、その後も議論を続けることになった。これがパグウォッシュ会議の始まりであり、この会議は一九九五年にはノーベル平和賞を受賞した。

これより先、一九八〇年に発足した核戦争防止国際医師会議も一九八五年のノーベル平和賞を受賞している。

(2) ゴルバチョフ登場から冷戦終結へ

東西冷戦が緊張と弛緩を繰り返す中で、世界は核軍拡と核拡散の途を歩んできた。この流れを断ち切ったのが一九八五年のM・ゴルバチョフの登場だった。彼はソ連共産党書記長に就任してから、国内では政治体制の改革を目指すペレストロイカ、情報公開のグラスノスチ政策を掲げ、国際的には東欧の政治改革、東西の軍縮を呼びかけた。

一九八六年にはアイスランドのレイキャビクでゴルバチョフと米国のレーガン大統領との会談が行われた。ゴルバチョフによる広範囲の軍縮提案に従って、双方の議論が深まり、中距離核戦力全廃条約などの核軍縮について合意する可能性があった。しかし、飛来する戦略ミサイルを迎撃し、破壊しようという一九八三年のレーガン大統領の戦略防衛構想（SDI）をめぐって決裂し、ここでは成果が得られなかった。

ゴルバチョフの呼びかけを受けた東欧では、ポーランド、ハンガリー、チェコスロバキアで政権交代が実現し、自由化が進んだ。一九八九年一一月九日には、東ドイツ政府が、一九六一年に建設して以来東西対決のシンボルとされてきたベルリンの壁の開放宣言を出さざるを得なくなった。壁は市民の手によって一気に破壊され、翌月に地中海のマルタで開かれたゴルバチョフとG・ブッシュ米国大統領との会談で冷戦終結が宣言された。これに続き、一九九〇年一〇月には東西ドイツが統一された。一九九一年一二月には、国内の安定化に成功しなかったゴルバチョフの辞任を受けて一五の独立国が誕生し、ソ連は崩壊して、米ソ対決の時代は終焉を迎えた。

(3) 大量破壊兵器と非人道兵器の禁止の歩み

核兵器と共に大量破壊兵器とされる生物兵器と化学兵器は、すでに禁止条約が作られ、発効している。非人道兵器についても、NGOの努力によって対人地雷禁止条約、クラスター弾禁止条約が作られている。

これらの条約の考え方のルーツは、ロシア政府の呼びかけに基づいて作られた一八六八年のサンクトペテルブルク宣言にある。そこでは

「文明の進歩は、戦争の惨禍を出来る限り軽減する効果をもたらさなければならない。戦時に於いて諸国が達成しようと努める唯一の正当な目的は敵国軍隊の弱体化である。すでに戦闘能力を奪われた者の苦痛を無益に増大させ、又はその死を避けがたいものにする兵器の使用はこの目的の範囲を超える。それゆえ、このような兵器の使用は人道の法に反する。以上を考慮して、重量四〇〇グラム未満の爆発性または燃焼性の発射物を相互に放棄する」

とされた。

これを受けて、一八九九年には、ハーグ万国平和会議の際に「毒ガスの禁止に関するハーグ宣言」が出された。それにもかかわらず、第一次世界大戦で大々的に毒ガスが使われたのは、ハーグ宣言が署名国間の戦争だけに適用され、一国でも非加盟国が参加している戦争には適用されなかったためである。

そこで、一九二五年に改めて「窒息性ガス、毒ガス又はこれらに類するガス及び細菌学的手段の戦争における使用の禁止に関する議定書」が作られた。

今日の生物兵器禁止条約は、国連の議論が基になって作られ、「細菌兵器（生物兵器）及び毒素兵器の開発、生産及び貯蔵の禁止並びに廃棄に関する条約」として一九七二年に署名が開始され、一九七五年に発効した。日本は、第一日に署名したが、批准が行われたのは一九八二年だった。

これに続き、「化学兵器の開発、生産、貯蔵及び使用の禁止並びに廃棄に関する条約」が一九九三年に作られ、一九九七年に発効した。日本は、最初の署名国の一つであり、一九九五年に批准している。この二つの条約を比較すると、化学兵器禁止条約には、生物兵器禁止条約になかった使用禁止が加わっている。

一九九七年には、対人地雷禁止条約ができた。対人地雷は、無差別殺傷兵器であり、戦闘中よりも戦後になって多くの非戦闘員の被害が出ている非人道兵器である。この条約への途は、地雷による被害者の救援活動を行っていたＮＧＯが地雷禁止国際キャンペーン（ＩＣＢＬ）を発足させたところから始まった。彼らは条約案を作り、議論を続けたが、米ロ中の政府が反対を続けた。そのような中、カナダ政府の呼びかけによって、国連の枠外でオタワ会議が開催され、議決投票によって成立したのだった。この禁止条約には移譲禁止も加わっている。一九九七年に署名を開始し、四〇か国の批准が終わり、批准書を寄託して発効したのは一九九九年だった。

クラスター弾に関する条約も、ＮＧＯの努力が基になって二〇〇八年に作られた。この条約は二〇一〇年に発効した。

(4)　相次ぐ核兵器事故と原発事故

核兵器実験による被曝事故は第五福竜丸やマーシャル諸島の人たちにとどまらなかった。世界各地の核兵器実験場の周辺で被曝が相次いだ。核兵器工場での事故も起こった。

核兵器の誤投下も起きている。

一九六一年一月二四日には、米国のノースカロライナ州上空で飛行中の爆撃機B52Gが燃料漏れを起こし、緊急着陸もできず、乗員は脱出した。二つの水爆が落下し、一発はパラシュートが開いて激突は免れたが、安全装置が三つ解除され、最後の一つで爆発を食い止めた。もう一発は湿地に沈んで壊れたままの状態で、発掘は断念されている。詳細は情報公開制度により機密指定解除された公文書の分析から明らかにされた。

一九六六年一月一七日には、スペイン上空で米水爆搭載爆撃機が空中衝突事故を起こし、水爆四個が落下した。そのうちの二個の起爆用通常火薬が爆発して、ウランとプルトニウムが飛散した。米軍が汚染土壌をはぎ取って米国に運んだが、今でも汚染が残ったままである。

また、核兵器を搭載したままの原子力潜水艦が海底に沈んでいる。わかっているだけでも、一九六五年五月二二日には米「スコーピオン」が大西洋に、一九六八年三月八日にソ連の「K－129」がハワイ沖に、一九八六年一〇月九日にはソ連の「K－219」がバミューダ諸島沖に沈没した。

一方、原子炉事故、原発事故も繰り返されている。

一九五七年一〇月一〇日　英国ウインズケール　軍用プルトニウム生産用原子炉　炉心火災事故
一九六一年　一　月　三　日　米国アイダホ州　軍用原子炉SL－1　原子炉暴走事故
一九七九年　三　月二八日　米国　スリーマイル島原発　炉心溶融事故

一九八六年　四　月二六日　ソ連　チェルノブイリ原発　爆発事故
一九九九年　九　月三〇日　日本　東海村ＪＣＯ核燃料加工工場　臨界事故
二〇一一年　三　月一一日　日本　東京電力福島第一原発　東日本大震災に伴う炉心溶融事故

これを見れば、平均して一一年に一度ずつ大事故が起きていることになる。

(5)　原発と核兵器のつながり

原発は核の軍事利用から生まれた。原子炉を運転すると燃料棒の中で核兵器の材料のプルトニウムができる。大量の放射性物質を含む使用済み核燃料からプルトニウムを分離して取り出すのが、日本で言えば青森県六ヶ所村の再処理工場である。厳密に言えば、核兵器に使うプルトニウムは原子炉を短時間運転して取り出しており、原発では長期間使用してから取り出すから、同じものではない。これは原子炉の中で最初にできるプルトニウムがプルトニウム１３９であり、長期間原発の運転を続けると、プルトニウム１３９は次第に核分裂連鎖反応を起こさないプルトニウム１４０、１４１に変化していくためである。

しかし、米国で原発の使用済み核燃料からプルトニウムを取り出して、核兵器を作り地下核爆発実験を行ったところ、核爆発連鎖反応を起こさせることができたという報告がある。はっきりした境界は存在しない。

一方、核兵器に使うウランは、ウラン２３５を九〇％以上含んでおり、軽水炉で使うウラン燃料のウラン２３５は二〇％以下である。しかし天然ウランからウラン２３５を濃縮して分離する技術は共通である。

このためもあって、日本では核兵器を作る技術を維持することによって、核兵器は持たないがいつでも核兵器が作れるという主張をする政治家や評論家がいる。潜在的な核抑止力として機能している原発を排除すべきでないと主張する政治家や新聞社が存在する。日本には核武装も原発もいらない、ミサイルを外国の原発に打ち込めば十分だという評論家も存在する。これらは、百害あって一利のない議論である。立場を変えてみれば、周辺国がこのような主張をした時に、日本の国民が歓迎するだろうか。国際緊張を高める議論であって、排除していかなければならない。

ところが、二〇一二年六月二〇日の国会では、原子力規制委員会設置法制定に乗じて、ひそかに原子力基本法の改定を行った。これは、自民党の主導の下で自公二党案が作られ、民主党が相乗りして、原子力基本法の基本方針に「我が国の安全保障に資するため」の原子力という文言を追加させたのである。これも日本の安全を強化するものではなく、周辺国との関係で国益を損なうものである。

原子力基本法は、それ自体が原子力開発推進の基本法であって、現実に合っていない。原子力基本法自体を廃止する必要がある。

核燃料の盗難事件や核兵器材料の密売事件も実際に起きている。国家以外の組織への核拡散の危険性は、架空の話ではない。

(6) 核兵器・原発に未来はない

① 核兵器の削減

世界の核兵器数は、図4に見られるように、一九四五年から一九八六年まで冷戦下で増加を続け、約七万発に達した後、圧倒的多数を保有している米ロ二国が戦略兵器削減条約（一九九一年、一九九三年、二

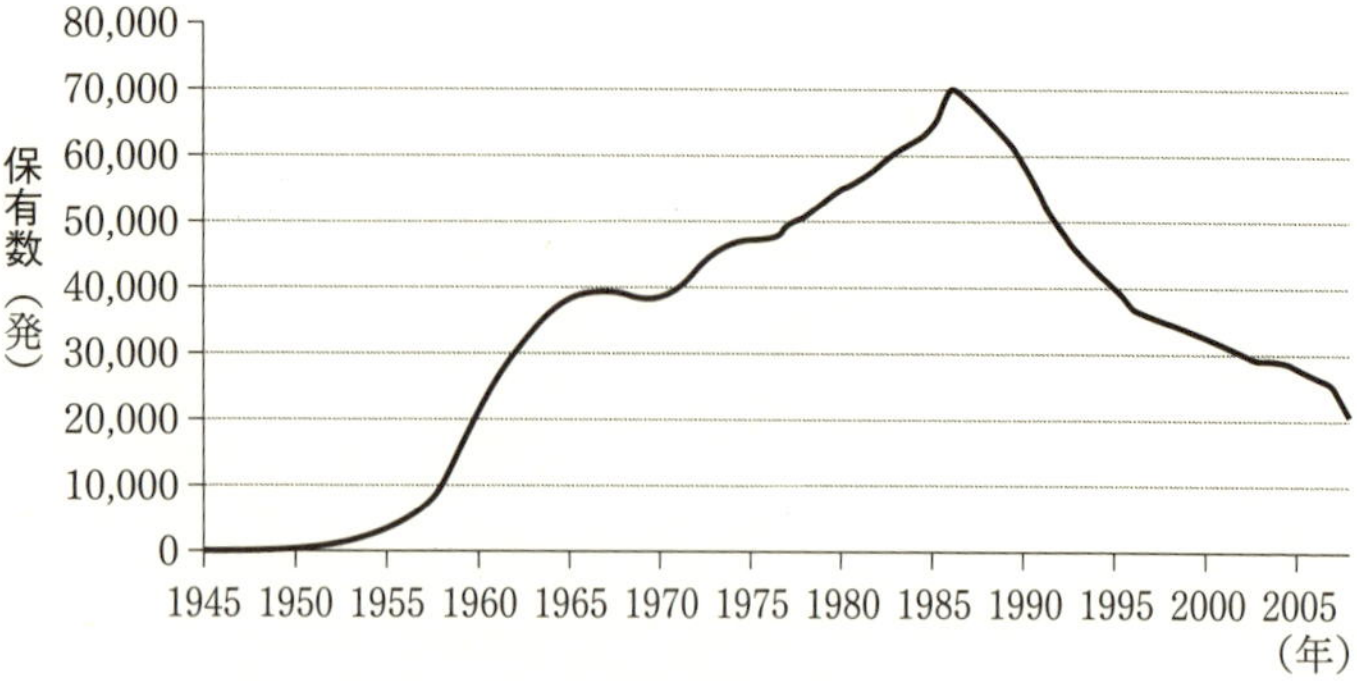

図4　世界の核兵器保有量の変化（1945-2008）

出所：S. D. Drell, Working toward a world without nuclear weapons, *Physics Today*, July 2010, p.30.

〇〇二年モスクワ条約、二〇一〇年）によって解体・削減を進めた。アメリカ科学者連盟によれば、表1にあるように、二〇一三年初頭の保有量は、米国が四、六五〇発、ロシアが四、五〇〇発、英国は二二五発、フランスは三〇〇発、中国は二五〇発、イスラエルが八〇発、インドは九〇〜一一〇発、パキスタンが一〇〇〜一二〇発、北朝鮮は一〇発以下であり、合計すると一万二〇〇〇発程度だと推定されている。

　核兵器は大幅に減少したと見るより、まだ全世界を壊滅させるために十分すぎる量が存在していると見るべきだろう。特に、冷戦終結後の今日になっても数分以内に発射可能な高度警戒態勢のもとに置かれている核兵器が存在することは非常に危険である。機械的故障や、判断の誤りがあっても取り返しがつかなくなる。即時取りやめるべきである。

②　非核兵器地帯・非核都市宣言

　違う角度から現状を見ることにしよう。一九五九年に署名が開始され、一九六一年に発効した南極条約には、「南極地域におけるすべての核の爆発及び放射性廃棄物の同地域における処分は、禁止する」と規定された。これに続き、宇宙条

表1　世界の核兵器数（2013年初め）

（単位：発）

	作戦配備		予備／非配備	保有核兵器	解体待ちを含めた総数
	戦略核兵器	戦術核兵器			
米国	1,950	200	2,500	4,650	7,700
ロシア	1,800	0	2,700	4,500	8,500
英国	160	—	65	225	225
フランス	290	—	?	300	300
中国	0	?	180	250	250
イスラエル	0	—	80	80	80
インド	0	—	90 ～ 110	90 ～ 110	90 ～ 110
パキスタン	0	—	100 ～ 120	100 ～ 120	100 ～ 120
北朝鮮	0	—	＜ 10	＜ 10	＜ 10
合計	～ 4,200	～ 200	～ 5,800	～ 10,200	～ 17,300

出所：核情報／核データ <http://kakujoho.net/ndata/nukehds2013.html>、Federation of American Scientists, Status of World Nuclear Forces <http://www.fas.org/programs/ssp/nukes/nuclearweapons/nukestatus.html>。

注記：米ロの戦略核兵器のうち、あわせて約1,800発は数分で発射可能な高度警戒態勢のもとにある。英仏も短時間で使用可能な状態の核兵器を維持。米国の戦術核兵器200は、ベルギー、ドイツ、イタリア、オランダ、トルコの空軍基地に配備。米ロは、条約による、退役、解体待ち核兵器を持つ。

約には、「条約の当事国は、地球を回る軌道に核兵器及び他の種類の大量破壊兵器を運ぶ物体を載せないこと、これらの兵器を天体に設置しないこと並びに他のいかなる方法によってもこれらの兵器を宇宙空間に配置しないことを約束する」と明記された。その後、ラテンアメリカとカリブ地域は、キューバを除いて非核兵器地帯になった。さらに核兵器及び他の大量破壊兵器の海底における設置の禁止条約が続いた。月及びその他の天体における国家活動を律する協定も発効した。図5と表2に示すように南太平洋、東南アジア、アフリカ、中央アジア地域に非核兵器地域が広がった。モンゴルは非核兵器地位を国連総会決議で承認され、国連安保理の五常任理事国が「一国非核の

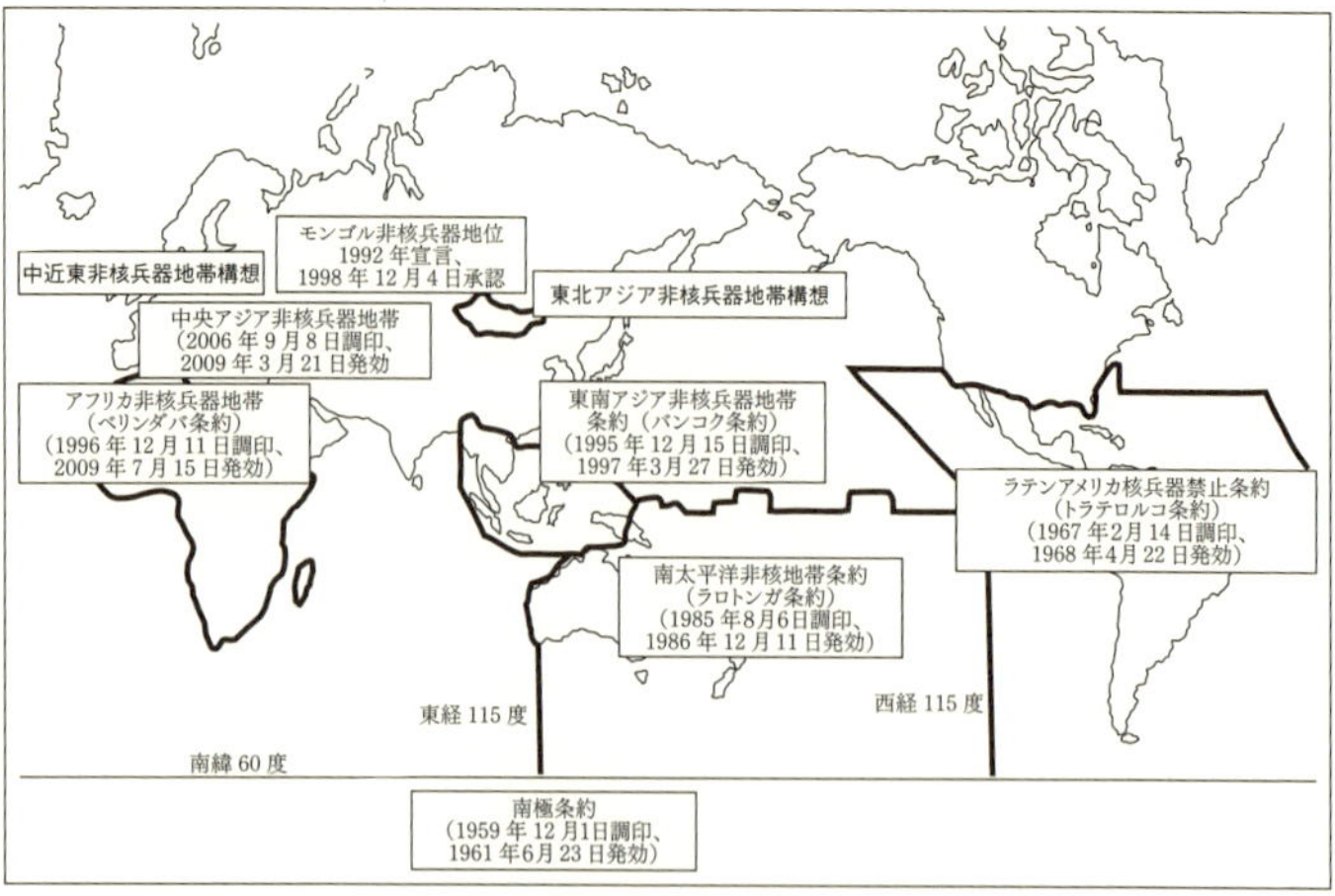

図５　世界の非核兵器地帯等

出所：黒澤満「北東アジア非核兵器地帯の設置に向けて」『アジェンダ』第 2 号 2003 年秋号 44 頁に加筆。

表２　非核兵器地帯・非核兵器地位国

調印	発効	条約	非核地帯	注
1959	1961	南極条約	南極	
1967	1967	宇宙条約	宇宙	
1967	1968	トラテロルコ条約	ラテンアメリカ	Tlatelolco はメキシコ市内の外務省所在地
1971	1972	海底条約	海底	
1979	1984	月その他の天体における国家活動を律する協定	月その他の天体	加盟国が少なく、実効性がない
1985	1986	ラロトンガ条約	南太平洋	Rarotonga はクック諸島の首都
1995	1997	バンコック条約	東南アジア	Bangkok はタイの首都
1996	2009	ペリンダバ条約	アフリカ	Pelindaba は南アフリカの原子力研究センターの所在地。1970 年代にここで核兵器を製造
1998	2012	モンゴルの非核兵器地位確認	モンゴル	1998 年国連総会決議により承認。2012 年に国連安保理の 5 常任理事国が支援共同宣言
2006	2009	セミパラチンスク条約	中央アジア	Semipalatinsk はカザフスタン内にあるかつてのソ連の核兵器実験場所在地

提案		
1992	構想　交渉	北東アジア
1994		中近東

出所：筆者作成。

地位」の支援共同宣言に署名した。これらの地域には核兵器の配備もなく、核攻撃も行われないことになった。

現在、イスラエルとアラブ諸国が対立する中近東と、冷戦の構造の残渣が残る北東アジアに非核兵器地帯を設置しようという動きが続いている。

非核兵器宣言を行う自治体も増加している。日本では一九五八年の愛知県半田市から始まり、全国の一、七四二自治体のうち一、四九七が非核兵器宣言を行っている。国際的には、英国のマンチェスター市が一九八一年に、非核平和都市宣言を行ってから、世界各地の都市が宣言を続け、一九八四年には同地で第一回非核自治体国際会議を開催した。その後、「非核自治体国際会議」が組織されて、各地で会議を重ね、第六回会議は一九九二年に横浜で開かれた。この組織は国連のNGOとしても活動している。

広島市と長崎市が呼びかけて、一九八二年に第一回が開催された平和市長会議（現・平和首長会議）は、二〇一三年現在一五八か国の五、七五九都市に広がり、日本国内の都市も一、三七二が参加している。

これらの動きは、核兵器の問題を風化させず、核兵器のない世界に向かって進み続けていく活動として注目していきたい。

③　国際司法裁判所の勧告的意見

国連の専門機関である国際司法裁判所はオランダのハーグにある。一九九四年の国連総会で、核兵器の合法性について、国際司法裁判所の見解を求める決議が採択された。この諮問を受けて、裁判所は、各国からの書面陳述と日本政府や広島・長崎市長などの口頭陳述を求めた。（広島と長崎の市長の陳述は、日本政府の意向に反する内容だった。）そのうえで、一九九六年七月八日に、「核兵器の威嚇又は使用の合法

性に関する国際司法裁判所の勧告的意見」を発表した。その結論は、

(1) 核兵器の使用・威嚇は、一般的に国際法に違反する。(全会一致)

(2) ただし、国の存亡にかかわる極限の状況の中で、自衛のための核兵器の使用が合法か違法かについては、確定的な結論を下せない。(七対七に分かれたため、裁判長が決定)

(3) すべての側面で核軍縮交渉を誠実に進め、交渉をまとめる義務が存在する。(全会一致)

だった。

これ以降、毎年国連総会で、この勧告的意見に対するフォローアップ(補足)決議が圧倒的多数の賛成で採択されている。そこでは「全ての国家は、核兵器の開発、製造、実験、配備、保有、移譲、威嚇、使用を禁止し、廃棄を定める核兵器禁止条約の早期締結に導く多国間交渉を開始する義務を直ちに履行すること」を呼びかけている。

この決議には、中国、インド、パキスタン、北朝鮮、イランも一九九六年以来一貫して賛成票を投じている。反対は、米国、ロシア(ソ連)、英国、フランス、イスラエルなど少数であり、反対票は年々減少してきた。その中で日本政府は一貫して棄権を続けている。決議文は短いものであり、その内容を見る限り、日本政府が賛成できない理由は見つからない。

④ 核兵器のない世界を求めるオバマ大統領と各国の元高官

二〇〇九年四月五日に、米国のオバマ大統領はチェコのプラハで、「核のない世界」を追求する演説を

行った。現職の政治家であり三軍の長でもある米国大統領が、核兵器の拡散、特に〝テロリスト〟の手に核兵器が渡る危険性が、核兵器による安全保障よりはるかに大きいと判断したことを象徴している。これは、人類は核兵器と絶対に共存できないとするラッセル、アインシュタイン、湯川秀樹たちの主張とは異なるが、核兵器は有用だとする主張を否定した意味は大きい。

この主張は、二〇〇七年一月四日のウォール・ストリート・ジャーナルに掲載されたシュルツ元国務長官、キッシンジャー元国務長官、ナン元上院軍事委員長の意見に沿う内容だった。彼らの意見は、各国の元高官たちの発言を次々に引き出した。日本の阿部信泰元国連事務次長、川口順子元外相、河野洋平元外相と韓国、オーストラリア、フィリピンの元閣僚を含む核不拡散・核軍縮アジア太平洋リーダーシップ・ネットワークの二五人も、「核兵器の脅威を除去するために…政治指導者たちの新たな関心と熱意を求める」声明を二〇一二年九月一三日に出している。

⑤　核兵器の非人道性

一九四五年の原爆投下直後に日本政府が行った核兵器の非人道性の糾弾についてはすでに紹介した。二〇一〇年三月、ケレンベルガー国際赤十字社総裁は声明を発表して、核兵器のいかなる使用も「非人道的な結果」をもたらし、国際人道法に違反する疑いが強いと指摘した。

その直後に開かれたNPT再検討会議では、核兵器国も含めて全会一致で採択した最終文書に「核兵器禁止条約の交渉検討」が書き込まれた。

国連事務総長も繰り返し核兵器禁止条約交渉開始を訴えている。

核兵器に依存し続けようとする勢力はなくなっていないが、核兵器の非人道性はもはや否定できなくなっており、安定した制限・管理ができないこと、核兵器禁止を実現させなければならないことも自明になっている。

⑥　世界の原発の伸びはチェルノブイリ事故で止まった

ここで、これからの原発について考えることにしよう。まず世界の原発の数と発電量の変化を示した図6を見ていただきたい。横軸は原子力発電が始まった一九五四年から二〇一二年までの年、棒グラフは世界中で運転中の発電用原子炉の数で目盛は左側、右上がりの曲線は発電容量であり、右側に目盛がある。この図にはスリーマイル事故、チェルノブイリ事故、東電福島事故が起きた時も記入してある。

この棒グラフを見ると、一九七九年のスリーマイル事故の時に原子炉数の伸びがわずかに遅れていることがわかる。これは、事故に対して、原発依存を続けるか否かを検討したための遅れだった。例えばスウェーデンは、一九八〇年に国民投票で二〇一〇年までにすべての原発（一二基）の廃止を決めた。（この期限は一九九七年に撤回された。）一九九九年と二〇〇五年には各一基を停止し、自然エネルギーに力を入れている。スリーマイル事故が原発の敷地外には大きな被害を与えなかったことを受け、世界の原発計画の伸びは続くことになった。日本では、東京電力が「核燃料がメルトダウンするようなことはありえない」、「原子力に対する社会的不安感を払しょくし、安全性への信頼回復に努力すること」という態度をとり、一時的にせよ立ち止まって検討を加えることがなかったことは図3で見られる通りだった。しかし、米国ではその後新規原発建設は中止された。この事故は極めて深刻な冷却材喪失によって核燃料の四五％が溶融した事故だったとわかるのは、のちのことであった。

図6にはっきりと見てとれるように、一九八六年のチェルノブイリ事故によって、世界の原発数の伸び

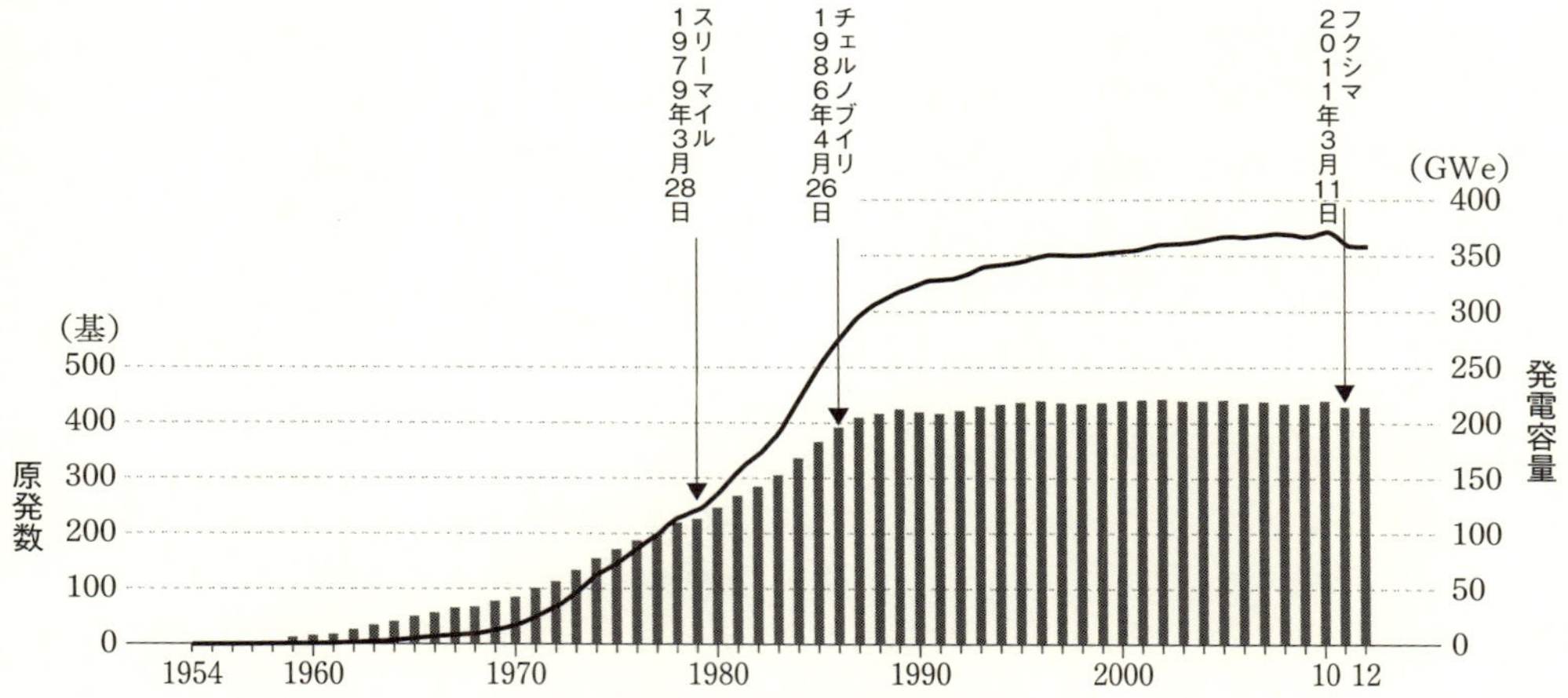

図６　世界の原発数と発電容量

出所：“The dream that failed,” *The Economist*, Special Report Nuclear Energy, March 10th 2012, p.3 をもとに筆者作成。

注記：発電容量の単位 GWe は電気出力 100 万 kW のこと。

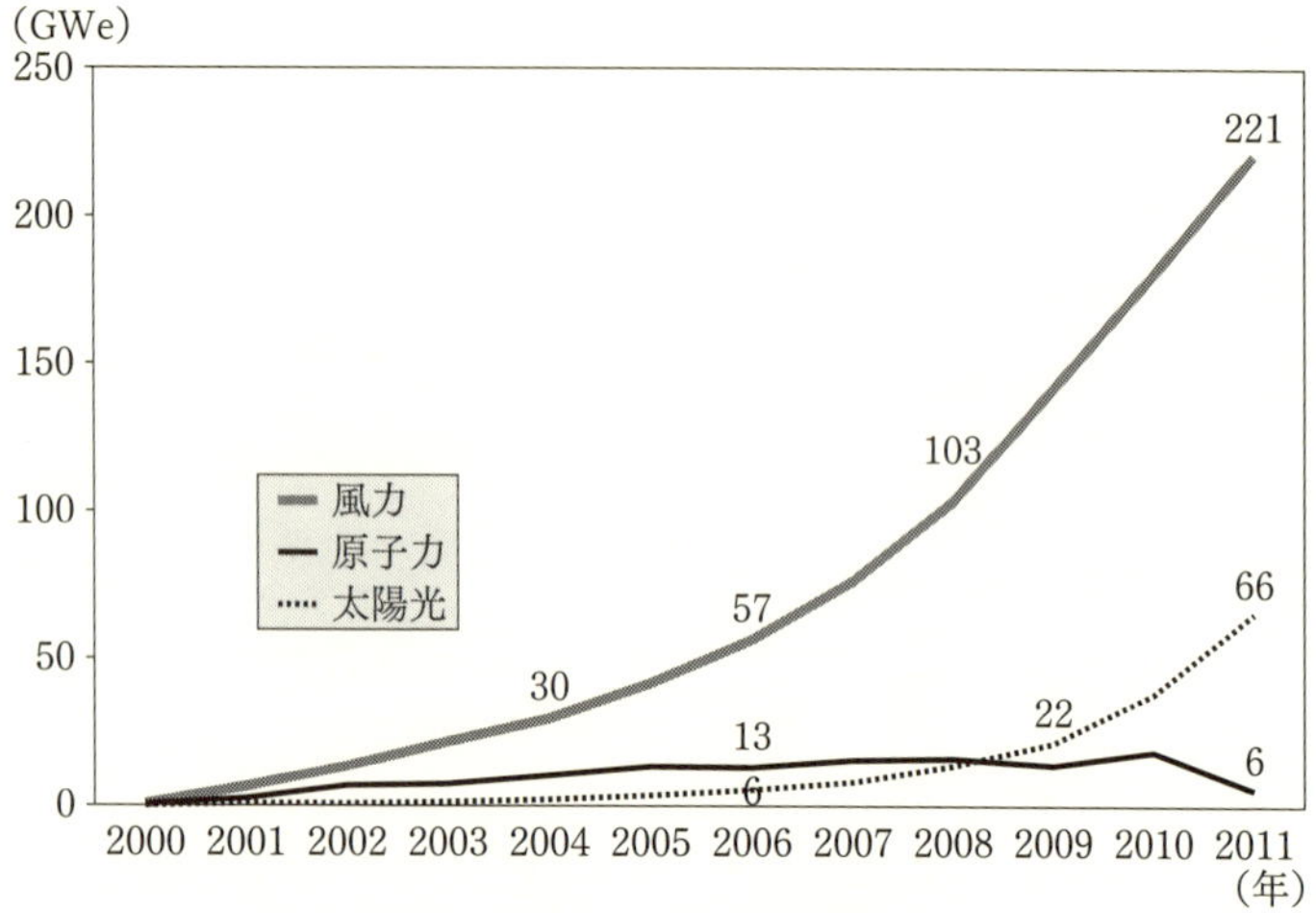

図7　世界の風力・太陽光・原子力発電の伸び 2000-2011
（2000 年からの累積値）

出所：M. Schneider and A. Froggatt: World Nuclear Industry Status Report 2012, p.43, Fig. 16. <http://www.worldnuclearreport.org/IMG/pdf/2012MSC-WordNuclearReport-EN-V2.pdf>

は完全に止まった。廃炉数以上の新設は行われてこなかった。それにもかかわらず発電容量がわずかに伸びているのは、新設原子炉の大型化のためである。日本などがチェルノブイリ事故を無視して原発拡大路線を取りつづけたということは、他の国が縮小路線を取ったことを示している。実際、ヨーロッパでは、自然エネルギー志向が強化された。日本でも、すでに述べたように、二一世紀に入り原発拡大は行われなくなった。耐用年数を考えれば、世界各国で耐用年限に近づいた原発が増え続けていることを意味する。原発について〝少子高齢化〟が進んでいるのである。そして二〇一一年の東京電力福島原発事故を機に、図6で右肩下がりが始まった様子を見ることができる。

　このことは世界のエネルギー供給の二〇

表3　再生可能エネルギーへの投資額

（単位：10億ドル）

順位	2011年		2012年	
1	アメリカ	56.8	中国	65.1
2	中国	54.1	アメリカ	35.6
3	ドイツ	31.3	ドイツ	22.8
4	イタリア	30.1	EU 27か国の残り	16.3
5	EU 27か国の残り	17.7	日本	16.3
6	インド	12.5	イタリア	14.7
7	英国	10.0	英国	8.3
8	日本	9.3	インド	6.9

出所：Pew Charitable Trusts: Who's Winning the Clean Energy Race – Edition 2013 <https://www.google.co.jp/#q=who+is+winning+the+clean+energy+race+2013>.

〇〇年からの伸び（図7）を見ても裏付けられる。二〇一一年までに最も増加したのは風力発電であり、太陽光発電は二〇〇七年ごろから伸びている。それに比べて原子力発電は停滞を続け、東電福島原発事故以後縮小したことがはっきり表れている。

この傾向は再生可能エネルギーへの世界の投資額を見ても歴然としている。中国は二〇〇九年以来、二〇一一年を除き、第一位を維持している。中国、米国、ドイツの三国が安定した上位を維持し、そのほかの国を寄せ付けない。表3からわかるように、日本は東電福島事故のあと、八位、五位となったが、この統計を取り始めた二〇〇五年から二〇一〇年まで上位一〇位以内に入ったことはなかった。そのため、東電福島事故が起きた後すべての原発の運転が停止されていても、再生可能エネルギーの利用を拡大することができず、国内で産出しない石油、天然ガスの輸入拡大に依存する以外の道がなくなっている。表3の上位諸国と投資額を比較すれば明らかなように、速やかに再生可能エネルギーの研究開発の飛躍的拡大を実現しなければ、再生可能エネルギー利用における世界の先進国との差は今後開くばかりである。

⑦　廃炉の順序

世界で現在運転中の原発は、三〇～四〇年以内にすべて廃炉になる。日本も例外ではない。新しく原発立地を確保することは事実上不可能であり、既存の原発敷地内に増設することも限界に達している。そのため原発の将来について意見が異なっていても、廃炉の順序を考えなければならない。

著者がメンバーである世界平和アピール七人委員会は二〇一一年七月一一日にアピール「原発に未来はない：原発のない世界を考え、IAEAの役割強化を訴える」を、また、二〇一二年九月一一日にアピール「原発ゼロを決めて、安心・安全な世界を目指す以外の道はない」を発表した。

七人委員会は前者において、原発廃止の順序について次のような具体的提案を行った。

(1)　当初の耐用年数に達した老朽化原子炉は、故障の確率が増加するので、寿命を延ばすことなく廃炉にすべきである。

(2)　建設中・計画中の発電用原子炉は、不十分な安全審査基準によって認可されたものなので、直ちに凍結・廃止すべきである。

(3)　四つのプレートが集まっていて、数知れぬ活断層が地下にある日本では、地震・津波は避けることができない。活断層の上など危険性が高い原子炉は即時停止すべきである。

(4)　福島原発事故が終結できない一つの理由は、一つの敷地に六基の大型原発を設置している過密によるものであった。日本の原子力発電所はほとんどすべて複数の原子炉を持っている。複数原子炉は、削減の順序を決め速やかに規模を縮小すべきである。

(5) これらの基準によって廃止されることにならない原子炉があれば、再び大事故が起こりうると覚悟ができた場合に限り、安全対策について万全の策を講じ、国内・国外の第三者の検証をもとめて承認を得たうえで、設置する地元自治体だけでなく、危害が及びうる範囲の市民の同意を条件として、最短期間運転を続ける。これらの条件をすべて満たすことが出来ないならば、これらの原発の廃止に踏み切る以外ない。

ここでいう安全対策には、運転中の安全だけでなく、使用済み核燃料の処理の安全も含んでいる。原発利用の初期からいわれてきたことであるのに、今後研究を続けて、解決策を探るというのは、一見もっともらしいのだが、完成技術でないことを示している。基本的な点で未完成な技術の原子力発電を大きく展開してきたのは誤りだった。

これらのことから、七人委員会は原発を継続する条件はないと考えている。アピールの中では、原発廃止が可能であることも述べている。ぜひアピールを見ていただきたい。[http://worldpeace7.jp]

おわりに

ここまで、核兵器と原発は相互に依存し、今日に至っていることを見てきた。最盛期は明らかに過ぎ去っている。核兵器解体は続いている。核兵器の非人道性が明らかになる一方で、国家以外のテロリストグループなどが核兵器を持つ可能性が高まっている。そのため、核兵器のない世界の方が安全・安心な世界だという意識が普遍的になりつつある。市民の間でも国連でも核兵器禁止条約を求める声が高まっている。

一方、原発拡大の中で各国で大きな事故が相次ぎ、安全対策に欠陥があることがわかっただけでなく、使用済み核燃料に含まれる放射性物質の処理方法が全く未解決のままであることが広く知られるに至った。起こる確率は小さいにしても、事故は現実の問題だった。原発のコストには、使用済み核燃料の処理費も、事故が起きたときの対策費用も含めるべきであったのに、それを無視して、経済性が優位であると説明し、拡大路線を続けてきたこれまでの主張は誤っていた。原発とほかのエネルギー資源の採算性の比較は全く恣意的なものだったのである。

それにしても、世界に二〇〇程度の国がある中で、原発を利用している国は二九か国しかない。使用済み核燃料は一〇万年を超えて安全に管理するのだというが、場所も決められない。それ以前の問題として、四〇年程度使用して一〇万年以上にわたる将来の世代が管理を続けなければならないという計画は不健全であるし、メソポタミアから地中海東部で農耕が始まったのが一万二千年前に過ぎなかったことをみれば、実現性のある政策にはなりえない。基本的な点で今後の研究開発に期待するというのであれば、実用化の段階に達していないことを認めることになるのだから、研究規模にとどめなければならない。

自然エネルギーの利用に熱心な国と、原発以外のエネルギー開発に力を入れて来なかった国の将来は、原発後の世界における競争力の差になって現れるだろう。原発路線を放棄する道を選ぶのがよいか、それとも原発産業と原発によって利益を受けてきた集団の維持を優先的に考えて依存を続けようとし、自国で維持できなければ輸出によって原発維持を狙う途を選ぶのがよいか、人に任せるのではなく、ひとりひとりが考えていかなければならない。

原発については、現在世界に五〇〇基ほどある発電用原子炉のすべてが数十年以内に廃炉になることを見れば、大事故を起こし、収束に苦労している日本は、耐用年限の延長を基本方針にするのではなく、廃炉技術の世界最先端を目指すのが賢明である。

湯川秀樹は、一九六八年、冷戦の厳しい緊張のさなかに、核兵器を使って脅し合うような時代が永久に続くことはあり得ないと考え、確信を持って、

「もしも人が絶望から逃れようとしたならば、未来とは過去の単なる延長ではなく、過去と現在の間には、いまだ顕在化していない全く新しい可能性が実現される場があるという信念を、再び取り戻さねばならない。」


と述べた。湯川も含めて、いつどのように冷戦から脱却できるか予測した者はいなかった。しかし一九八九年から一九九一年にかけて、米ソ間の冷戦は実際に終結した。毒ガスや細菌兵器の禁止条約ができたのだから、核兵器の禁止ができないはずはない。

日本国憲法には、「われらは、全世界の国民が、ひとしく恐怖と欠乏から免かれ、平和のうちに生存する権利を有することを確認する」、「日本国民は、正義と秩序を基調とする国際平和を誠実に希求し、国権

の発動たる戦争と、武力による威嚇又は武力の行使は、国際紛争を解決する手段としては、永久にこれを放棄する」、「国の交戦権は、これを認めない」と書かれている。これは戦争をしない、戦争のない世界は実現できるとの決意の表明である。日本の歴史をみれば、村の対立が終わり、藩の対立も乗り越えて、明治維新・西南戦争以後日本国内での戦争はなくなった。二千年にわたって繰り返された独仏の戦いや、ヨーロッパ内での長年の争いの歴史から、今日のヨーロッパ連合への流れ、南北戦争、そしてその後も続いてきた人種差別を超えて誕生したオバマ大統領の米国などをみれば、それぞれが、戦争のない、安心して生活できる安全な社会に向かっての歩みであると言うべきだろう。戦争廃絶は夢ではなく現実なのである。

社会の進歩は決して単調ではない。抵抗を乗り越えて一進一退を繰り返しての流れである。現実の中に存在する困難を数え続けるだけでは、社会の進歩に取り残される。

変化は必ず起こる。いつ、どのように変化するかは予測できなくても、変化の機会が来た時に捕まえられるように準備しておかないと、見送ってしまうことになる。

核兵器廃絶および原発廃止への歩み（カウントダウン）は始まっているのだ。

執筆者紹介（掲載順）

高橋　伸夫（たかはし　のぶお）〔編者〕
慶應義塾大学法学部教授・東アジア研究所所長　現代中国政治史
一九六〇年生まれ。慶應義塾大学大学院法学研究科博士課程単位取得退学。法学博士。
主要著作に『党と農民――中国農民革命の再検討』（研文出版、二〇〇六年）など。

布川　弘（ぬのかわ　ひろし）
広島大学大学院総合科学研究科教授　日本史学
一九五八年生まれ。神戸大学大学院文化学研究科単位取得退学。
主要著作に『神戸における都市「下層社会」の形成と構造』（兵庫部落問題研究所、一九九三年）など。

福井　讓（ふくい　ゆずる）
仁済大学校人文社会科学大学助教授（執筆当時。二〇一四年四月より国際医療福祉大学総合教育センター准教授）朝鮮近現代史・在日朝鮮人史
一九七一年生まれ。広島大学大学院国際協力研究科博士課程後期修了。博士（学術）。
主要著作に『在日朝鮮人警察関係資料（在日朝鮮人資料叢書7）』全3巻（編纂、緑蔭書房、二〇一三年）など。

福原　裕二（ふくはら　ゆうじ）
島根県立大学総合政策学部准教授　国際関係史・朝鮮半島をめぐる国際関係
一九七一年生まれ。広島大学大学院国際協力研究科博士課程後期修了。
主要著作に『たけしまに暮らした日本人たち――鬱陵島の近代史』（風響社、二〇一三年）など。

飯塚　央子（いいづか　ひさこ）
中国政治研究者　中国の国際関係史
一九六四年生まれ。慶應義塾大学大学院法学研究科後期博士課程単位取得退学。
主要著作に『核拡散問題とアジア――核抑止論を超え

て』（共編著、国際書院、二〇〇九年）など。

堀井　伸浩（ほりい　のぶひろ）
九州大学大学院経済学研究院准教授　産業経済論、中国エネルギー・環境産業分析
一九七一年生まれ。慶應義塾大学大学院法学研究科前期博士課程修了。
主要著作に『中国の持続可能な成長――資源・環境制約の克服は可能か？』（編著、日本貿易振興機構アジア経済研究所、二〇一〇年）など。

近藤　高史（こんどう　たかふみ）
近畿大学経済学部非常勤講師　南アジア現代史
一九七三年生まれ。広島大学大学院国際協力研究科博士課程後期単位取得退学。博士（学術）。
主要著作に『核拡散問題とアジア――核抑止論を超えて』（共著、国際書院、二〇〇九年）など。

吉村慎太郎（よしむら　しんたろう）
広島大学大学院総合科学研究科教授　イラン近現代史
一九五五年生まれ。東京大学大学院社会学研究科博士課程単位取得退学。
主要著作に『イラン現代史――従属と抵抗の一〇〇年』（有志舎、二〇一一年）など。

宇野　昌樹（うの　まさき）
広島市立大学国際学部教授　文化人類学・中東地域研究
一九五二年生まれ。フランス社会科学高等研究院博士後期課程ＤＥＡ取得、のち退学。
主要著作に『イスラーム・ドルーズ派――イスラーム少数派からみた中東社会』（第三書館、一九九六年）など。

角田　安正（つのだ　やすまさ）
防衛大学校総合教育学群外国語教育室教授　ロシア地域研究
一九五八年生まれ。東京外国語大学大学院地域研究研究科修士課程修了。
主要著作に『国家と革命』（翻訳、レーニン著、講談社学術文庫、二〇一一年）など。

小沼　通二（こぬま　みちじ）
慶應義塾大学名誉教授　物理学（素粒子論、物理学

史)、科学と社会
一九三一年生まれ。東京大学大学院数物系研究科博士課程修了。理学博士。
主要著作に『現代物理学』(放送大学教育振興会、一九九三年、改訂一九九七年)など。

東アジア研究所講座

アジアの「核」と私たち
——フクシマを見つめながら

2014年3月31日　初版第1刷発行

編　者———高橋伸夫
発行者———慶應義塾大学東アジア研究所
代表者　高橋伸夫
〒108-8345　東京都港区三田2-15-45
TEL 03-5427-1598
発売所———慶應義塾大学出版会株式会社
〒108-8346　東京都港区三田2-19-30
TEL 03-3451-3584　FAX 03-3451-3122
装　丁———渡辺澪子
印刷・製本—中央精版印刷株式会社
カバー印刷—株式会社太平印刷社

© 2014 Nobuo Takahashi
Printed in Japan　ISBN978-4-7664-2093-7
落丁・乱丁本はお取替いたします。

慶應義塾大学出版会

東アジア研究所講座

東アジアの近代と日本

鈴木正崇編　東アジアの近代のあり方を、東南アジアや南アジアを比較の視野に取り込み、日本の動きと関連付けながら、歴史学・社会学・人類学・政治学・経済学・思想史など多様な学問分野の12人により論考する。◎2,000円

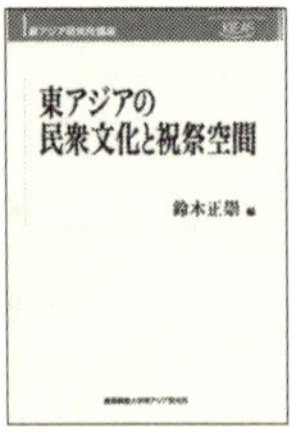

東アジアの民衆文化と祝祭空間

鈴木正崇編　民衆文化のなかに普遍的な基層文化はあるのか。それは東アジアに共通なものなのか。観光や開発によって文化の再編成やあらたな再創造に向かいつつある状況をどう捉えるか。各分野の研究者が多元的に分析した連続講演の記録。◎2,000円

南アジアの文化と社会を読み解く

鈴木正崇編　宗教・美術・音楽・映画・婚姻から、ジェンダー・民族・NGOの果たす社会的役割まで、文化と社会を通して南アジアの深層を探る。インド、パキスタン、スリランカ、ブータンなどの第一人者が語った講義録の単行本化。◎2,000円

表示価格は刊行時の本体価格(税別)です。